岩石矿渣资源再利用

张渊 著

北京工业大学出版社

图书在版编目（CIP）数据

岩石矿渣资源再利用 / 张渊著 . — 北京 ：北京工
业大学出版社，2021.10 重印
　　ISBN 978-7-5639-7159-6

　　Ⅰ．①岩… Ⅱ．①张… Ⅲ．①岩石－矿渣－废物综合
利用 Ⅳ．① X751

　　中国版本图书馆 CIP 数据核字（2019）第 272079 号

岩石矿渣资源再利用

著　　者：张　渊
责任编辑：张　娇
封面设计：点墨轩阁
出版发行：北京工业大学出版社
　　　　　（北京市朝阳区平乐园 100 号　邮编：100124）
　　　　　010-67391722（传真）　bgdcbs@sina.com
经销单位：全国各地新华书店
承印单位：三河市元兴印务有限公司
开　　本：710 毫米 ×1000 毫米　1/16
印　　张：14.25
字　　数：285 千字
版　　次：2021 年 10 月第 1 版
印　　次：2021 年 10 月第 2 次印刷
标准书号：ISBN 978-7-5639-7159-6
定　　价：45.00 元

前　言

从 20 世纪 80 年代开始，一个具有深刻意义的新式概念——可持续发展进入了全国甚至全球范围。它时刻提醒大众，现阶段资源的开发，不可以只满足当代人需求，还要考虑到子孙后代的需求。众所周知，我国地大物博，大自然赐予的资源固然丰厚，却也用之有尽，顺应时代潮流并坚持走可持续发展路线是我们的必然使命。本书以不可再生的岩石矿渣资源为例，对自然资源科学利用展开分析，即岩石矿渣资源再利用。

本书共六章，大致介绍了我国矿产资源中岩石矿渣资源的开发情况以及坚持可持续发展的战略思想。第一章简述岩石矿渣的基本内容。第二章主要内容是岩石矿渣的开采与加工，介绍了不同类型岩石的开采技术、岩石矿渣的加工利用和岩石矿渣的可持续发展。第三章是对岩石矿渣资源开发实况的阐述，说明岩石矿渣资源是取之有尽的，且岩石矿产勘察探索难度大。第四章以水泥为例，实现岩石矿渣资源的再利用。第五章以不同种类岩石矿渣制备微晶玻璃为例，实现岩石矿渣资源的再利用。第六章作为结尾，回归生活，主要讲述岩石矿渣资源在生产生活中再次利用的一些体现。

科学合理地开发使用有限的资源，是我们祖祖辈辈都要坚持的事情。笔者收集到的资料有限，在分享的过程中可能存在纰漏之处，欢迎批评指正。

目　录

第一章 岩石矿渣的基本内容

第一节 岩石与岩石矿渣

岩石矿渣，顾名思义，岩石开采加工后余下的被放弃的那一部分。那么研究岩石矿渣，我们首先要了解什么是岩石。

一、岩石的基本内容

岩石是地质勘探的主要对象，它是固态矿物或矿物的混合物。其中海面下的岩石称为礁、暗礁及暗沙。岩石是由一种或多种矿物组成的、具有一定结构构造的集合体，也有少数包含生物的遗骸或遗迹，即化石。矿物有三种形态——固态（如化石）、气态（如天然气）、液态（如石油），但主要是固态物质。岩石是组成地壳的物质之一，是构成地球岩石圈的主要成分。

岩石是天然产出具有稳定外形的矿物或玻璃集合体，按照一定的方式结合而成，是构成地壳和上地幔的物质基础。岩石按成因分为岩浆岩、沉积岩和变质岩。其中岩浆岩是由高温熔融的岩浆，在地表或地下冷凝所形成的岩石，也称火成岩或喷出岩；沉积岩是在地表条件下由风化作用、生物作用和火山作用的产物，经水、空气和冰川等外力的搬运、沉积和成岩固结而形成的岩石；变质岩是由岩浆岩、沉积岩等构成，依其所处地质环境的改变经变质作用而形成的岩石。

地壳深处和上地幔的上部主要由火成岩和变质岩组成。从地表向下 16 km 范围内火成岩大约占 95%，沉积岩只有不足 5%，变质岩最少，不足 1%。地壳表面以沉积岩为主，它们约占大陆面积的 75%，洋底几乎全部被沉积物所覆盖。岩石学主要研究岩石的物质成分、结构、构造、分类命名、形成条件、分布规律、成因、成矿关系以及岩石的演化过程等。它属地质科学中的重要的基础学科。

（一）岩石的历史

地球形成之初，地核的引力把宇宙中的尘埃吸过来，凝聚的尘埃就变成了山石，经过风化，变成了岩石，接着就变成陨石，在没有落入地球大气层时，是游离于外太空的石质的、铁质的或是石铁混合的物质，若是落入大气层，在没有被大气烧毁而落到地面，就成了我们平时见到的陨石。简单说，所谓陨石，就是微缩版的小行星"撞击了地球"而留下的残骸。几亿年过去了，世界上就有了无数岩石。现在在岩土工程界，人类常按工程性质将岩石分为极坚硬的、坚硬的、中等坚硬的和软弱的四种类型。岩体工程地质的研究与评价目前多半还局限在定性阶段，正在向定量方向发展。古老岩石都出现在大陆内部的结晶基底之中，代表性的岩石属基性和超基性的火成岩。这些岩石由于受到强烈的变质作用，已经转变为富含绿泥石和角闪石的变质岩，通常我们称为绿岩，如20世纪80年代在西格陵兰，发现了同位素年龄约38亿年的花岗片麻岩。1979年，巴屯等测定南非波波林带中部的片麻岩年龄约有39亿年。加拿大北部的变质岩——阿卡斯卡片麻岩是保存完好的古老地球表面的一部分，放射性年代测定表明阿卡斯卡片麻岩有将近40亿年的年龄，从而说明某些大陆物质在地球形成之后几亿年就已经存在了。近年来，科学家在澳大利亚西南部发现了一批最古老的岩石，根据其中所含的锆石矿物晶体的同位素分析结果，它们的"年龄"为43亿至44亿岁，这是迄今发现的地球上最古老的岩石样本。根据这一发现可以推论，这些岩石形成时，地球上已经有了大陆和海洋。地球在其诞生2亿至3亿年后，可能并不像人们所认为的那样，由炽热的岩浆所覆盖，而是已经冷却到了足以形成固体地表和海洋的温度。地球的圈层分异在距今44亿年前可能就已经完成了。目前，在中国发现的最古老岩石是冀东地区的花岗片麻岩，其中包体的岩石年龄约为35亿年。

（二）岩石的分类

自然界的岩石可以划分为三大类：火成岩、沉积岩和变质岩。

1. 火成岩

（1）火成岩的简介

火成岩，或称岩浆岩，地质学专业术语，三大岩类的一种，是指岩浆冷却后（地壳里喷出的岩浆，或者被融化的现存岩石），成形的一种岩石。现在已经发现700多种岩浆岩，其中大部分是在地壳里面的岩石。常见的岩浆岩有花岗岩、安山岩及玄武岩等。一般来说，岩浆岩易出现于板块交界地带的火山区。

火成岩（Igneous Rock）由岩浆（Magma）直接凝固而成。高温的岩浆在从液态冷却中结晶成多种矿物，矿物再紧密结合成火成岩。化学成分各异的岩浆，最后成为矿物成分各异的火成岩，种类繁多，细分下有数百种，如依其含硅量的高低做最简明的分类，火成岩有酸性、中性、基性及超基性四大类。同时火成岩之一的晶体，因结晶时在地下的深度不一也有粗细之别，所以也可以将此分别代表深浅的粗细作为矿物成分以外的另一分类依据。

根据研究，岩浆起源于上地幔和地壳底层，并把直接来自地幔或地壳底层的岩浆叫原始岩浆。岩浆岩种类虽然繁多，但原始岩浆的种类却极其有限，一般认为仅三四种而已，即只有超基性（橄榄）岩浆、基性（玄武岩浆）、中性（安山）岩浆和酸性（花岗或流纹）岩浆。当然，人们对这个问题的认识也经过了一个长期的历史发展过程。在 19 世纪中叶，布恩森提出有玄武岩浆和花岗岩浆两种原始岩浆的主张，但关于花岗岩浆的论点一直未受重视，一些学者却坚持认为只有一种玄武岩浆，而所有的岩浆岩都是由玄武岩浆派生出来的。这就是 20 世纪初至 20 年代期间风行一时的岩浆成因一元论。最早提出一元论者是戴里（Daly）和鲍文。但一元论不能解释这样一个众所周知的地质事实，即花岗岩在大陆地壳中的分布要比玄武岩广得多，例如据计算，花岗岩的分布面积比玄武岩大 5 倍，比其他深成岩大 20 倍，并且花岗岩几乎不与玄武岩共生。进入 20 世纪 30 年代，列文生—列森格和肯尼迪根据花岗岩和玄武岩同为地壳中分布最广的岩浆岩这一事实，又重新倡导花岗岩浆和玄武岩浆两种原始岩浆的论点，即所谓岩浆成因二元论。20 世纪中期前后，有人针对环太平洋"安山岩线"和阿尔卑斯型超基性侵入岩这种地质事实，又提出了安山岩浆和橄榄岩浆的论点，于是进入了所谓岩浆成因的多元论阶段。这种观点认为种类繁多的火成岩岩浆岩就是由橄榄岩浆、玄武岩浆、安山岩浆、花岗岩浆通过复杂的演化作用形成的。这几种原始岩浆是上地幔和地壳底层的固态物质，在一定条件下通过局部熔融（重熔）产生的。局部熔融是现代岩浆成因方面的一个基本概念，大致解释如下。和单种矿物相比，岩石在熔化时有下列两个特点：一是岩石的熔化温度低于其构成矿物各自单独熔化时的熔点；二是岩石从开始熔化到完全熔化有一个温度区间，而矿物在一定的压力下仅有一个熔化温度。岩石熔化时之所以出现上述特点，是因为岩石是由多种矿物组成的，不同的矿物其熔点也不相同，在岩石熔化时，不同矿物的熔化顺序自然不同。一般的情况是：矿物或岩石中二氧化硅和氧化钾含量越高，即组分越趋向于"酸性"，越易熔化，称为易熔组分；反之，矿物或岩石中氧化亚铁、氧化镁、氧化钙含量越高，

即组分越趋于"基性"，越难熔化，称为难熔组分。所以，岩石开始熔化时产生的熔体中二氧化硅、氧化钾、氧化钠较多，熔体偏于酸性，随着熔化温度的提高，熔体中铁、镁组分增加而渐趋于基性。根据试验和地质观察，人们得出了局部熔融的概念，即在岩石开始熔化至全部熔化的温度区间内，岩石中的易熔组分（酸性组分）先熔化，产生酸性熔体，残留体为较基性的难熔固体物质。随着温度增高，熔体数量增加，其基性成分也逐渐增加；当温度达到或超过岩石全部熔化的温度时，岩石全部熔化，熔体成分和被熔化的原岩成分一致。岩石的局部熔融作用又叫重熔作用或深熔作用，岩石局部熔融基本是按石英—长石—橄榄石的顺序进行的。由于地壳深部和上地幔的温度很高，固态地壳物质和上地幔物质同样也会发生局部熔融或重熔作用。一般认为，上地幔物质的局部熔融产生橄榄岩浆、玄武岩浆、安山岩浆，而地壳深部（底层）岩石的局部熔融作用产生花岗岩浆。

浆岩主要由硅酸盐矿物组成，此外，还常含微量磁铁矿等副矿物。根据岩石二氧化硅含量，岩浆岩可分为四大类：超基性岩，二氧化硅含量小于45%；基性岩，二氧化硅含量为45%～52%；中性、碱性岩，二氧化硅含量为52%～65%；酸性岩，二氧化硅含量大于65%。岩石的碱度是指岩石中碱的饱和程度，岩石的碱度与碱含量多少有一定关系。人们通常把氧化钠加氧化钾的重量百分比之和，称为全碱含量。氧化钠加氧化钾含量越高，岩石的碱度越大。里特曼（A. Rittmann）曾考虑二氧化硅、氧化钠和氧化钾之间的关系，提出了确定岩石碱度比较常用的组合指数。指数值越大，岩石的碱性程度越强。每一大类岩石都可以根据碱度大小划分出钙碱性、碱性和过碱性岩三种类型，指数值小于9时，为过碱性岩。除了岩石化学成分之外，矿物成分也是岩浆岩分类的依据之一。在岩浆岩中常见的一些矿物，它们的成分和含量由于岩石类型不同而随之发生有规律的变化。例如：石英、长石呈白色或肉色，被称为浅色矿物；橄榄石、辉石、角闪石和云母呈暗绿色、暗褐色，被称为暗色矿物。通常，超基性岩中没有石英，长石也很少，主要由暗色矿物组成，而酸性岩中暗色矿物很少，主要由浅色矿物组成，基性岩和中性岩的矿物组成位于两者之间，浅色矿物和暗色矿物各占有一定的比例。根据产状，也就是根据岩石侵入地下还是喷出地表，岩浆岩又可以分为侵入岩和喷出岩。侵入岩根据形成深度的不同，又细分为深成岩和浅成岩。每个大类的侵入岩和喷出岩在化学成分上是一致的，也就是说岩浆成分是相似的，但是由于形成环境不同，造成它们的结构和构造有明显的差别。深成岩位于地下深处，岩浆冷凝速度慢，岩石多为全晶质、矿物结晶颗粒也比较大，常常形成大的斑晶；浅成岩靠近地表，常具细粒结构和斑状结构；而喷出岩由于冷凝速度快，矿物来不及结晶，常形成隐晶质和玻璃质的岩石。根据上述原则，首先把岩浆岩按酸度分成四大类，然后再按碱度把每大类岩石分出几个岩类，它们就是构成岩浆岩大家族的主要成员。举例如下。①超基性岩大类：钙碱性系列的岩石是橄榄岩—苦橄岩类；偏碱性的岩石是含金刚石的金伯利岩；过碱性岩石为霓霞岩—霞石岩类和碳酸岩类。②基性岩大类：钙碱性系列的岩石是辉长岩—玄武岩类；相应的碱性岩类是碱性辉长岩和碱性玄武岩。③中性岩大类：钙碱性系列为闪长岩—安山岩类；碱性系列为正长岩—粗面岩类；过碱性岩石为霞石正长岩—响岩类。④酸性岩类：主要为钙碱性系列的花岗岩—流纹岩类。

（2）火成岩的分类

火成岩可以分成如此种类：晶体粗大的酸性火成岩为花岗岩（Granite），细小至肉眼不能辨识者为流纹岩（Rhyolite）；晶体粗大的中性火成岩为闪长岩（Diorite），细小者为安山岩（Andesite）；晶体粗大的基性火成岩为辉长岩（Gabbro），细小者为玄武岩（Basalt）；晶体粗大的超基性火成岩为橄榄岩（Peridotite），细小者为科磨致岩（极为稀有）。晶体特大的火成岩统称伟晶岩（Pegmatite），但应指明其为伟晶花岗岩、伟晶闪长岩，或伟晶辉长岩。此外，不论其成分如何，岩浆在地面凝固时通常不暇结晶。此等不结晶火成岩均为火山岩，或成块状无结构的玻璃，酸性及中性者成黑耀石（Obsidian）或浮石（Pumice），基性者成玻璃质玄武岩（Basaltic Glass），或在喷发时破碎成火山角砾岩（Volcanic Breccia）或凝灰岩（Tuff）。火成岩以岩基或岩脉形体侵入较古岩层，若再穿至地面，则成火山。火成岩不仅为一切其他岩石的原料及多种矿产的母体，且为全球水分的来源。不论在深处或浅处，火成岩通常仅在地壳正有强烈活动的时间和地点出现。岩浆在地下或喷出地表后冷凝形成的岩石，又称岩浆岩。大部分火成岩是结晶质的，小部分是玻璃质的。火成岩的形成温度较高，一般为 700 ～ 1500℃。岩浆在地下冷凝固结形成的岩石称侵入岩，喷出地表冷凝固结形成的岩石称喷出岩。火成岩主要由硅酸盐矿物组成，在地壳中具有一定的产状、形态。许多金属矿产与非金属矿产都与火成岩有关，有时它本身就是重要的矿产资源。

岩浆岩以两种化学成分分类。①二氧化硅的含量。酸性火成岩含量大于66%，中性火成岩含量为 66% ～ 53%，基性火成岩含量为 53% ～ 45%，超基性火成岩含量小于 45%；②石英，碱长石和似长石的含量。长英质，含量很高，

一般颜色较浅，密度较低；铁镁质，含量低，颜色深，而且密度较高。

岩浆可以通过两种方式发生分异，即熔离作用和结晶分异作用，这是岩浆内部发生的一种演化。

熔离作用：原来均一的岩浆，随着温度和压力的降低或者由于外来组分的加入，使其分为互不混溶的两种岩浆，即称为岩浆的熔离作用。日常生活中的油—水关系可以作为这方面的例子。在炼铁炉中熔炼铁矿石时，在碳酸钙和氟化钙等外加熔剂作用下，铁水和熔渣（硅酸盐熔体）就分为互不混溶的两个液层，铁水比重大而下沉，熔渣轻而上浮，这是同天然熔离作用很相似的又一例子。此外，也有人把玄武岩熔化后做试验，在玄武岩熔体加入氟化钙，结果熔体也分为两个液层，上部为相当于流纹岩岩浆的酸性熔体层，下部为相当于橄榄岩的超基性熔体层。熔离作用，一些含有铜镍的基性岩浆，在高温时铜镍硫化物熔体完全混溶于基性岩浆中，当温度下降到某一限度后，此两种熔体即发生分离，铜镍硫化物比重大而富集于底部形成矿床，硅酸盐熔体在上部固结成岩石，西南某地的含铂硫化物矿床就是这样形成的。至于岩浆中不同的硅酸盐熔体之间能否发生熔离作用，尚有争议。不过一些人仍然认为，辉长岩中的条带状构造和某些珍珠岩中的球粒，是硅酸盐熔离作用造成的。甚至有人提出在上地幔的岩浆源区就能够发生深部熔离作用，从而产生安山岩浆和玄武岩浆的论点，尚待研究。

结晶分异作用：矿物的结晶温度有高有低，因此，矿物从岩浆中结晶析出的次序也有先有后。在岩浆冷凝过程中矿物按其结晶温度的高低先后同岩浆发生分离的现象，叫结晶分异作用。结晶分异作用以在玄武岩浆中的研究最为完备，鲍文和贝莱于20世纪20年代完成的实验和地质方面的经典研究，成为岩浆岩的理论支柱之一。玄武岩浆的结晶分异作用模式一般称为鲍文反应原理，即随着岩浆温度的降低，橄榄石首先结晶，并由于它比重大而沉落于岩浆体底部，形成橄榄岩，继而辉石—基性斜长石同时结晶，并沉落于橄榄岩"层"的上面形成辉长岩；角闪石—中性斜长石同时析出构成闪长岩，而岩浆中越来越富含二氧化硅、氧化钾、氧化钠及挥发性组分，并慢慢地被已晶出的矿物"层"挤到岩浆体的顶部，最后结晶出石英—钾长石—酸性斜长石组合，即花岗岩。而在这一分异过程中，因其比重不同受重力作用而分别沉落、堆积，所以又称为"重力结晶分异作用"。人们用这种理论能够较圆满地解释层状超基性—基性侵入岩杂岩体，并建立堆积岩理论。在有关层状侵入体的矿床研究中，这种理论也得到了验证，并起到了指导找矿的作用。所以，这种结晶分异观点，经过半个多世纪的实验研究、理论探索和地质观察，对于层状超基性——基性岩的成因解释，基本上得到了承认。但用玄武岩浆的分异作用解释多数或全部岩浆岩的成因，还有值得进一步研究的地方。

由于岩浆温度很高，并且有很强的化学活动能力，因此它可以熔化或熔解与其相接触的围岩或所捕房的围岩块，从而改变原来岩浆的成分。若岩浆把围岩彻底熔化或熔解，使其同岩浆完全均一，则称为同化作用；若熔化或熔解不彻底，不同程度的保留有围岩的痕迹（如斑杂构造等），则称为混染作用。因同化和混染往往并存，所以又统称为同化混染作用。此外，也有人把岩浆熔化或熔解围岩，并使其逐渐消失于岩浆中的过程叫同化作用；把因围岩的熔化或熔解使岩浆成分受到外来物质（围岩）的污染（混染），而改变其原来成分的作用叫混染作用。显然，同化与混染为同一过程，是岩浆与围岩的相互作用，岩浆同化围岩，围岩则污染岩浆，因此，也一并称为同化混染作用。一般同化混染作用中，岩浆成分变化的规律是基性岩浆同化酸性（或富含二氧化硅）围岩时，岩浆向酸性变化（酸度增加）；反之，酸性岩浆同化基性（富含钙、铁、镁）围岩时，岩浆向基性方向变化（酸度降低）。按照鲍文反应原理，基性岩浆可以同化酸性围岩，但酸性岩浆难于同化基性围岩。不过由于酸性岩浆往往富含挥发组分（二氧化碳、水、氟、氯等），因而有很强的熔解能力，虽然其温度低些，但它也能发生强烈的同化作用。其中酸性岩浆同化碳酸盐岩石（石灰岩、白云岩）的作用具有重大意义，因为它不仅能形成许多小的中性岩侵入体，而且也往往伴有矽卡岩化形成所谓矽卡岩矿床，如铜、铁、钨矿等。在该同化作用中，大量钙和镁加入岩浆，使岩浆酸度降低，形成闪长岩或石英闪长岩，而在接触带上形成含石榴石和辉石的矽卡岩（变质岩），如长江中下游的许多中—酸性侵入岩体广泛发育此种同化作用。在岩浆演化过程中，分异作用和同化混染作用可能同时进行，也可能以某种作用为主导。在实际工作中要根据具体对象进行分析，从而得出比较合乎实际的结论，以正确阐述岩浆岩的形成和分布规律，指导矿产的预测与寻找工作。

（3）火成岩的成因

火成岩的结构与构造，基本上是用肉眼在一块标本上，或者在一米见方的野外露头上就能观察到的岩石特征，这可以说是一项"微观"考察，而下面我们要谈的，是在比较大的范围内考察，也可说是一项"宏观"项目，这就是火成岩的产状。所谓火成岩的产状，是指火成岩体在地壳中产出（存在）的状态，具体地说，就是野外所看到的整个岩体的模样。当然，这也是在火成岩发育地

区旅行时所必须了解的内容。火成岩体产状的具体内容，包括岩体的大小、形状及其与围岩之间的关系，这是由构造环境的特点所决定的。所以当对火成岩体的产状有所了解以后，对火成岩的成因、形成的条件等方面也就有所认识了。先谈火山岩的产状，它的特点与火山的喷发方式有密切的关系。如果是中心式的喷发，则形成许多锥形的火山岩堆积，组成古火山群，如山西大同所见到的第四纪火山群就属于此种类型。如果是沿着地壳的断裂带分布的火山岩，或者说是由裂隙式的火山喷发而形成的，则出现线状分布的火山群，如南京地区所见到的第三纪火山群。各地火山岩组成的物质也有所不同，有的以熔岩为主，有的则以火山碎屑为主。以现代的活火山为例，夏威夷的基拉韦亚火山以熔岩为主，喷溢之时，犹如河流奔泻，或如飞瀑高悬。而以火山碎屑物为主的火山岩是由爆炸式火山喷发而来的，火山灰数量极大。有的则两者兼备，此种类型比较普遍。至于侵入岩的产状，情况远比火山喷出岩复杂，因而形式也较多样，就野外所见者，基本上有以下各类。

岩基，这是一种规模巨大的岩体，其面积可达 $60km^2$ 以上，其周围还有若干小岩体。当在这样的岩基所在地作地质旅行时，往往整天，甚至几天穿越其剖面还未能抵达边界。岩基多由花岗岩组成，其地形外貌，或作高山峻岭，或作丘陵山岗，逶迤起伏，连绵不绝。例如，南岭地区不少中生代的花岗岩即构成岩基，在普通小比例尺的地质图上看到的一块块标注红色的符号者，多为岩基所在地。

岩株，这是一类规模中等的岩体，其面积在 $60km^2$ 以内，周围没有什么零散的小岩体，与其他围岩的接触边界，相当陡直。

岩墙或岩脉，这是一类小型的侵入体，其长度从几米至几千米，宽度从几厘米至几百米。在野外视野范围内基本上看得清楚。它的存在形式有几种，或为围岩（沉积岩、火成岩或变质岩均有）发生断裂，岩浆顺裂隙侵入而成，或由另一岩体的支脉侵入而成。有的是孤单的一条岩墙，有的是由多条的交错岩墙组合而成的。如果遇到岩墙本身的岩石比其围岩坚硬，则在风化露头上往往构成一道延伸挺直、俨如城墙屹立、气势非凡的景色；如果岩墙本身的岩石较其围岩软弱，则往往侵蚀为一条沟壑；若岩墙与围岩的风化程度相似，无分高低时，地形特点不显，则凭其岩石性质相异而辨识。岩墙是很普通的侵入体，一般地质旅行途中颇易见到。

岩床，这是一种沿着地层层面入侵的侵入体，往往夹在上下两个沉积岩（或火山岩、变质岩）层之间，具有一定的厚度，延伸较为稳定，一般多由基性岩组成。

岩床的规模不大，一般在数十至数百米的露头上就能见到，但也有数千米者。

岩盖，其基本形态与岩床相同，只是其中心部位厚度较周围大。

岩盆，其基本形态也与岩床相同，只是其中心部位下凹，呈盆的形状。在地质旅行时，为什么要注意侵入岩的岩体形态，这是因为许多矿床同这些岩体在时间上、空间上以及成因类型方面都有密切的联系。比如说，有的矿床分布在岩体内部，有的则分布在岩体与围岩相邻的接触带上，有的却分布到远离岩体的围岩中去了。究其原因，这种种分布规律，与岩体的产状、成分、内部构造、围岩性质以及与围岩之间的接触关系均有一定联系。通过华南地区各种花岗岩体的研究表明，钨、锡、钼、铍等矿床往往与各岩体的较晚期形成的小岩株有关。吉林某地的铜镍硫化矿床与基性至超基性岩盆有关，而且矿体位于盆底部位。由此可见，研究岩体的特点有助于指导矿产的找寻。

火成岩对地质学研究很重要，因为它们的矿物和化学结构提供很多关于地壳结构的知识。学者可以从岩浆岩的存在地点、形成温度和压力条件，以及原有的岩石种类中推断地壳结构。它们的年龄可以通过各种各样的辐射测量断代法测量，依次和临近地层年代比较，从而推断事件发生的顺序。它们的特点通常是一个具体构造环境的典型，可以研究板块构造。在一些罕见的情况下，它会含有重要矿物，如花岗岩中可能有钨，锡和铀。

2. 沉积岩

（1）沉积岩的简介

沉积岩，是三大岩类的一种，又称为水成岩，它是三种组成地球岩石圈的主要岩石之一（另外两种是岩浆岩和变质岩）。沉积岩是指在地表不太深的地方，先成岩的风化产物和一些火山喷发物，经过水流或冰川的搬运、沉积、成岩作用形成的岩石。在地球地表，有 70% 的岩石是沉积岩，但如果从地球表面到 16 公里深的整个岩石圈算起，沉积岩只占 5%。沉积岩主要包括石灰岩、砂岩、页岩等。沉积岩中所含有的矿产，占全部世界矿产蕴藏量的 80%。相较于火成岩及变质岩，沉积岩中的化石所受破坏较少，也较易完整保存，因此对考古学来说是十分重要的研究目标。沉积岩是由化学及生物化学溶液及胶体的沉淀作用、水、风或冰川的搬运作用，以及机械沉积作用（总称为沉积作用）综合形成的。沉积岩形成过程中也可以有结晶作用发生，但不同于火成岩的结晶作用。前者结晶于地表或近地表的温度和压力条件下，而且是在水溶液或胶体溶液中结晶的。多数沉积岩经历过胶结、压实和再结晶作用。

（2）沉积岩的种类

岩石结构，是指组成沉积岩组分的大小、形状和排列方式。它既是沉积岩分类命名的基础，也是确定沉积岩形成条件的重要特征和参数。按不同岩类分为下列几种。

碎屑结构，是指碎屑颗粒本身的特征（粒度、圆度、球度、形状及颗粒表面特征）、基质和胶结物的特征、碎屑颗粒与基质和胶结物之间关系（胶结类型）的总和。粒度以颗粒的直径来计量，它是反映碎屑岩形成环境的重要特征之一。圆度、球度和形状是表征碎屑颗粒形态的3个特征参数。圆度是指颗粒的原始棱角受机械磨蚀而圆化的程度；球度是指颗粒接近球体的程度；颗粒的表面特征是指颗粒表面的磨光度及显微刻蚀痕。例如，砾石表面的冰川擦痕、刻擦痕、撞痕和凿痕或凹坑，石英砂表面的各种刻蚀痕、溶蚀痕和撞击痕。基质和胶结物是充填在碎屑颗粒之间的填隙物质，基质又称杂基，是粗、中碎屑岩石中较细粒的机械充填物，通常是细粉砂和黏土物质。当颗粒之间留下孔隙而无细粒的物质时，则造成颗粒支撑结构，而大小颗粒和泥质一起堆积下来，便形成杂基支撑结构。胶结物是化学沉淀的物质，可分为原生和次生两种，常见的胶结物有碳酸盐、硅质、铁质和磷质等。根据基质和胶结物与碎屑颗粒的相互关系，可分出各种胶结类型，如基底式、接触式、孔隙式、充填式、溶蚀式和嵌晶式等。

根据不同粒级的火山碎屑物在火山碎屑岩中的含量，可分为4种基本结构类型：集块结构、火山角砾结构、凝灰结构和火山尘结构。此外，还有塑变结构、沉凝灰结构和凝灰碎屑结构。岩石构造是由成分、结构、颜色的不均一引起的沉积岩层内部和层面上宏观特征的总称。沉积岩的构造可用于推论沉积条件，判断地层顺序。原生沉积构造——沉积阶段机械作用生成的构造，是沉积环境的标志。它包括3种构造：层间构造、流体侵蚀冲刷先期沉积物的表面痕迹和堆积形态。它能指示风、水流、波浪的运动方向。波痕是最常见的层间（面）构造。它是流体流经底床时床沙运动的形态，又称底形。层内构造，又称层理。流体在搬运过程中由载荷物质垂向和侧向加积形成。细层是组成层理的最小单位，代表瞬时加积一个纹层。层系是成分、结构、形态相似的一组细层，代表一个持续水动力状况的加积物。层系组由一系列相似的层系所组成。不同特征的层系组分别构成水平层理、波状层理、板状交错层理、楔状交错层理、槽状交错层理。不同层理是实验水槽或天然水道中水流牵引床沙形态变化和迁移形成的，不同流态的床沙形态迁移加积，形成各种层理。低流态时（水的冲刷力弱）由无颗粒运动的平坦底床形成水平纹理；由小型沙纹形成各种小型交错纹理；

由沙波和沙丘分别形成板状交错层理和槽状交错层理。高流态时（水的冲刷力强），由粗颗粒平床形成平行层理（带剥离线理）和由逆行沙丘形成逆行沙丘交错层理。粒序层理又称递变层理，是指粒度由下而上有递变现象的沉积层。粒度自下而上由粗变细的称正粒序；粒度做反向递变的称逆粒序。前者主要发育于现代浊流沉积和古代复理石层中；后者见于浊流沉积和某些颗粒流沉积中。粒序层理偶尔可见于牵引流（如河流）和三角洲沉积。层的变形构造，又称同生变形构造。它是在准同生或沉积期后可塑性变形作用中形成的。变形作用有垂向为主和侧向为主之分，垂向变形的，主要由沉积物液化、潜水渗透、水位变动等原因造成，如盘状构造、泄水构造、重荷构造（球—枕构造）、帐篷构造等。侧向变形的，主要由断裂剪切、重力滑帚、水流拖曳诸原因形成，如滑塌、滑坡、变形层理（同生褶皱）、伏卧前积层等。大规模的侧向变形作用往往能诱导出垂向变形构造。次生或多因素生成的构造，大多数产于碳酸盐岩和其他内源岩中。其中结核构造（岩中存在的一个成分与主岩有差异的核形物体）是在物理化学条件不均匀状况下，某种成核物质从周围的沉积物或岩石向成核中心富集而形成的，结核可在沉积岩形成作用的各个阶段形成。鸟眼构造，是指碳酸盐岩中似鸟眼状孔隙被亮晶方解石或硬石膏充填的构造。大小多为 1～3 毫米，多平行层面排列，多产于潮上带，少数也产于潮间带。它是由露出水面的沉积物干燥收缩、灰泥中产生气泡或藻类腐烂而产生的孔隙，被亮晶充填沉淀而成的。缝合线，是指由压溶作用形成垂直层面分布的锯齿状、尖锋状、指状等形态的裂缝。它常见于碳酸盐岩中，也可出现于砂岩、硅质岩和盐岩层中。缝合线处常遗留有较多不溶残余物质，缝合线可用于了解岩石形成环境和油、气、水运移条件。

（3）沉积岩的成因

生物成因构造是指由生物活动形成的原生沉积构造。它包括生物生长沉积构造和生物扰动构造。生物生长沉积构造，是由生物的生长作用形成的一类特殊的沉积构造。它主要产于碳酸盐岩和其他内源岩中。其中叠层石构造是由富藻和贫藻碳酸盐（或其他内源沉积）的双纹层构造生长叠置而成的，核形构造是无固着基底滚动悬着生长而成的。凝块构造只有生长构造外形，没有内部叠层构造。叠层构造的形态特征和变化，与藻类黏结作用的光合作用强度、水流速度和排气强度有关。生物扰动构造，是指由生物的扰动和挖掘作用形成的沉积构造，又称生物侵蚀构造。其中足迹是指动物的足趾留在沉积物表面的印痕；移迹是指无脊椎动物蠕动爬行或啮食，在沉积物表面产生的沟槽；潜穴是指无

脊椎动物在未完全固结的沉积物内部，为了居住或觅食所挖掘的各种洞穴、管道。常见的有呈垂直管型、斜交管型、水平管型和复杂分支管道系统等。钻孔是指无脊椎动物为了寻食或庇护，在已经固结岩石质海岸、海底或生物钙质壳上凿蚀的各种孔洞。钻孔一般分布于未被海侵沉积物覆盖的岩石质海底上，它是判别海侵和海岸线的标志。生物扰动变形层理是指生物在沉积物中活动引起的对原生层理构造的变形和破坏，并形成规则状、不规则状、斑迹状以至完全均质化结构的层理。

土岩，根据黏土质点、粉砂和砂的相对含量，可将黏土岩的结构划分为以下两种：按岩石结晶程度可分为非晶质黏土结构、隐晶质黏土结构、显微晶质黏土结构、粗晶黏土结构和斑状黏土结构；按黏土矿物结合体的形状分为胶状黏土结构、鲕状黏土结构、豆状黏土结构和碎屑状黏土结构。此外，还有生物黏土结构和残余黏土结构等。

碳酸盐，包括粒屑结构、生物格架结构、晶粒结构和残余结构。粒屑结构，由颗粒、泥晶基质和亮晶胶结物组成。颗粒与泥晶、亮晶的相对含量，可以反映岩石形成环境的介质能量条件。颗粒多、亮晶多，则介质能量高；颗粒少、泥晶多，则介质能量低。碳酸盐岩胶结物的结构类型有栉壳状、粒状、再生边及连生胶结等。生物格架结构，主要由原地固着生长的群体造礁生物形成一种坚硬的碳酸钙格架。晶粒结构，晶粒主要成分是方解石，其次是白云石。晶粒从大于 4mm 到小于 0.001mm 不等。按晶粒大小分为：巨晶、极粗晶、粗晶、中晶、细晶、粉晶、微晶和隐晶。残余结构，由交代和重结晶作用形成。常见的残余结构有残余生物结构、残余鲕状结构和残余碎屑结构等。

大地构造环境对沉积岩的形成及其以后的变化有多方面的制约。例如在陆内造山带形成山前粗碎屑砾岩层序，在陆内断陷盆地、洼地和山前拗陷盆地，可形成湖泊、干盐湖或湖沼沉积，在稳定大陆块或克拉通之上的陆表海内，常形成厚度不大的砂质岩或碳酸盐岩组合，在大陆与火山岛弧之间或弧后海沟一带，可形成厚度很大而且包含火山岩和火山碎屑岩的韵律层状沉积岩，在大陆架到深海的斜坡带形成滑塌堆积岩或混杂岩等。古气候对沉积岩形成的影响在陆地范围内非常明显。在干旱的古气候条件下，形成大面积的陆相红色粗细碎屑岩，这是由于沉积物中的氧化亚铁（FeO）常氧化为三氧化二铁（Fe_2O_3）。潮湿气候条件下，有机质丰富，进入沉积物中使沉积岩颜色成为暗灰或黑色。盐类在炎热干旱气候条件下形成，煤炭在温暖潮湿气候条件下聚集，都说明古气候对沉积岩形成是有制约作用的。生物在地质历史时期的进化、繁盛或衰亡对沉积岩的形成有明显影响，元古宙时期还未出现大量的海生动物群，因此，世界各地的中、晚元古代地层都包含大量叠层石藻灰岩，据此认为在显生宙以后大量海生动物出现并以食藻为生，因而叠层石灰岩大为减少。在石炭纪，全球性的植物繁茂，形成了大量煤炭层。

古水动力条件对沉积岩的形成的影响表现为，不同的水流条件形成不同的沉积或造成不同的结构构造。山前和河流的水流主要是由高处流向低处的定向水流，常形成分选差的、具有单向交错层理的洪积和冲积沉积。在滨海带，潮汐带主要是往复流动的双向水流，常形成分选好的、具有鱼骨状交错层理的滨海和潮汐沉积。在海洋中还有风暴流、浊流等深流造成碎屑岩的结构、构造和造岩成分的差异。此外，有些沉积岩形成后还受到地下潜水流的影响，使石灰岩发生白云岩化和硅化等次生变化。此外，冰川和风也可搬运碎屑物，在特定条件下，形成冰碛岩和风成岩。

沉积岩的分类需要考虑岩石的成因、造岩组分和结构构造 3 个因素。一般沉积岩的成因分类比较粗略，按岩石的造岩组分和结构特点的分类比较详细。外生和内生实际上是指盆地外和盆地内的两种成因类型。盆地外，主要形成陆源的硅质碎屑岩，但是陆地的河流等定向水系可以将陆源碎屑物搬运到湖、海等盆地内部而沉积、成岩；盆地内，形成的内生沉积岩的造岩组分，除了有湖、海中析出的化学成分外，也可能有一部分来自陆地的化学或生物组分。因此，可简单地概分为两类：陆源碎屑岩，主要由陆地岩石风化、剥蚀产生的各种碎屑物组成，按颗粒粗细分为砾岩、砂岩、粉砂岩和泥质岩；内积岩，主要指在盆地内沉积的化学岩、生物化学岩，也可由风浪、风暴、地震和滑塌作用将未充分固结的岩石破碎再堆积，成为内碎屑岩。内积岩按照岩石成分分为铝质岩、铁质岩、锰质岩、磷质岩、硅质岩、蒸发岩、可燃有机岩（褐煤、煤、油页岩）和碳酸盐岩（石灰岩、白云岩等）。此外，由不同性质的水流可以形成不同沉积岩。如浊流作用形成浊积岩、风暴流作用形成风暴岩、平流作用形成平流岩、滑塌作用可形成滑积岩、造山作用前后常可分别形成复理石和磨拉石。母岩分化产物形成的沉积岩是最主要的沉积岩类型，包括碎屑岩和化学岩两类。碎屑岩根据粒度细分为砾岩、砂岩、粉砂岩和黏土岩；化学岩根据成分，主要分出碳酸盐岩、硫酸盐岩、卤化物岩、硅质岩和其他一些化学岩。火山碎屑岩主要由火山碎屑物质组成，是介于火山岩与沉积岩之间的岩石类型，有向熔岩过渡的火山碎屑熔岩类和向沉积岩过渡的火山碎屑沉积岩类。火山碎屑占 90% 以上的岩石，被称为火山碎屑岩类。生物遗体可组成可燃性（如煤及油页岩）和非

可燃性两种生物岩。

沉积岩的体积只占岩石圈的 5%，但其分布面积却占陆地的 75%，大洋底部几乎全部为沉积岩或沉积物所覆盖。沉积岩不仅分布极为广泛，而且记录着地壳演变的漫长过程。如今已知，地壳上最老的岩石，其年龄为 46 亿年，而沉积岩圈中年龄最老的岩石就有 36 亿年（苏联科拉半岛）。沉积岩中蕴藏着大量的沉积矿产，如煤、石油、天然气、盐类等，而且铁锰铝铜铅锌等矿产中属于沉积类型的矿产也占有很大的比重。同时，沉积岩分布地区又是水文地质和工程地质的主要场所。因此，研究沉积岩，对发展地质科学的理论寻找丰富的沉积矿产以及水文地质和工程地质工作均具有重要意义。

3. 变质岩

（1）变质岩的简介

变质岩，英文名称为 Metamorphic Rock，是一种转化的岩石。变质岩是在高温、高压和矿物质的混合作用下，由一种岩石自然变质成的另一种岩石。质变可能是重结晶、纹理改变或颜色改变。变质岩是在地球内力作用下，引起岩石构造的变化和改造产生的新型岩石。这些力量包括温度、压力、应力的变化、化学成分。固态岩石在地球内部的压力和温度作用下，发生物质成分的迁移和重结晶，形成新的矿物组合，如普通石灰石由于重结晶变成大理石。

变质岩是组成地壳的主要成分，一般变质岩是在地下深处的高温（要大于 150℃）高压下产生的，后来由于地壳运动而出露地表。一般变质岩分为两大类：一类是变质作用作用于岩浆岩（即火成岩），形成的变质岩成为正变质岩；另一类是作用于沉积岩，生成的变质岩为副变质岩。大面积变质的岩石为区域性的，但也有局部性的，局部性的如果是因为岩浆涌出造成周围岩石的变质称为接触变质岩，如果是因为地壳构造错动造成的岩石变质称为动力变质岩。原岩受变质作用的程度不同，变质情况也不同，一般分为低级变质、中级和高级变质。变质级别越高，变质程度越深。例如，沉积岩黏土质岩石在低级作用下，形成板岩，在中级变质时形成云母片岩，在高级变质作用下形成片麻岩。

岩石在变质过程中形成新的矿物，所以变质过程也是一种重要的成矿过程，中国鞍山的铁矿就是一种前寒武纪火成岩形成的一种变质岩，这种铁矿占全世界铁矿储量的 70%。此外如锰钴铀共生矿、金铀共生矿、云母矿、石墨矿、石棉矿都是变质作用造成的。

变质岩是组成地壳的主要岩石类型之一。在变质作用中，由于温度、压力、应力和具有化学活动性流体的影响，在基本保持固态条件下，原岩的化学成分、成分和结构构造发生不同程度的变化。变质岩的主要特征是这类岩石大多数具有结晶结构、定向构造（如片理、片麻理等）和由变质作用形成的特征变质矿物，如蓝晶石、红柱石、矽线石、石榴石、硬绿泥石、绿帘石、蓝闪石等。

（2）变质岩的结构

变质岩的结构是指变质岩中矿物的粒度、形态及晶体之间的相互关系，而构造则是指变质岩中各种矿物的空间分布和排列方式。变质岩结构按成因可划分为下列各类。

变余结构，是由于变质结晶和重结晶作用不彻底而保留下来的原岩结构的残余。用前缀"变余"命名，如变余砂状结构、变余辉绿结构、变余岩屑结构等，根据变余结构、可查明原岩的成因类型。

变晶结构，是岩石在变质结晶和重结晶作用过程中形成的结构，常用后缀"变晶"命名，如粒状变晶结构、鳞片变晶结构等。按矿物粒度的大小、相对大小，可分为粗粒（大于3mm）、中粒（1～3mm）、细粒（小于1mm）变晶结构和等粒、不等粒、斑状变晶结构等；按变质岩中矿物的结晶习性和形态，可分为粒状、鳞片状、纤状变晶结构等；按矿物的交生关系，可分为包含、筛状、穿插变晶结构等。少数以单一矿物成分为主的变质岩，常以某一结构为其特征（如以粒状矿物为主的岩石为粒状变晶结构、以片状矿物为主的岩石为鳞片变晶结构），在多数变质岩的矿物组成中，既有粒状矿物，又有片、柱状矿物。因此，变质岩的结构常采用复合描述和命名，如具斑状变晶的中粒鳞片状变晶结构等。变晶结构是变质岩的主要特征，是成因和分类研究的基础。

交代结构，是由交代作用形成的结构，用前缀"交代"命名，如交代假象结构，表示原有矿物被化学成分不同的另一新矿物所置换，但仍保持原来矿物的晶形甚至解理等内部特点；交代残留结构，表示原有矿物被分割成零星孤立的残留体，包在新生矿物之中，呈岛屿状；交代条纹结构，表示钾长石受钠质交代，沿解理呈现不规则状钠长石小条等。交代结构对判别交代作用特征具有重要意义。

碎裂结构，是岩石在定向应力作用下，发生碎裂、变形而形成的结构，如碎裂结构、碎斑结构、糜棱结构等。原岩的性质、应力的强度、作用的方式和持续的时间等因素，决定着碎裂结构的特点。

（3）变质岩的作用

各种变质岩的存在条件，几乎跟它们变质作用的类型有密切关系，换句话说，如果在野外工作时，能识别出变质作用的类型，那么也就大体上能估计出

其中有哪些具体的变质岩种类。什么是变质作用的类型，主要是根据地质成因和变质作用的因素来考虑变质作用的格局，实际上，也包括了变质作用的规模。其类型大体上划分为四种，都是野外常遇到的。

接触变质作用：由岩浆沿地壳的裂缝上升，停留在某个部位上，侵入到围岩之中，因高温而发生热力变质作用，使围岩在化学成分基本不变的情况下，出现重结晶作用和化学交代作用。例如，中性岩浆入侵到石灰岩地层中，使原来石灰岩中的碳酸钙熔融，发生重结晶作用，晶体变粗，颜色变白（或因其他矿物成分出现斑条），而形成大理岩。从石灰岩变为大理岩，化学成分没有变，而方解石的晶形发生变化，这就是接触变质作用最普通的例子，又如页岩变成角岩，也是接触变质造成的。它的分布范围局部，附近一定有侵入体。

动力变质作用：由地壳构造运动所引起的、使局部地带的岩石发生变质。特别是在断层带上经常可见此种变质作用。此类受变质的岩石主要是因为在强大的、定向的压力之下而造成的，所以产生的变质岩石也就破碎不堪，以破碎的程度而言，就有破碎角砾岩、碎裂岩、糜棱岩等等。好在这些岩石的原岩容易识别，所以在岩石命名时就按原岩名称而定，如称为花岗破裂岩、破碎斑岩等。

区域变质作用：分布面积很大，变质的因素多而且复杂，几乎所有的变质因素——温度、压力、化学活动性的流体等都参加了。凡寒武纪以前的古老地层出露的大面积变质岩及寒武纪以后"造山带"内所见到的变质岩分布区，均可归于区域变质作用类型。例如泰山及五台山所见的变质岩，均为区域变质作用所产生。就岩石而言，包括板岩、千枚岩、片岩、大理岩与片麻岩等。

混合岩化作用：在区域变质的基础上，地壳内部的热流继续升高，于是在某些局部地段，熔融浆发生渗透、交代或贯入于变质岩系之中，形成一种深度变质的混合岩。也就是说，在区域变质作用所产生的千枚岩、片岩等，由于熔融浆的渗透贯入而成为混合岩。此外，尚有不大常见的气体化水热变质作用，复变质作用。其实，对于野外地质旅行者来说，最常见的变质作用还是接触变质和区域变质两大类，其次是混合岩化作用。因此，熟悉变质岩的名称，也就熟悉这些与变质作用有关的变质岩就足够了，简述如下。

板岩，是具有板状构造的变质岩，它由黏土岩类、黏土质粉砂岩和中酸性凝灰岩变质而来，属于区域变质作用中的轻度变质的岩石。

千枚岩，是具有千枚状构造的变质岩，原岩类型与板岩相似，在其片理面上闪耀着强烈的丝绢光泽，并往往有变质斑晶出现。

片岩的片理构造十分发育，原岩已经全部重新结晶，由片状、柱状、粒状矿物组成，具有鳞片、纤维、斑状变晶结构，常见的矿物有云母、绿泥石、滑石、角闪石、阳起石等。粒状矿物以石英为主，长石次之。片岩是区域变质岩系中最多的一类变质岩。片岩的种类颇多，其命名则根据所含的变质矿物和片状矿物的显著分量而定，如云母片岩、滑石片岩、角闪石片岩等，另外，常用绿色片岩之名，是由中性和基性的火山岩、火山碎屑岩等变质而来。

片麻岩，具有片麻状或条带状构造的变质岩。原岩不一定全是岩浆岩类，有黏土岩、粉砂岩、砂岩和酸性、中性的岩浆岩。具有粗粒的鳞片状变晶结构。其矿物成分主要由长石、石英和黑云母、角闪石组成；次要的矿物成分则视原岩的化学成分而定，如红柱石、蓝晶石、阳起石、堇青石等。片麻岩的进一步命名，根据矿物成分而定，如花岗片麻岩、黑云母片麻岩。片麻岩是区域变质作用中颇为常见的变质岩。

角闪岩，主要是由斜长石和角闪石组成的变质岩。其原岩是基性火成岩和富铁白云质泥岩。角闪岩具有粒状变晶结构，块状微显片理构造。

麻粒岩，是一种颗粒较粗、变质程度较深的岩石，基本上由浅色的石英、斜长石、铁铝榴石、辉石等矿物组成，无云母、角闪石。麻粒岩具有粒状变晶结构，块状或条带状构造。

石英岩，即几乎整个岩石均由石英组成，浅色、粒状，一般作块状构造，粒状变晶结构。它是由较纯的砂岩或硅质岩类经区域变质作用，重新结晶而形成的。有时，有人将沉积岩中由较纯净的石英颗粒组成的岩石也称石英岩，与变质岩类的石英岩混淆不清，虽然就化学成分或矿物成分来看，两者很难分开，但变质岩类的结构要致密些，称石英岩；而沉积成因者，颗粒清晰，致密程度稍差，所以为了区别起见，称其为石英砂岩。

大理岩，由碳酸盐岩石经重结晶作用变质而成，具粒状变晶结构。块状或条带状构造，由于它的原岩石灰岩含有少量的铁、镁、铝、硅等杂质，因而在不同条件下，形成不同特征的变质矿物，出现蛇纹石、绿帘石、符山石、橄榄石等，于是在洁白的质地上，衬托出幽雅柔和的色彩，构成天然的图案花纹，给人们想象出一幅又一幅诗情画意的图卷，文人墨客在它们的加工石面上取出许多逗人喜爱的景名——潇湘夜雨、千峰夕照、平沙落雁等。因而大理石就成为高级的建筑石材，或成为高级家具的装饰性镶嵌材料，而洁白的细粒状的大理石，俗称汉白玉，也是工艺雕刻或富丽堂皇的建筑材料。大理岩见于区域变质的岩系中，也有不少见于侵入体与石灰岩的接触变质带中。

角岩，这是一类由泥质岩（以黏土矿物为主的页岩之类）在侵入体附近，

由接触变质作用而产生的变质岩。颜色呈灰色，硬度比原岩显著增加，所以多有将角岩制成砚或其他工艺品，如在苏州灵岩山、寒山寺等旅游区出售的砚石，即利用产于灵岩山花岗岩体附近的角岩所制。

混合岩，是由混合岩化作用形成的变质岩，其基本组成物质是由基体和脉体两部分组成的。所谓基体，是指混合岩形成过程中残留的变质岩，如片麻岩、片岩等，具变晶结构、块状构造，颜色较深；所谓脉体，是指混合岩形成过程中新生的脉状矿物（或脉岩），贯穿其中，通常由花岗质、细晶岩或石英脉等构成，颜色比较浅淡。混合岩具明显的条带状构造，并普遍可见交代现象，以此与区域变质作用形成的变质岩区别开来，但它是在区域变质的基础上发展起来的。混合岩由于混合岩化的程度不同，形成不同构造特点的混合岩，如网状混合岩、条带状混合岩、眼球状混合岩等。

（4）变质岩的特征和分布

变质岩分布区矿产丰富，世界上发现的各种矿产，变质岩系中几乎都有，如金、铁、铬、镍、铜、铅、锌等矿。主要分布于前寒武纪变质岩中，其成因大多与变质岩的形成有关。其他如与矽卡岩有关的铁矿床、铜铅锌等多金属矿床，与云英岩有关的钨锡钼铋铍钽矿床等，也与变质岩的形成有关。

变质岩是由变质作用所形成的岩石。它的岩性特征：一方面，受原岩的控制，具有一定的继承性；另一方面，由于经受了不同的变质作用，在矿物成分和结构构造上具有其特征性（如含有变质矿物和定向构造等）。变质岩在我国和世界各地分布很广。前寒武纪的地层绝大部分由变质岩组成；古生代以后，在各个地质时期的地壳活动带（板块缝合带、如地槽区），在一些侵入体的周围以及断裂带内，都有变质岩的分布。与变质岩有关的金属和非金属矿产非常丰富，例如，我国和世界上的前寒武纪变质铁矿均占铁矿总储量的一半以上。

主要变质岩及鉴定特征：

糜棱岩——动力变质岩，浅灰、灰绿或灰色，糜棱结构，碎裂构造，主要矿物为石英、长石、绿泥石；

大理岩——接触热变质岩，白、灰绿、黄或浅蓝色，等粒或变晶结构，块状构造，主要矿物为方解石、白云石，次要矿物为透闪石、透辉石；

矽卡岩——接触交代变质岩，颜色不定，结构为粒状微晶，块状构造，主要矿物为石榴子石、绿帘石、透辉石，次要矿物为铁、镁、钙硅酸盐；

蛇纹岩——接触交代变质岩，灰绿、黄绿色，隐晶质变晶结构，块状构造，主要矿物为蛇纹石，次要矿物为磁铁矿、钛铁矿；

板岩——区域变质岩，灰至黑色，隐晶质变晶结构，板状构造，主要矿物为石英、黏土、绢云母；

片岩——区域变质岩，黑、灰绿或绿色，变晶结构，片状构造，主要矿物为云母、绿泥石、角闪石，次要矿物为长石、绿帘石；

千枚岩——区域变质岩，黄、绿或蓝灰色，隐晶质变晶结构，千枚状构造，主要矿物为石英、绿泥石、绢云母；

石英岩——区域变质岩，白或灰白色，粒状变晶结构，块状构造，主要矿物为石英，次要矿物为白云母、硅线石；

片麻岩——区域变质岩，灰或浅灰色，粒状变晶结构，片麻状构造，主要矿物为石英、长石，次要矿物为云母、角闪石、硅线石。

变质岩的矿物成分，除含有角闪石、碳酸盐类等主要造岩矿物外，与岩浆岩和沉积岩相比，变质岩中常出现铝的（红柱石、蓝晶石），不含铁的镁硅酸盐矿物，复杂的钙镁铁锰铝的硅酸盐矿物，纯钙的硅酸盐矿物等以及主要造岩矿物中的某些特殊矿物（蓝闪石、绿辉石、硬玉、硬柱石等），这是变质岩矿物成分的主要特点。变质岩的矿物成分，决定于原岩成分和变质条件。原岩成分决定变质岩中可能出现什么矿物或矿物组合，如原岩为硅质石灰岩，主要成分为碳酸钙和二氧化硅，经变质作用可能出现的矿物是石英、硅灰石、甲型硅灰石、灰硅钙石等。而变质条件则决定一定的原岩经变质作用后，具体出现什么矿物或矿物组合，假设原岩为硅质石灰岩，在热接触变质作用中，当压力为10Pa，温度低于470℃时，形成石英和方解石；当温度大于470℃时，则形成方解石和硅灰石或石英和硅灰石。原岩发生变质时，如果不伴随交代作用，变质岩的矿物成分受上述两方面因素的共同制约。在变质岩中，把具有同一原始化学成分而矿物共生组合不同的所有变质岩，称为等化学系列，而把在同一变质条件下形成的，具有不同矿物共生组合的所有变质岩，称为等物理系列。在有交代作用的情况下，变质岩的矿物成分，除决定原岩和变质条件外，还与交代作用的性质和强度有关。变质岩的矿物成分，按成因可分为：稳定矿物，即在一定变质条件下稳定平衡的矿物；不稳定矿物（残余矿物），即在一定变质条件下，由于反应不彻底而部分残留下来的非稳定矿物。不稳定矿物和稳定矿物之间，常具有明显的置换关系。根据矿物稳定范围，变质岩的矿物成分还可分为：特征矿物，指稳定范围较窄，反映变质条件比较灵敏的矿物，如绢云母、绿泥石、蛇纹石、浊沸石、绿纤石等常为低级变质矿物，蓝晶石、十字石（中压）、红柱石、堇青石（低压）等常为中级变质矿物，紫苏辉石、夕线石等常

为高级变质矿物，蓝闪石、硬柱石、硬玉、文石等常为高压低温矿物；贯通矿物，指可以在较大范围的温度、压力条件下形成和存在的矿物，如石英、方解石，当这类矿物单独出现时，一般不具有指示变质条件的意义。

（5）变质岩的成因

变质岩在地壳内分布很广，大陆和洋底都有，在时间上从古代至现代都有产出。在各种成因类型的变质岩中，区域变质岩分布最广，其他成因类型的变质岩分布有限。区域变质岩主要出露于各大陆的地盾和地块，以及显生宙各时代的变质活动带（通常与造山带紧密伴生）。区域变质岩在地盾和地块上的出露面积很大，常为几万至几十万平方公里，有时可达百万平方公里以上，约占大陆面积的18%。前寒武纪地盾和地块通常组成各大陆的稳定核心，而古生代及以后的变质活动带，常常围绕前寒武纪地盾或地块，呈线型分布，如加拿大地盾东面的阿巴拉契亚造山带、波罗的地盾西北面的加里东造山带、俄罗斯地块南面的华力西造山带和阿尔卑斯造山带等。有些年轻的变质活动带往往沿大陆边缘或岛弧分布，这在太平洋东岸和日本岛屿表现明显，它们的分布表明大陆是通过变质活动带的向外推移，而不断增长的。在另一些情况下，变质活动带也可斜切古老结晶基底而分布，它们代表大陆经解体而形成的陆内地槽，并将发展成新的台槽体系。20世纪60年代以来，还发现在大洋底部的沉积物和玄武质岩石之下，有变质的、等岩石的广泛分布，它们是由洋底变质作用形成的。由形成的各种接触变质岩石，仅局限于侵入体和火山岩体周围，分布面积有限，但分布的地区却十分广泛，在不同地质时期和构造单元内都有产出。由碎裂变质作用形成的各种碎裂变质岩，分布更有限，它们严格受各种断裂构造的控制。变质岩在中国的分布也很广。华北地块和塔里木地块主要由早前寒武纪的区域变质岩组成，并构成了中国大陆的古老核心。以后的变质活动带则围绕或斜切地块呈线型分布。

在认识变质作用的基础上，掌握了能够鉴定变质岩名称的方法以后，在旅行路线上遇到变质岩时，就可以进一步做些变质岩的初步调查或研究工作了。现就不同的变质区如何开展工作问题，简述如下。

热接触变质岩区的工作。热接触变质岩区也就是侵入体与围岩相接的地带，在这里，首先要穿越接触带的剖面，也就是决定一条从侵入体到未变质围岩之间的路线，观察侵入体的岩石名称及其岩性；观察围岩受侵入体的接触变质的影响——出现何类变质岩，其岩性特点，变质矿物，是否成矿的条件和可能，接触带上有无断裂之类的构造控制；未变质岩石的名称及其岩性，围岩属于哪个地质时代；侵入体属于哪个地质时代；等等。把这许多必须了解的内容，做沿途记录，做剖面示意图，采集有代表性的标本以及摄影或素描。如果交通、人力、物力、时间条件允许的话，可做再详细一些的观察，诸如接触带在面上分布的范围，观察蚀变晕圈的发育情况。再进一步，还可根据变质矿物的组合关系，划分出蚀变的相带——内带、中带、外带。同时还可研究热变质岩石与原岩性质的关系，甚至注意多期变质的叠加作用、不同变质带上所赋存的矿产关系。

区域变质区的工作。由于区域变质作用而产生的变质岩分布面积广阔，岩石情况也特别复杂，而且其间的褶皱、断裂等构造又十分发育，因此，在这里工作的难度也较大。首先，根据地层走向选择剖面线以后，在旅途行进中，要像研究沉积岩层那样，注意各变质岩层的上下层序关系，即排除由于褶皱或断层的干扰，恢复其原来的正常层位。当然，这项工作往往不是穿越一条剖面就能"一次性"成功的，而要多几条剖面相互比较才能接近正确。其次，在观察剖面过程中，要恢复原岩的性质——是沉积岩还是火成岩。如果确定为沉积岩，再进一步判断其原岩的名称，并运用研究沉积岩的办法，研究它们的沉积旋回、沉积建造的特征。注意地层间的不整合、假整合等有助于划分层序的接触关系。努力搜寻其中浅变质岩系（例如板岩）里的化石痕迹，一旦若有发现，并能确定其鉴定价值，便能牵动全局，整个变质岩系的时代及各套岩层的层序也许能迎刃而解。

混合岩化区的工作。首先要注意混合岩的基体和脉岩的特点、形态特征、交代作用等。注意混合岩化的强度带及其与区域构造（断裂带和褶皱带）作用的关系，甚至可以了解混合岩化的期次问题。一般而言，混合岩化区的观察工作并非是单独进行的，它是在研究区域变质岩区内的附带工作，因此，诸如矿产之类的问题，也都跟研究区域变质岩一块进行了。

（三）三大类岩石野外特征对比

火山岩：形成火山、形成岩脉、岩墙、岩株及岩基等形态并切割围岩；对围岩有热的影响，致使其重结晶，发生相互反应及颜色改变；在与围岩接触处火山岩体边部有细粒的淬火边；除火山碎屑岩外，岩体中无化石出现，多数火成岩无定向构造，矿物顺粒成相互交织排列。

沉积岩：呈层状产出，并经历分选作用岩层表面可以出现波痕、交错层、泥裂等构造，岩层在横向上延续范围很大，沉积岩地质体的形态可能与河流、

三角洲、沙洲、沙坝的范围相近沉积岩的固结程度有差别，有些甚至是未固结的沉积物。

变质岩：岩石中的矿石、化石或晶体受到了破坏；碎屑或晶体顺粒拉长，岩石具有定向构造，但也有少数无定向构造的变质岩；多数分布于造山带、前寒武纪地盾中，可以分布火成岩体与围岩的接触带，大范围的变质岩分布区矿物的变质程度有逐渐改变的现象。

（四）岩石内所含的矿物

1. 主要矿物

主要矿物是指岩石中含量多并在确定岩石大类名称上，起主要作用的矿物。例如，花岗岩类，主要矿物是石英和钾长石，石英含量小于 75%，钾长石含量大于 25% 时，则岩石为正长岩类，石英含量大于 95% 时，则归为石英岩类，所以对于花岗岩来说，石英、长石为主要矿物。

2. 次要矿物

次要矿物是指岩石中矿物含量次于主要矿物的矿物，对划分岩石大类不起主要作用，但对确定岩石种属起一定作用，含量一般小于 15%。例如，闪长岩类，石英是次要矿物，闪长岩中含有石英（含量达 5%）称为石英闪长岩，无石英或石英小于 5%，则称为闪长岩，但两者都属于闪长岩大类，所以对闪长岩来说石英是次要矿物。

3. 副矿物

副矿物是指岩石中矿物含量很少，通常不到 1% 的矿物，它们通常不参与岩石命名，只有对岩石成因或成矿方面有特殊意义时，有选择地用作岩石名称前的点缀，如独居石花岗岩，独居石以副矿物存在，但指示该花岗岩富有稀土元素。

（五）岩石的风化情况

岩石在太阳辐射、大气、水和生物作用下出现破碎、疏松以及矿物成分次生变化的现象。导致上述现象的作用称为风化作用。风化作用分为物理风化作用、化学风化作用和生物风化作用。

物理风化作用主要包括温度变化引起的岩石胀缩、岩石裂隙中水的冻结和盐类结晶引起的撑胀、岩石因荷载解除引起的膨胀等。

化学风化作用包括水对岩石的溶解作用，矿物吸收水分形成新的含水矿物，从而引起岩石膨胀崩解的水化作用，矿物与水反应分解为新矿物的水解作用，岩石因受空气或水中游离氧作用而致破坏的氧化作用。

生物风化作用包括动物和植物对岩石的破坏，其对岩石的机械破坏也属于物理风化作用，其尸体分解对岩石的侵蚀也属于化学风化作用，人为破坏也是岩石风化的重要原因。

岩石风化程度可以分为全风化、强风化、弱风化和微风化 4 个级别。

大约在 200 年前，人们可能认为高山、湖泊和沙漠都是地球上永恒不变的特征。可现在我们已经知道高山最终将被风化和剥蚀为平地，湖泊终将被沉积物和植被填满，沙漠会随着气候的变化而行踪不定。地球上的物质永无止境地运动着。暴露在地壳表面的大部分岩石都处在与其形成时不同的物理化学条件下，而且地表富含氧气、二氧化碳和水，因而岩石极易发生变化和破坏，其表现为整块的岩石变为碎块，或其成分发生变化，最终使坚硬的岩石变成松散的碎屑和土壤。矿物和岩石在地表条件下发生的机械碎裂和化学分解过程称为风化。风、水流及冰川等动力将风化作用的产物搬离原地的作用过程称为剥蚀。

地表岩石在原地发生机械破碎，而没有显著的化学成分变化的作用称为物理风化作用。例如，矿物岩石的热胀冷缩、冰劈作用、层裂和盐分结晶等作用，都可以使岩石由大块变成小块以至完全碎裂。化学风化作用是指地表岩石受到水、氧气和二氧化碳的作用而发生化学成分和矿物成分变化，并产生新矿物的作用。化学风化作用主要通过溶解作用、水化作用、水解作用、碳酸化作用和氧化作用等式进行。

虽然所有的岩石都会风化，但并不是都按同一条路径或同一个速率发生变化。经过长年累月对不同条件下风化岩石的观察，我们知道岩石特征、气候和地形条件是控制岩石风化的主要因素。不同的岩石具有不同的矿物组成和结构构造，不同矿物的溶解性差异很大。节理、层理和孔隙的分布状况和矿物的粒度，又决定了岩石的易碎性和表面积。风化速率的差异，可以从不同岩石类型的石碑上表现出来，如花岗岩石碑，其成分主要是硅酸盐矿物。这种石碑就能很好地抵御化学风化。而大理岩石碑则明显地容易遭受风化。

气候因素主要是通过气温、降雨量以及生物的繁殖状况而表现的。在温暖和潮湿的环境下，气温高，降雨量大，植物茂密，微生物活跃，化学风化作用速度快而充分，岩石的分解向纵深发展可形成巨厚的风化层。在极地和沙漠地区，由于气候干冷，化学风化的作用不大，岩石易破碎为棱角状的碎屑。最典

型的例子，是将矗立于干燥的埃及已经 35 个世纪并保存完好的克列奥帕特拉花岗岩尖柱塔，搬移到空气污染严重的纽约城中心公园之后，仅过了 75 年就已经面目全非。

地势的高度影响到气候：中低纬度的高山区山麓与山顶的温度、气候差别很大，其生物界面貌显著不同。因而风化作用也存在显著的差别。地势的起伏程度对于风化作用也有普遍意义，地势起伏大的山区，风化产物易被外力剥蚀而使岩基裸露，加速风化。山坡的方向涉及气候和日照强度，如山体的向阳坡日照强，雨水多，而山体的背阳坡可能常年冰雪不化，显然岩石的风化特点差别较大。

剥蚀与风化作用在大自然中相辅相成，只有当岩石被风化后，才易被剥蚀。而当岩石被剥蚀后，才能露出新鲜的岩石，使其继续风化。风化产物的搬运是剥蚀作用的主要体现。当岩屑随着搬运介质，如风或水等流动时，会对地表、河床及湖岸带产生侵蚀。这样也就产生更多的碎屑，为沉积作用提供了物质条件。

岩石在日光、水分、生物和空气的作用下，逐渐被破坏和分解为沙和泥土，称为风化作用。沙和泥土就是岩石风化后的产物。

（六）岩石和人类生活息息相关

说到岩石与人类的关系，应当承认，在人类的文明和进化中，岩石起到了非常重要的作用。岩石和我们人类确实形成了十分密切的联系。早在石器时代，我们的祖先为了生存，就已经开始利用比较坚硬的岩石制作成各种简单的劳动工具，用来打猎、切削食物。通过考古发现，早在五十万年前，原始人类遗留下来的各种石器就达几万件。恩格斯曾经说过：人能够用他的手把第一块岩石做成石刀，终于完成了从猿到人转变的决定性一步。随着人类的进步和采矿业的不断发展，开始对岩石有了记载。我国公元前约在战国初期，就有论述岩石和矿物的著作《山海经》，可以说这是世界上最早记载岩石的书籍之一。

保留至今的许多历史悠久的名胜古迹，都是岩石的建筑物。比如：举世闻名的万里长城，据说是用来自全国各地的石块建立起来的；我国甘肃的敦煌石窟、洛阳的龙门石窟记载了古代劳动人民的聪明才智和高超的艺术水平；西安的碑林、洛阳新安的"千唐志斋"，这些刻在石头上的书画，为研究中国的文字和历史提供了宝贵的资料。北京是著名的五朝古都，具有极为丰富的文物资源，石碑、石庙、石兽等石质文物随处可见，构成北京独特的大都市风貌。大量事实足以说明，人类文化的发展和岩石是分不开的。

人类对自然界的不断认识，促进了岩石学研究的不断深入和发展，人们对岩石性能日益了解，利用岩石为人类造福也越来越广泛。

人们利用岩石的化学组成和物理性质，经过加工可以将它们用于建筑、装饰、化工、冶金等诸多方面，如石灰岩可以制造水泥和塑料、白云石可以用来制造耐火材料、珍珠岩用来做绝热和保温材料、玄武岩可以用来烧铸石、黏土可以用来做陶瓷、砂石可以铺路、煤可以做燃料、火山岩沸石可以作为天然分子筛等。花岗岩、大理岩因为外观华丽和坚硬耐磨，被人们广泛用作建筑装饰石材。我国各地的很多重要建筑，如大会堂、纪念堂、图书馆、大剧院、体育馆等都是用岩石做石材修建而成的。近年来，随着人民生活水平的提高，这些高雅的建筑石材也逐步走进千家万户，为美化居室起到了锦上添花的作用。

岩石还造就了许多秀丽的自然景观，成为国内外享有盛名的风景游览区。如桂林有"山水甲天下"之称，那是石灰岩地区长期风化侵蚀造成的；昆明的石林，成因也是如此。在火山岩发育的地区也有很多风景区，如长白山的天池、牡丹江的镜泊湖，早已经成为人们避暑和旅游的好去处。我们可以毫不夸张地说，岩石几乎涉及了人类生活的各个领域。

岩石圈对人类的发展也具有重要的价值，向人类提供了丰富的化石燃料和矿物原料。但是人类的种种活动毕竟给岩石圈带来了一定影响，在某些地方这种影响还相当强烈，甚至造成了严重后果。

1. 化石燃料

从人类全部历史来看，化石燃料大规模使用的历史尚不足 200 年。历史上长期使用的燃料是薪柴、木炭、作物秸秆和畜粪。进入 20 世纪以后，煤炭才开始占主导地位。石油更是一个后来者，从 20 世纪初期起其开采量大幅度上升，开始了能源供应的"石油时代"。期间将近五十年的时间，世界煤炭产量增长了 70%。岩石圈的化石燃料在工业革命以来的人类社会发展过程中发挥了重要作用。化石燃料是在漫长的地质年代里形成的，属于不可再生能源。为了维持人类社会的可持续发展，必须尽快把能源消费从不可再生能源转变为可再生能源。因为新能源的开发，新技术与新设备（如核聚变与太阳能发电等）也要消耗大量能量，现存的能源应该用以实现这种转变。因此，未来几十年能源的利用可能决定人类文明的未来。

2. 矿物原料

人类利用矿物原料的历史不算长,大约在公元前 6000 年人类首次学会从矿石中提取金属,进入青铜时代。公元前 1600 年又学会了提炼更坚硬的铁,进入铁器时代。3000 年以后,英国人达比发明了用焦炭作燃料熔炼铁,才进入近代的钢铁时代,钢铁也成了现代一切工业的基础。

岩石圈内的矿物资源随人类开发能力的增强而不断满足着人类的需要,人类利用矿物原料的种类与数量与日俱增,原始人一生只需要几千克至几十千克石头打制石器;农业社会的农民一生也只需要几千克铁和铜制造简单的农具。迄今许多发展中国家的农民依然使用着极其简单的农具,工业化社会对矿物资源的消费却大得多,20 世纪 70 年代一个美国公民每年要消费钢铁 9.4t、有色金属约 6t(其中铅 7.25kg,主要用作汽油添加剂,现在已经废止)、沙砾石 3.55t、水泥 227kg、黏土 91kg、盐 91kg,总计各种金属和非金属物料约 20t。应该强调指出,人类对矿物资源的利用也呈指数增长趋势。从更长远的角度看,发展中国家的消费量必将有可观的增长。现在占世界人口 25% 的发达国家消费着世界 75% 的资源,而广大发展中国家的矿物消费量仅占世界的 10%。如果他们的消费水平增长至发达国家的 50%,对世界资源的压力必将大大增加。

总之,岩石圈是人类所需要的矿物原料和化石燃料的储藏所,其储量是巨大的。但是,由于人口的持续增长和技术的迅速进步,对矿产与能源的需求与日俱增,传统原料与燃料行将耗竭。如何迅速实现向新材料与新能源的转变,已经成为关系到人类未来生存与发展的要务。

二、岩石矿渣

(一)岩石矿渣定义

矿石经过选矿或冶炼后的残余物称为矿渣(英文名:Slag)。

定义一:矿渣,又称浸出渣。它是指铀矿石(或精矿)在酸浸出或碱浸出过程中未被酸或碱浸出的一部分矿物。由于浸出过程的选择性,大部分脉石矿物残留在矿渣中。其他部分已经被酸浸出到溶液中的杂质离子(如 Fe^{3+}),由于浸出液酸度的降低,又水解沉淀而复入渣中。为了防止浸出液中的铀的水解,浸出液需保持一定的过剩酸。

定义二:矿渣,是指高炉炼铁熔融的矿渣在骤冷时,来不及结晶而形成的玻璃态物质,呈细粒状。熔融的矿渣直接流入水池中冷却的又叫水淬矿渣,俗称水渣。矿渣经磨细后，是水泥的活性混合材料。

（二）岩石矿渣的性质

1. 矿物组成

矿渣是由矿渣熔浆经快速冷却固化而形成的细小颗粒，依其所含成分的不同，呈灰白色或乳黄色等。它是一种具有很高潜在活性的玻璃体结构材料。矿渣的矿物组成与熔融矿渣的冷却条件有关。缓慢冷却时会得到稳定的固体，即钙铝镁硅酸盐晶体。碱性矿渣（碱度系数大于1）的主要晶相为硅酸二钙和钙铝黄长石，酸性矿渣（碱度系数小于1）则以硅酸钙和钙长石为主。此外，还有许多其他的晶相，如透辉石、钙镁橄榄石等。在这些晶相中，除了具有胶凝性之外，其他矿物都没有或仅有极微弱的胶凝性。

2. 化学组成

矿渣产地不同，则其化学组成不同，这主要取决于矿石的成分及所生产的生铁的种类。矿渣主要含有氧化钙、二氧化硅、氧化铝等氧化物，其总量一般在90%以上，还有少量的氧化镁、氧化亚铁和一些硫化物等。

①氧化钙（CaO）：碱性氧化物，为矿渣的主要成分，一般占40%左右，在矿渣中可化合成具有活性的矿物，氧化钙是决定矿渣活性的主要因素，其含量越高，则矿渣的潜在活性越高。

②氧化铝（Al_2O_3）：酸性氧化物，是矿渣中较好的活性成分，含量一般在5%～15%，在矿渣中形成铝酸盐或铝硅酸钙等矿物，由熔融状态经水淬后形成玻璃体。其含量越高，矿渣的活性越高。

③二氧化硅（SiO_2）：微酸性氧化物，含量较高，一般在30%～40%。与氧化钙和氧化铝相比，其含量显得过多，致使形成低活性的低钙矿物，甚至还有游离的二氧化硅存在，使矿渣的活性降低。

④氧化镁（MgO）：比氧化钙的活性要低，其含量波动范围为1%～18%，在矿渣中呈稳定的化合物或玻璃体，可增加熔融矿物的流动性，有助于提高矿渣的活性。

⑤氧化亚锰（MnO）：对矿渣的活性有一定的影响。其含量一般应限制在1%～3%，如果氧化锰含量大于5%，矿渣的活性明显降低。

⑥硫：矿渣中的硫较多时，会使矿渣制品的强度损失较多；但硫化钙与水反应生成的氢氧化钙起碱性激发的作用。矿渣中还含有少量的其他物质，如氟

化物、三氧化二氟、氧化亚铁、氧化钠、氧化钾等。一般情况下，这些物质含量较低，对矿渣质量的影响不大。

（三）岩石矿渣的用途

矿渣碎石在我国可以代替天然石料用于公路、机场、地基工程、铁路道砟、混凝土骨料和沥青路面等，如用矿渣碎石作基料铺成的沥青路面，既明亮且防滑性能好，又具有良好的耐磨性能，制动距离缩短。膨胀矿渣珠是用适量冷却水急冷矿渣熔渣而形成的一种多孔轻质矿渣，可用于做轻骨料，用来制作内墙板楼板等，也可以用于承重结构。矿渣还可用于生产矿渣棉（以矿渣为主要原料，在熔化炉中熔化后获得熔融物，再加以精制而得到的一种白色棉状矿物纤维）、微晶玻璃、硅钙渣肥、矿渣铸石、热铸矿渣等。

第二节　岩石矿渣的分类

一、气冷渣

又名热泼渣、重矿渣。熔渣出炉后经过渣沟流入坑内，铺展成厚约 15cm 的薄层，喷水冷却，凝固后掘出，经破碎、筛分，制成碎石和渣砂以代替天然砂石，作为混凝土、钢筋混凝土以及 500 号以下预应力钢筋混凝土的骨料，工作温度 700℃以下的耐热混凝土骨料，要求耐磨、防滑的高速公路、赛车场、飞机跑道等的铺筑材料，铁路道砟，填坑造地和地基垫层的填料，污水处理介质，等等。这种矿渣碎石被称为"全能工程骨料"。

（一）应用途径

随着我国工业的发展，矿渣排放量日益增多。为处理这些矿渣，国家每年花费巨额资金修筑排渣场和铁路线，浪费大量人力物力。由于矿渣是在 1400 ～ 1600℃高温下形成的熔融体，又属于硅酸盐质材料，因而便于加工成多品种的建筑材料。国外矿渣的综合利用是在 20 世纪中期开始发展起来的。目前基本实现了资源化。

1. 重矿渣的主要用途

（1）用于地基工程

采用重矿渣来加固软弱地基是非常有效的方法。日本一般采用粒度为

20mm 以下的重矿渣或水淬渣加少量石灰，作为处理软弱地基的加固桩材料。据调查，我国早在 20 世纪 30 年代就使用矿渣加固地基，新中国成立后使用更加普遍。仅武汉钢铁公司一地，在地基工程中使用矿渣就达 5.0×10^5t。实践证明，利用矿渣作为软弱地基处理材料，技术合理，安全可靠，施工方便，价格低廉。

（2）修筑道路

按照交通部的道路材料及基层施工、硅配合比骨料标准等有关规范标准，重矿渣属于硅酸盐材料，化学性质稳定，并具有耐磨、吸水等特点，通过破碎筛分后，可作为筑路材料，用于各结构层中。矿渣碎石具有缓慢的水硬性，这个特点在修筑公路时可以利用。矿渣碎石含有许多小孔，对光线的漫反射性能好，摩擦系数大，用它做集料铺成的沥青路面既明亮，制动距离又短。矿渣碎石还比普通碎石具有更高的耐热性能，更适用于喷气式飞机的跑道。美国和德国将 70% 的矿渣用于道路、机场的建设。实践证明，利用矿渣铺路，路面强度、材料耐久性及耐磨性方面都有良好的效果。重矿渣碎石摩擦系数大，用其所铺筑的矿渣沥青路面能达到很好的防滑效果。

（3）用作混凝土骨料

重矿渣碎石用于混凝土工程在我国已经有几十年的历史，尤其在碎石匮乏地区，更有利用价值。矿渣碎石混凝土除具有与普通碎石混凝土相似的物理力学性能，还具有较好的保温、隔热、抗渗和耐久性能。现已经广泛地应用到C40 号及以下的混凝土、钢筋混凝土及预应力混凝土工程中。

（4）生产矿渣砖

用水泥生产矿渣砖一般配比为水渣 85% ～ 90%，磨细生石灰 10% ～ 15%。矿渣砖适于上下水或水中建筑，不适于在高于 250℃的环境下应用。

（5）用作铁路道砟

重矿渣具有良好的坚固性、抗冲击性及抗冻性。用它作铁路道砟可以和天然碎石一样使用，而且能适当地吸收行车时产生的振动和噪声，承受重复荷载的能力很强。我国鞍山钢铁公司从 1953 年开始在铁路专用线上使用重矿渣。目前各大钢铁公司几乎都在使用重矿渣作为其专用铁路道砟。

在国家一级铁路干线——哈尔滨至大连线路上，采用鞍山钢铁公司碱性重矿渣铺设了一段 60m 长的试验路，从开始使用，到现在几十年未发现异常现象。

（二）包钢重矿渣利用

包钢重矿渣由于放射性超标一直没有被利用。历年累计堆存量已经近 5000

万吨，而且还在逐年递增。对之后排放的重矿渣进行综合利用可行性研究已经迫在眉睫。

白云鄂博铁矿石是包钢炼铁使用的主要原料之一。该矿除了含铁之外，还含有铌、钽、锰、磷等稀有元素和少量放射性核素钍 -232。钍 -232 主要分布在中贫矿中，富铁矿分布率相对较少。在选、烧、冶炼过程中，大部分钍进入尾矿，在矿渣也有较大的富集。矿渣中的钍含量与入炉原料品位及其配比有直接关系。包钢早期，白云矿直接入炉的比例大，重矿渣放射性水平比较高，一直不能利用，目前大量堆存。近些年，由于铁矿实行精料方针，而且加大外购矿入炉配比，重矿渣放射性水平较之前有较大幅度降低。据包钢（集团）公司放射性检测中心测试，1996 年之前矿渣中的钍含量为 0.024%～0.092%，1997——2004年矿渣钍含量为 0.025%～0.017%，2005 之后矿渣钍含量为 0.016%～0.013%，呈逐年下降趋势。矿渣 232Th 活度已经接近或低于《电离辐射防护与辐射源安全基本标准》（GB18871—2002）规定中的 232Th 豁免值（1000Bq）的要求。因此，包钢近年排放的重矿渣已经具备可以利用的条件。

二、粒化渣

粒化渣，又名水淬渣、水渣。熔渣用大量水淬冷后，可制成以玻璃体为主的细粒水渣。它具有潜在的水硬胶凝性能，在水泥熟料、石灰、石膏等激发剂的作用下，就可以显示出这种性能，所以是优质水泥原料。中国每年有 80% 以上的熔渣制成粒化渣，作为水泥混合材料。全国生产的水泥有 70% 左右掺用了不同数量的粒化渣。中国国家标准 GB175-77 规定掺 15% 粒化渣，生产普通硅酸盐水泥；GB1344-77 规定掺 20%～70% 粒化渣，生产矿渣硅酸盐水泥。掺用粒化渣可节约能源 20%～40%，降低成本 10%～30%。通行的水淬工艺是利用压力为 1.5～2.5kg·N/cm²，流量为渣量 5～10 倍的水，冲淬。粒化渣还可以作保温材料，混凝土和道路工程的细骨料，土壤改良材料，等等。

（一）生产矿渣微粉

水淬矿渣的潜在活性通过磨细机械激活，粒度越细，活性越大。当矿渣粉碎至超细粉（矿渣微粉），即比表面积在 4500cm²/g 以上时，能充分发挥出水淬矿渣潜在的水硬性。因此用作高强、超强水泥和混凝土中的掺合料时，矿渣必须为微粉，使用时添加高效减水剂、分散剂、表面活性剂，制品能产生高强度或超高强度的效果。矿渣微粉的应用在国外已经十分广泛，它不仅仅局限于水泥、混凝土范畴，其他工业领域如沥青胶凝材料、工业填料、涂料、肥料等也能应用。同时生产矿渣微粉还具有高额的利润空间和广阔的市场空间。例如2000 年宝钢投资 13640 万元，引进了日本川崎重工的整套设备（K-310），设计能力为 60 万 t，年利润在 3800 万元左右。矿渣微粉的生产及应用在国内只是刚刚起步，这是一项利国利民的环保工程，值得推广。

由于水淬矿渣的玻璃质结构十分致密、硬度高，其粉碎机理主要是破碎而不是磨碎，因此如何达到低能耗、高效益的目的，粉碎设备选型很关键。实践证明，采用辊压机、辊磨终粉磨设备要比球磨机节能约 40% ～ 50%。生产企业可根据各自特点，如矿渣粒化的大小、矿渣的玻璃化程度、产品设计指标、年生产能力等进行综合设计。

（二）生产矿渣无机胶凝材料

采用比表面积为 3000cm^2/g 左右的水淬矿渣细粉，选择合适的激发剂，以10% 的硅酸盐水泥进行改性，可以得到干燥收缩率小、早期强度高的矿渣胶凝材料，完全可以代替水泥胶砂材料。

如果在沥青砂浆、沥青胶浆或者玛蹄脂中加入适量的高活性矿渣细粉，此时矿渣粉不仅能发挥出较强的物理吸附作用，提高材料整体的黏聚力、抗剪切强度，而且矿渣细粉还与沥青中环烷酸、沥青酸等酸性物质发生反应，产生化学吸附作用，在界面上生成不溶于水的环烷酸钙等化合物，使填料与沥青牢固、稳定地黏结在一起，可有效防止水分浸入填料与沥青膜间的界面，防止沥青膜从颗粒表面剥离，显著提高了胶凝材料对水的稳定性、耐热性。研究及检测数据证明，水淬矿渣细粉在沥青质胶凝材料中能起到特别优异的作用。

在矿渣细粉的基质中，加入水玻璃、纤维、橄榄石，可以制取热震稳定性极好的保温材料（适于中、低温的急冷急热场所）；在矿渣细料中加入纤维（石棉）、无机结合剂，喷涂在钢材建筑上，作为隔热、防火涂层；在碱性条件下，矿渣细粉作胶凝材料可以代替高铝水泥作为凝固剂使用。

（三）钒钛等合金炉渣及含稀土元素矿渣的利用

钒钛等合金矿渣可以先行破碎，采用浮选等方法富集和提取贵重金属后再进行利用；钒钛矿渣是生产微晶玻璃很好的原料，其中钒是一种核化剂，钛是增白剂；对于硅锰渣、碳铬渣等合金矿渣，大连轻工学院材料系已经尝试采用浇注法生产微晶玻璃，取得了成功。含稀土元素的矿渣，可以制造特殊用途（耐温等）的玻璃；加入激发源钴 -60（Co）或者直接利用含放射性的稀土矿渣制

造发光玻璃、搪瓷材料，用于生产标志牌、仪表盘、显示屏、指示灯牌等产品的原料；对含放射性的稀土矿渣，可以粉碎后直接加入20%左右的硫酸镁、被重金属污染的或者有毒物品的待处理废物，混合制取砌块，达到以废治废的目的。

多年来，在广大科学工作者的不断努力下，水淬矿渣的研究应用取得了很大的进展，为其综合利用提供了多种途径，有些已经实现了工业化生产，取得了较好的经济、社会效益。但这些技术中还存在着一些有待改进和提高的地方，例如：矿渣微粉的高效粉磨技术以及生产设备如何国产化问题，矿渣微粉应用领域的开发问题；微晶玻璃生产中如何降低熔化晶化温度和时间、提高成品率，降低生产成本；适合不同土壤的多功能复合钙硅矿渣肥料的制造及推广应用工作；钒钛等合金矿渣及含稀土元素矿渣的综合利用问题；如何利用活性水淬矿渣、粉煤灰、废橡胶、废塑料、废金属等不同资源，通过不同的复合机理、复合工艺技术，开发不同性质多功能环境材料，制成代木、代钢、代塑等产品，产生更明显的生态效益。

水淬矿渣是一种具有高能量、高能耗的材料"资源"，一方面，它的综合利用还远远不够，统计表明：至今虽然已经有近67%的矿渣得到了较好利用，但仍有大量的矿渣仅作为简单的粗放式利用如建筑骨料、道路填料等，而白白浪费，相当一部分企业还是简单地出售"原料"，另外，每年还有数百万吨矿渣因不能被利用而闲置占地、污染环境。另一方面，也是当前首要任务，即在加快其先进适用技术推广工作的同时，还应该加大开发和制造高附加值产品的投入，以期获得最大的经济、环保和社会效益，最终实现"社会经济自然生态效益"的和谐统一。这不仅是国家的行为，也是企业自身发展的必然趋势，在我国加入WTO后，面对全球经济一体化，关税的贸易作用日趋削弱，"绿色堡垒"却越来越突出，还有即将面对《联合国气候变化框架公约》的承诺，而目前冶金行业中，重点钢铁企业的吨钢比能耗较发达国家水平平均要高出39%资源的综合、循环利用以及环保产品的总体水平也整整落后20年左右。所以冶金矿渣等废弃物的综合循环利用问题，不仅已经成为钢铁企业能否持续发展的一个重要问题，而且也是衡量和评价一个企业综合实力的标志，现在，我们国家和企业都清醒地认识到了这一点。相信不久的将来，矿渣资源的综合利用将会出现更加美好的前景。

三、膨胀矿渣

每吨熔渣用 1 t 左右的水处理，可膨胀成多孔体，经过破碎、筛分后成为膨胀矿渣，可做混凝土的轻骨料（容重 400 ～ 1200kg/m³）。生产膨胀矿渣有池式法、喷雾堑坑法、离心机法、流槽法、翻转流槽法等工艺，许多国家都生产膨胀矿渣，膨珠又名渣球。1953 年，加拿大研究成生产膨珠的工艺。生产过程是在炉前安装直径 1m，长 2m，转速约为 300r/min 的滚筒，将熔渣分散抛出 20m 左右。熔渣在滚筒离心力的作用以及水和空气的急速冷却作用下，形成内含微孔、表面光滑、大小不等的颗粒（粒径 10mm 以下），即膨珠，容重为 1t/m³ 左右。膨珠是优质的混凝土轻骨料，比用膨胀矿渣可节省水泥 20%；还可以作为水泥混合材料、道路材料、保温材料、湿碾或湿磨矿渣以及稳定地基、改良土壤的材料等。膨珠粒度比热泼渣、膨胀矿渣小，一般无须再次破碎加工。膨珠生产具有设备简单、冷却迅速、场地周转快、操作方便等优点。制膨珠用水较制水淬渣节省，排放的蒸汽和硫化氢数量少，对环境污染较轻，而且无须进行废水处理。因此，中国、美国、加拿大、法国、英国等国在新建或改建时都注意增加这种工艺设备。

钢铁公司在矿渣的综合利用方面，采用新工艺，生产出一种新产品——膨胀矿渣珠。炽热的矿渣，经过机器的运转和高压水的作用，形成一道彩色斑斓的彩虹，在彩虹的下面，暴雨似的落下了亮晶晶的膨胀矿渣珠。膨胀矿渣珠不仅用途广泛，生产工艺简单，而且大大减轻了对环境的污染。矿渣是炼铁过程中产生的一种废渣。目前我国处理矿渣的方法，主要是采用水池泡渣或炉前冲渣法。这些方法生产出的水渣，可以供给水泥厂作水泥掺合料。

水池泡渣法是把熔渣倾倒在水池内，熔渣遇水快速冷却，并被水淬成细小的颗粒。在处理过程中，由于大量的一千多度的熔渣与池水相遇，使水温猛烈升高，产生大量蒸汽，在池上升起数十米高的浓雾，在浓雾中夹有由蒸汽冲击熔渣而产生的大量渣棉，以及水与熔渣反应所产生的硫化氢气体。浓雾随风吹散，渣棉以及硫化氢蒸汽冷凝水可扩散至数千米外的地方。落入渣棉的农作物则不能食用，硫化氢蒸汽冷凝水对机器设备有腐蚀性，同时对人体健康也有损害。

炉前冲渣法是用大量低压水直接把排出的熔渣冲送，在这过程中熔渣被水淬成细小颗粒，随水流入集渣池内。这方法虽然不会产生气体污染，但由于熔渣内硫化物大量溶解于水中，水内含有硫化氢。若不采用密闭循环也会污染水源。目前许多单位由于集渣池距离远，水泵腐蚀磨损厉害，因而没有采用密闭

循环，以至这种污染水直接排放入江河，直接危害到沿江生物生长。

为解决以上问题，并提高矿渣的利用率，遵从有关综合利用的教导，坚持利用工业废料生产建筑材料，由北京市第三构件厂、国家建委建筑研究院物理所、北京市建筑工程研究所、冶金部北京钢铁设计院和冶金部建筑研究院等五个单位组成膨珠研制组，研究成了一种新的矿渣处理方法——滚筒法。这种方法所获得的产品膨胀矿渣珠（以下简称膨珠），通过试验与生产实践，证明是一种优良的新型建筑材料，它的用途广泛，可用作混凝土轻骨料，也可代替水渣作水泥掺合料。这种方法处理矿渣也减少了环境污染。

膨珠生产工艺较为简单，下面介绍在首都钢铁公司试生产膨珠的工艺以及所采用的工艺参数。矿渣由渣罐倒入接渣槽，这时熔渣温度一般波动范围在 1240～1310℃，熔渣经接渣槽进入流槽内，流槽由两块槽板组成（上流槽宽 1680mm，长 370mm；下流槽宽 1800mm、长 1450mm。上流槽与下流槽的倾斜度分别为 12°与 18°）。两块槽板之间夹有 2 寸水管（外径为 60mm，近似内径为 50mm），管上装有 60 个小喷嘴，喷出 8kg 压力的高压水，喷嘴的水流量为 0.7～1t/min。熔渣被这股高压水冲击并与水混合流至滚筒上，滚筒直径 900mm，外包有 8 个三角形叶板。另外为加大滚筒对熔渣的甩力，在三角叶板上间断地加焊了 60～70mm 高的钢板，这样钢板顶端最大线速度可达 24.6m/s（滚筒转速 330r/min）。为使熔渣与水充分混拌，在三角形叶板上钻有近万个直径 1.5mm 的小孔，水从小孔喷出的压力也有 8kg，小孔的水流总量为 0.3t/min，这样熔融矿渣经流槽与滚筒水混合，又被滚筒水甩入空气中快速冷却，大部分成为含有大量玻璃质的珠体落入集料坑中，在集料坑堆积的膨珠用抓斗提升至堆场堆放或装车外运。

采用滚筒法处理矿渣，有以下几个优点。第一，比水池泡渣法安全。用水池泡渣时，由于大块热熔渣落入池内，经常发生爆炸，危害设备与人身安全。第二，由于用水量少，熔渣被滚筒甩散，产生的蒸汽量少，至于产生的少量渣棉，只落在渣坑附近，可以采取密闭式生产或采取措施，加以控制。第三，用水量少，水分全部蒸发，没有废水排除，可以避免水的污染问题。第四，产生的硫化氢气体少，可减少对空气的污染。

水对膨珠的制成起着两个作用：水能加速熔渣的冷却，使熔渣能很快形成固体状，而防止更多的气体从渣内逸出；水与熔渣的硫化物起着化学作用。硫化氢在高温情况下生成二氧化硫气体。硫化氢、二氧化硫与水蒸气在熔渣内也能生成气孔。

滚筒对膨珠的制成也起着两个作用：滚筒把熔渣甩在空中，加快熔渣冷却，熔渣表面冷却最快，能在甩散的熔渣表面生成大量密闭的玻璃体；熔渣经冷却，落入地面时已经成珠状，温度较低，互相不能黏结成块，因此滚筒实际上也起了一个对熔渣破碎的作用。

膨珠的外观以球形居多，外壳具有釉化玻璃质光泽，珠内有微孔。膨珠目前的颗粒直径为 1.2 ~ 10mm 的占 70%，最大颗粒可达 30mm，膨珠的颜色呈灰色、灰白色、棕色与黑色。膨珠的松散容量波动在 900 ~ 1450kg/m³。

膨珠在建筑工业中的用途很多，它可以作为轻质高强度的墙体构件的轻骨料。为了大量发展我国的轻混凝土，目前在全国各地已经生产出许多种轻骨料，如陶粒、页岩陶粒、粉煤灰陶粒、膨胀珍珠岩、膨胀矿渣等。但是，一般这些轻骨料都要经过一定的工序，如开采、原材料加工、烧结以及成品加工等工序。生产工艺复杂，耗费燃料多，产品昂贵，影响大量推广。膨珠与这些材料相比，其优点是生产工艺简单，性能良好。同时自滚筒甩出后的产品，不需破碎筛分，直接可以使用，因而价格比陶粒、珍珠岩、砂、石价格都低。

膨珠混凝土具有良好的保温性能，而其他性能与普通混凝土相似，比其他轻混凝土优越，可在建筑中大量推广使用。膨珠的另一用途是可作墙体的外饰面，膨珠外壳具有釉化玻璃质光泽，颜色丰富多彩，通过试验制成外墙的外饰面美丽大方，价格比一般用于外饰面的石子便宜得多。

通过试验、生产与实践证明，膨珠是一种很有前途的价廉优质的材料。虽然目前生产过程中还存在着容量大、含有少量渣棉等缺点，但是可以通过改进工艺解决这些问题，使膨珠更好地为社会主义建设服务。

四、矿渣棉

随着冶金工业的不断发展，矿渣、废水的综合利用研究也得到了长足发展。冶炼矿渣的无害化、资源化处理是中国乃至世界各国十分重视的焦点，也是推进循环经济的中心内容之一。因此，充分回收利用液态矿渣的热量，实现矿渣的高效资源化利用非常重要。矿渣尽管可以制备出附着性良好，并且有较高强度的水泥安全骨料，但附加值低；同时，矿渣排出时的大量余热未被有效利用，所以矿渣余热的有效利用（用于生产矿渣棉）对资源循环利用，有重要的现实意义。下面将着重介绍矿渣棉国内外研究现状、原料熔制工艺和纤维成型工艺。

（一）矿渣棉简介

矿渣棉是将工业废料矿渣，经熔化、喷吹等工序制成的一种细棉丝状的保温吸声材料，具有密度轻、导热系数较低、耐腐蚀、价廉、施工方便等特点，是一种新型的隔热保温材料。其优点是导热系数低、容重小、隔热保温性能高、易燃烧、不易震坏、不受大气和霉菌的侵蚀，而且原料来源广，生产技术和设备简单。矿渣棉可代替泡沫混凝土及石棉灰用作屋面保温层、管道保温层和锅炉保温层等。矿渣棉及其制品有一定的吸水性，但不能渗入纤维内部。它的纤维直径较粗，对皮肤有一定的刺激性。矿渣棉的主要化学组成见表1-1。

表1-1　矿渣棉的主要化学组成（质量分数）

SiO_2	Al_2O_3	Fe_2O_3	CaO	MgO
39.26	14.65	1.07	36.4	6.76

矿渣棉制品主要有以下几个方面的应用。

①长纤维矿渣棉可用于热力设备和管道干燥部位的保温，或可卸式保温结构的充填。用于振动部位时，应注意压紧、填实。设备中渗水和渗油的部位都不应该采用。

②普通矿渣棉可用于热力设备和管道的保温。它的沉陷性比长纤维矿渣棉大，使用时应注意压紧、填实，并定期检查。有水湿及油脂渗漏的部位不应采用。

③酚醛树脂矿渣棉制品可用于不受水湿的热力设备和管道中。低温部位的保温，有油脂渗漏的部位不应使用。

④矿渣棉吸声板可广泛用于建筑、工程装饰等方面。

矿渣作为矿渣棉的主要原料，是中国目前冶金企业中排放量最大的一种渣。大部分矿渣用来制造矿渣水泥等建筑材料，虽然可以制备出附着性良好、有较高强度的水泥浆安全骨料，但其附加值较低。同时，矿渣排出时有大量余热未被有效利用。据统计，中国传统工艺只能回收热能约10%，其余90%的热能被白白浪费。因此，利用矿渣与其余热相结合做成矿渣棉的综合利用方式，对资源的循环综合利用有重要的研究意义。

矿渣棉原料不仅有矿渣，还有粉煤灰。粉煤灰主要由硅铝玻璃、微晶矿物颗粒和未燃尽的残炭微粒组成，其化学组成见表1-2。粉煤灰作为矿渣棉原料使用，利用的是粉煤灰的化学成分与矿渣成分之间存在的互补性。

表 1-2　粉煤灰化学组成

SiO$_2$	Al$_2$O$_3$	Fe$_2$O$_3$	CaO	MgO
52.6	24.4	5.85	8.77	1.12

中国的粉煤灰主要来自火电厂的发电锅炉和城市集中供热的粉煤锅炉。据不完全统计，2008 年，排放量达到 1.9 亿 t，历年排放总量为 11.5 亿 t 以上，且每年的递增量为 1000 万 t。粉煤灰露天堆放不仅占用耕地、污染大气，而且随降水渗入地下还会污染水源。粉煤灰颗粒组成分布均匀，化学组成适宜，溶液黏度和熔融温度容易控制，可熔融生产矿棉。国内外已经有厂家在小规模生产，特别是中国，已经研究了利用矿渣显热生产矿棉的技术。辽宁锦西化工厂附属热电厂对该技术已经应用了 10 余年。

（二）国内外研究现状

目前世界各国的矿棉生产均采用常规工艺流程，将原料在高温熔炉中熔融，变为液态熔体，经高压空气或蒸汽喷吹或高速离心方法，将熔体拉制成很细的纤维，即矿棉的原棉，再将原棉通过各种工艺制成板、管、粒等系列产品。2013 年 7 月 5 日，由上海电气集团所属研究院设计的上海新型建材岩棉大丰有限公司首条 4 万 t 级冲天炉熔融工艺生产线顺利点火投产。该项目主生产线熔融、成纤、集棉、固化、切边、堆垛等生产过程全自动控制，由电气机电设计院承担整个项目的工程设计和工艺设施的转化、深化设计。项目投产以来，生产线产能已经达到设计要求，产品质量完全符合项目设定的欧盟 CE 认证建筑物隔热产品等标准。

热态熔渣制棉项目是太原钢铁集团有限公司（以下简称"太钢"）发展循环经济的一项重大举措。该项目引进日本技术，采用先进的双电炉调质保温生产工艺，对原料尺寸要求低，具有显著的低能耗、低污染等特点。项目建成后每年可回收利用矿渣约 8 万 t，将为太钢创造可观的经济效益，同时对社会节能减排产生巨大的环境效益。

矿渣棉形成工艺中也包括原料熔制工艺和纤维成型工艺。纤维成型原理是将高分子化合物（天然高分子或合成高分子）熔融成熔体或制成浓溶液，然后经喷丝小孔挤出后成为细微细液条，将此微细液条冷凝、脱出溶剂，并在张力下进行一定拉伸比的拉伸，以使高分子键在纤维中尽可能规则性地沿纤维长轴方向，最终定型而成纤维。在矿棉原料熔制工艺上，目前国内外厂家大多采用

干渣和调质成分混合后，经加热熔炼喷吹或离心成纤的技术。该工艺技术成熟，对矿棉熔体的调温调质操作简单，容易控制，可以保证熔体的连续性，因此生产稳定。

（三）原料熔制工艺概述

矿渣棉原料熔制工艺有冲天炉熔制、池窑熔制、电弧炉熔制 3 种。

1. 冲天炉熔制

冲天炉熔制矿渣棉的原料化学成分如前文所述，要满足冲天炉熔制工艺，原料的粒度应控制在 30 ~ 80mm。冲天炉原料为玄武岩和白云石，燃料为焦炭。在熔制过程中，炉底还应保持有一定高度的底焦层，约在炉风口以上 0.5m 左右的位置处，以保证炉料正常溶化后流入炉缸。冲天炉熔制工艺中，需要加入白云石和石灰石等配料，它们在加料时分解吸热，反应产物排放时带走大量热量和水分。冲天炉熔制过程中，酸度系数为 1.2 左右。在设计过程中要保证炉缸有一定的高度和容量，只有这样才能获得熔体所需的温度和均匀化学组成。但该工艺没有利用矿渣的显热，且两次加热时能耗大，焦炭消耗量超过 250kg/t，生产成本较高。

2. 池窑熔制

池窑熔制矿渣棉原料分为火焰池窑熔制法和电熔池窑熔制法。其中火焰池窑熔制法使用油或者天然气（煤气）作为燃料，原料经混匀后用喂料机送入池窑的熔化部，经喷吹燃料所产生的高温使其熔化。该法优点在于熔体质量高，化学成分和温度均匀易控制；缺点为所采用的耐火材料和入炉原料要求严格，成本高。电熔池窑法利用硅酸盐熔体在高温条件下的导电性能进行熔制，该方法工艺简单、热效率高、污染小、操作简单、熔制质量好，但运行费用较高。

3. 电弧炉熔制

矿物棉工业所用的电弧炉电极采用石墨电极，电弧炉的熔化优点是单位体积熔化量高、炉子占地面积小、炉体结构极为简单，而且投资少、启动停炉迅速、附属设备很少。

（四）纤维成型工艺概述

熔制好的矿渣棉熔体，要经过纤维成型才能进一步制成矿物棉的成品。纤维成型的方法有三种，即喷吹法、离心法、离心吹制法。离心吹制法包含了喷吹法和离心法的优势，所以离心吹制法在纤维成型工艺中较为适合。

（五）结论

①矿渣棉应用附加值相对较高，对资源的循环综合利用有重要的现实意义，是以后高炉渣综合利用的发展方向。

②通过对原料熔制工艺的对比可知，电弧炉的熔制工艺投资少，启动停炉迅速，附属设备很少，最为适合投资安装。

③纤维成型工艺中离心吹制设备结构简单、易操作、能耗较低、纤维长，产量大，可制取很长的细纤维，且非纤维杂质极少，能生产出高质量的纤维制品。所以当前纤维成型工艺中多采用离心吹制法。因此，发展矿渣棉对当前及今后矿渣综合利用都很有意义。

第二章　岩石矿渣的开采与加工

第一节　不同类型岩石对应的开采技术

与开采技术有关的岩石类型一般可以分为岩浆岩、沉积岩和变质岩三大类型。岩石的矿物成分和结构构造等特点是决定该类岩石开采技术的重要因素。

一、岩浆岩与开采技术有关的特点

（一）岩浆岩的矿物成分与采掘的关系

岩浆岩的种类繁多，组成岩浆岩的矿物成分也各不相同，其中最常见的矿物是石英、长石、角闪石、辉石、橄榄石及黑云母。这些矿物除黑云母外，都是硬度较大的矿物。所以未经强烈蚀变和剧烈错动的岩浆岩一般强度都较大，稳定性都比较好，有利于采用高速度、高效率的采掘方法。在酸性岩中含有较大量的游离的二氧化硅，在其中进行采掘作业时，有产生矽肺病的可能，必须加强通风防尘措施，预防矽肺病的发生。

（二）岩浆岩的结构与采掘的关系

岩浆岩的结构中，对采掘影响最大的是矿物颗粒的粗细。在其他条件相似的情况下，隐晶质、细粒、均粒的岩石比粗粒和斑状的岩石强度大。例如，玄武岩为隐晶质结构，而辉长岩为粗粒结构，所以玄武岩的抗压强度可高达500MPa，而辉长岩的抗压强度仅为$120 \sim 360$MPa。又如，花岗斑岩具斑状结构，其抗压强度只有120MPa，而同一成分的细粒花岗，因其等粒结构，其抗压强度可达260MPa。强度大的岩石虽然较难凿岩，但很容易维护，甚至可以不需要支护，给采掘工作以很大的方便。

（三）岩浆岩的构造与采掘的关系

岩浆岩多具块状构造。这种构造的最大特点是岩石各个方向的强度相近，从而增加了岩石的稳定性。所以岩浆岩的块状构造，不像沉积岩的层理构造和变质岩的片理构造那样对凿岩、爆破和支护等有明显的影响。但是岩浆岩的原生节理发育，如玄武岩的柱状节理、细碧岩的枕状节理等的发育，可降低岩石的稳固性，影响岩石的爆破效果。采矿工作者最基本的作业是破碎岩石，但井巷维护也是很重要的方面。这两方面的工作对岩石物理机械性质的要求不相同，有时甚至是矛盾的。

从爆破方面着眼，希望岩石容易破碎；但从井巷维护方面，又希望岩石坚固性强。因此关于对岩石采掘性质的研究，应注意综合这两个方面的要求做全面分析,选择合理的技术措施既要提高爆破效果，又要便于井巷维护才能多、快、好、省地开发地下矿产资源。例如，在气液矿床的开采中，有时一个矿体可含有几种甚至十几种有用组分，但品位不一定都很高，只单独开采和回收其中一种，有时在经济上是一种损失，如果能综合评价、开采、利用，则可能一矿变多矿，"死矿变活矿"。针对这类矿床矿体形状、产状复杂多变的特点，为了不使矿石受到损失，在选择采矿方法上要从实际出发灵活多样，甚至一个矿体的不同部位必要时也需要采用不同的采矿方法。我国某些铜矿山、硫化铁矿山就曾经发生过这样的问题。这就需要用"快采快运"等方法来解决。

对于火山成因矿床的采掘，有以下几方面值得考虑：火山成因矿床一般埋藏不深，多适于露天开采；当围岩为火山碎屑岩时，易于风化、机械强度很低，或者遇水膨胀、变软，易于片帮、冒落和滑动，所以在采掘过程中应加强防护措施；同时这一类型矿床的水文地质条件比较复杂，无论矿石或围岩都常常具有较大的蓄水性，给采掘工作带来一定困难，需加强防水、排水措施。

在风化矿床的开采中，由于风化矿床的物质成分都是在外生条件下比较稳定的元素和矿物，在金属矿产方面有铁、锰、铝、铜、镍、钴、金、铂、钨、锡、铀、钒及稀土元素等。此类矿床一般都产在风化壳中，呈盖层状态分布在现代地形的表面之上，矿石结构多为各式各样的残余结构和胶状结构，矿石构造则多呈多孔状、粉末状、疏松土状、角砾状、皮壳状、结核状等。厚度通常为几米到几十米，少数情况下，可沿破碎带深入地下几百米。其分布范围受原岩或原矿床的控制。例如，我国华北中奥陶统侵蚀面之上的"山西式铁矿"，其最底层就是古代风化矿床——残余或风化壳矿床。风化矿床的开采以露天开采为主。由于风化矿床的开采和加工条件都比较方便，所以世界上有许多矿床都是先开采其地表风化部分，然后再进一步利用其下部的原生矿床。开采原生矿床时，就应根据原生矿床的地质特征及采掘特点在开采方案上另做处理。

二、沉积岩与开采技术有关的特点

（一）矿物成分与采掘的关系

沉积岩中对采掘有影响的矿物成分有以下几类。

1. 二氧化硅类矿物

二氧化硅类矿物主要有石英、燧石和蛋白石等。含这类矿物特多的岩石有石英砂岩、硅质灰岩和燧石灰岩。上述矿物的特点是硬而脆，所以当岩石中这些矿物含量高时，岩石的稳固性好。在掘进过程中虽然难于凿岩，但爆破效果好，且一般不需要支护。但因含游离的二氧化硅多，要特别注意防尘。

2. 碳酸盐类矿物

碳酸盐类矿物主要有方解石、白云石、菱镁矿、菱锰矿等。含这类矿物多的岩石有石灰岩、白云岩和泥质灰岩等。这类岩石凿岩及爆破性能均好，岩体稳固性也较强，利于采用快速掘进的方法。但由于含方解石较多，易于溶解而产生溶孔和溶洞，常是地下水活动的通道和储存的场所。矿山开采时可能引起矿坑突然涌水而造成重大事故。因此，必须加强水文地质工作，搞好防排水措施。

3. 黏土类矿物

黏土类矿物主要有高岭石、蒙脱石和水云母等。含这类矿物多的岩石有各种黏土岩、页岩及泥岩。这类岩石的特点是硬度小，具可塑性，遇水膨胀、软化和黏结。同时它们长期受水浸泡时，会使地下坑道变形，露天边坡不稳，矿车结底、溜井和凿岩机水眼堵塞等。但是，只要加强防排水措施，就可以避免或减少上述问题的发生。

（二）岩石结构与采掘的关系

结构对采掘的影响在于矿物颗粒的粗细，即具有粗粒结构的岩石比具有细粒结构的岩石强度偏低。但是碎屑岩的物理机械性质，主要取决于胶结物的成分和性质，泥质胶结比铁质或硅质胶结的岩石硬度小，稳固性差。

（三）岩石构造与采掘的关系

沉积岩的最大特点是具有层理构造，这种构造的存在，使岩石在各方向的

强度不同，在其他条件相同或相似的情况下，层理越发育，岩石的稳固性能越低，各方向上的强度差异也越大。一般是平行岩石层理方向的抗压强度小，抗张强度大，而垂直于岩石层理方向，则情况正好相反。在这类岩石中开凿巷道时，若顺着层理方向掘进，不仅爆破效果不好，而且容易产生冒顶、片帮事故，给采掘以不利的影响，如果斜交，特别是垂直层理方向掘进时则可以提高爆破效果，也可增加顶板及两帮的稳固性。

在研究沉积岩的采掘特点时，应该把上述几方面的特征有机地联系起来，全面进行分析，正确掌握这类岩石与采掘的关系，才能找出最经济、最合理、最有效的采掘措施。

三、变质岩与开采技术有关的特点

（一）变质岩的矿物组成对采掘的影响

在这类岩石的矿物组成中，常含一定数量的滑石、绿泥石和云母等，这些组分对采掘影响较大。这类矿物光滑柔软且多呈片状，因而稳定性极差，所以在采矿过程中必须引起足够重视。至于所含其他矿物组分，大多与岩浆岩和沉积岩相似，它们的采掘特点可参照上述相应内容。

（二）变质岩的结构构造对采掘的影响

这类岩石的结构对采掘的影响不是很突出，而变质岩的构造尤其以片理构造对采掘影响最大。例如，千枚岩、片岩及板岩的片理（或板理）比较发育，岩石沿片理延伸方向结合力较低，所以上述岩石的稳定性极差。一般情况下，岩石的片理越发育，各方向的强度相差越大，在平行片理的方向抗压强度小，抗拉强度大，垂直片理的方向则恰好相反。岩石片理发育时对采掘极为不利，必须加强支护，其有效的办法是在垂直片理的方向，采用锚杆喷浆，即可增强该类岩石的稳定性，避免冒顶和片帮。露天开采时，因片理所造成的岩石稳定性差，从而影响岩体的边坡稳定，但另一方面有时可提高爆破的效果。

第二节　岩石矿渣的加工利用

某地区建设用的砂石材料主要从附近省份运来，运距一般都比较长，平均运距为 260 余 km；运输途中都需要经过两次以上转运。正因为如此，砂石材料的综合预算价格是比较高的（碎石达 25.22 元 /m³，瓜米石达 24.53 元 /m³，黄砂达 26.11 元 /m³）。

为了节约国家基本建设投资，解决砂石材料在当地供应的问题，建设公司在该地区建立了一个年产 8 万 m³ 的矿渣碎石开采厂（以下称"矿渣厂"）。

矿渣厂建成两年多来，生产了大约 17 万 m³ 的矿渣碎石，基本上满足了当地建设的急需；与此同时，也摸索到了一些矿渣开采与加工的经验。考虑到对今后新建矿渣厂可能有所帮助，笔者在这里将建厂与生产中有关的问题做总结，供大家参考。

一、厂址选择

选择矿渣厂的厂址，应该综合考虑到矿渣堆的质量是否符合工程的技术要求，积存数量是否满足工程的需要，开采条件和环境是否有利，运输距离是否合适。因此，在选择厂址之前，应首先了解钢铁厂历年堆置的矿渣的质量情况、堆置情况、堆积量及年产量情况等，对矿渣堆进行实地勘察，然后再确定厂址。

该地区岩石矿渣有三个主要堆积区：一铁区、烧结区和二铁区。筹建矿渣厂时，主要考虑到二铁区矿渣堆距离施工现场太远，所以未将这个堆积区作为选择对象。烧结区矿渣杂质和玻璃体较多，一铁区的矿渣比较洁净。从外观上看，这两个堆积区绝大部分是灰白色和灰色的密实矿渣，从质量上讲，它们都能满足工程的技术要求。但因工程施工初期，主要是要求用矿渣作为耐热混凝土的骨料，质量要求较高，这样，笔者认为开采一铁区的矿渣是比较好的。

根据当地建设情况，矿渣需要量大约为 20 万 m³。一铁区的矿渣堆上虽然已经开辟了一些铁路运输线，建起了若干建筑物，矿渣堆已经不能全部开采利用，但估计渣堆可连续开采的面积仍有 5 万 m²，总量约在 25 万 m³ 以上，因此，数量上可以满足工程需要。另外，一铁区、烧结区的矿渣堆距某公路和该地干道只有几十米的距离，运输条件都很好。但从一铁区和烧结区至主要工程施工现场的平均运距来看，前者的运距仅为 7km，后者为 12km，因此，选择一铁区更为合适。

根据实际测定，一铁区抛渣场采掘宕口（开采工作面）长约为 80m，阶段高度为 2～9m，平均为 5～6m；而烧结区抛渣场采掘宕口长约百余米，阶段高度仅在 2.5m 左右。此外，在烧结区的矿渣堆上有高压电线通过，不宜进行爆破。因此，一铁区矿渣堆的开采条件也比烧结区好。

综合上述情况来看，矿渣厂厂址以选择在一铁区抛渣堆最为合理。因此，最后确定将这个区作为矿渣厂的厂址。

二、开采方案选定

一铁区矿渣堆位于某公路西北方向,其东北方向有钢铁厂铁路交接站,西南方向有抛渣线,中间矿渣堆宽约为 110 ~ 120m。渣堆西北方向的延伸长度为 900m,其中可以开采的长度约为 600m。在这样一个狭长地带的矿渣堆上进行露天开采,采取从东南方向开始,向西北方向纵深发展的死巷式堑沟开采方式是比较合适的。因为这样就可以打开通往渣堆纵深方向的道路,为开采全部矿渣和产品运输创造良好的条件。

开采矿渣堆同开采露天矿很相似。但就采矿的技术特点来说,矿渣堆是最简单的一种矿床:它直接暴露在地表面上,一般都比较洁净,不必像开采矿石、岩石那样需要进行表层剥离。开采矿渣堆可以用机械开挖,也可以用人工开挖或爆破方法进行挖掘。根据矿渣厂的生产规模、生产的产品以及现有的设备条件,采用人工开挖或机械开挖都有一定的困难。采用人工挖掘,效率较低,满足不了工程需要;采用机械开采,则与矿渣开采的整个工艺流程衔接不上。所以,矿渣堆的开挖采用了人工打炮眼爆破的生产方法。

宕口内开采矿渣分为若干工作段,进行流水作业,是平行向前推进的。每一工作段的范围是 25 ~ 30m。实践证明,按照这样一个范围进行生产,不仅有足够的伸缩余地,而且能保证各工序互不干扰。生产筛分矿渣和精选筛分矿渣时,基本上按打眼爆破和破碎加工两个生产过程来保证供应原料。在矿渣堆东北边 30m 的范围内,渣层较薄,渣坨、渣皮所占比重较大,可专门用来生产质量要求不高的未筛分矿渣。当未筛分矿渣需要量大时,也可以在筛分矿渣开采段内挖取。

三、生产工艺问题

(一) 关于工艺流程的选择

当地建设中,需要的矿渣碎石数量很大,品种较多,这就需要有一套较为合理的生产工艺流程来保证。由于矿渣场用的是现有的旧设备,开采矿渣又具有一定特点,因此,设计的生产流程在生产过程中经过几次改进。

建厂初期,生产的流程是参照一般采石场生产工艺设计的,流程为:打炮眼→装炸药→爆破→手推车运输→给料皮带机送料→颚式破碎机破碎→出料皮带机运输→一号溜筛筛分→对辊破碎机破碎→出料皮带机运输→二号溜筛筛分→皮带机送到堆场。

以矿渣厂现有的机械设备按这种生产工艺流程进行组合，存在着颚式破碎机与对辊式破碎机的生产率不相适应的矛盾，颚式破碎机每小时产量 16m³（其中粒径大于 2.5cm 的每小时产量是 10m³，这些矿渣需要再进入对辊式破碎机破碎），而对辊式破碎机每小时产量仅为 3m³。可见，颚式破碎机的生产率超过了对辊式破碎机的 2.3 倍，所以使生产很不协调，常常发生对辊式破碎机堵塞的现象。为了克服这一缺点，后来取消了对辊式破碎机，这样，经颚式破碎机破碎的矿渣，直接进入二号溜筛，筛分后由皮带机送到堆场。这个流程基本上就是现行的生产工艺流程。

生产中，工人发现矿渣堆经爆破后即破裂为碎粒，粒径 4cm 以下者约占 50%～70%，因此，有人建议在颚式破碎机入口处增加一个溜筋。先将爆破后的矿渣筛分一次，让粒径大于 4cm 的矿渣进入颚式破碎机破碎，而粒径小于 4cm 的矿渣直接到二号溜筛，粗筛分后送入堆场。公司采纳了这一建议，按照这种生产工艺进行大量生产，实践证明，这一改进的优点有很多：由于小于 4cm 的矿渣不需要进入破碎机，这就提高了机组的利用率，并减少了粉状矿渣；同时还减少了破碎机颚板、衬板的磨损，延长机械的使用寿命，从而相应地提高了劳动生产率。按照上述生产工艺流程，一般可以生产三种规格的产品。若工程需要，还可以通过在二号溜筛增加筛子或改变筛子孔径、调整颚式破碎机出料口的隙距等方法生产其他规格的产品。

开采矿渣的宕口是纵深方向发展的，破碎筛分机组必须随着宕口的进展而移动，这样可以缩短水平运输距离，提高劳动生产率。但是，移动也不宜过于频繁，否则就会增加机组迁移费用，增加产品的成本。根据矿渣厂的生产实践证明，当宕口进展到距离机组 100m 左右时，移动一次机组是合适的。在这样的条件下，稍微调整就可以使生产保持平衡。

（二）关于各主要工序的安排

在选定了生产工艺流程之后，为了提高生产效率，还必须合理安排各主要生产工序。

1. 爆破

爆破矿渣又包括打炮眼、装炸药、点火爆破等几道工序。矿渣堆上打垂直炮眼掏渣比较困难些，同时风钻振动力大，易造成渣层坍陷、堵塞炮眼现象，所以采用人工打水平炮眼比较有利。炮眼的位置与深度应该根据自由面（矿体和大气接触的表面）的情况、阶段高变、起爆方法及要求爆破的数量来确定。

当正面自由面的坡底线及坡顶线呈直线时，炮眼的布置可以等距离排列；若正面自由面的坡底线及坡顶线曲折时，即形成了凸出部分，有三个自由面，布眼距离可稍长；而在凹进部分，布眼距离可以短一些。实践证明，这样的爆破效率是高的。

阶段高度越高，炮眼的深度应该越深，炮眼的间距也应该越大些。矿渣厂实际采用的尺寸：眼口高 30cm，宽 30cm；炮眼深 2.5～3m，简距 2.5～3.5m；眼底高 25cm，宽 30cm。如果阶段高度在 10m 以上，可以开峒室进行大爆破。

装炸药和点火爆破同普通岩石没有什么区别。矿渣堆的爆破比天然岩石容易，因而效率高。据矿渣厂统计，爆破矿渣每一工日产量为 $34m^3$，而天然岩石每一工日产量仅 $3.5m^3$。

2. 水平运输

爆破后，矿渣可以用水平运输机械（用挖掘机装车，自卸汽车运输）或人力从宕口运至破碎机喂料台。矿渣厂根据实际情况，采用手推车运输和人力装车，效果很好，比矿车运输更适合于小型矿渣厂的生产。

手推车运输应该注意道路的平整，否则会降低生产率。矿渣厂采用矿渣砂和黏土拌合铺路，碾压后即成为平整、坚实的道路，既经济又实用。

3. 破碎与筛分

矿渣碎石的破碎与筛分过程同加工普通碎石基本相同。但由于大块矿渣是分层结构，较为松散，所以在爆破后即成小块（如前所述，其中小于 4cm 者达 50%～70%），这样在进入破碎机以前进行一次粗筛是合适的。因此，加工矿渣碎石实际上是采用"粗筛——破碎——筛分"的过程。

矿渣厂所采用的破碎与筛分机械包括一台带溜筛的颚式破碎机、两组溜筛和 5～6 台皮带运输机。这些机械的使用特点是，作业时间长，负荷不均衡，因而，在选择机械设备和进行生产时要注意这些特点。如果配合不好，不仅浪费动力，也容易损坏机械。比如，采用手推车水平运输时，喂料时多时少，因此，喂料皮带机就应该适当选择功率较大的电动机来带动。否则，有时就会因喂料集中压住皮带机。另外，颚式破碎机和溜筛的生产能力也要同皮带机相适应，这样才能保证各工序之间的正常衔接。

生产机械的布置除了满足工艺流程的要求外，还必须使机械安放的位置便于维护和检修。矿渣厂生产初期，机械布置是直线排列的，颚式破碎机的电动机及进料口在喂料皮带机的下面，这种布置由于空间太小，使破碎机的维护和检修发生了困难。后来，通过采取措施，使各个机械所占的空间独立，互不影响，就克服了上述缺点。

（三）关于劳动组织

生产初期，在劳动组织上曾经采用过按生产对象划分专业队的形式，组织了爆破队、破碎队。以这种形式生产时，常发生忙闲不均的现象，200 名工人日产量只有 200m³。后来改为混合队的组织形式，即将爆破开采和破碎加工两个生产过程联系了起来，使工人的生产目标一致，消除了忙闲不均的现象，劳动生产率提高了一倍以上，证明这种劳动组织形式是较好的。矿渣厂现有生产工人 80 人，分两班生产，日产筛分矿渣 160～200m³。

此外，还必须建立健全的机电检修、维护的组织和制度，以保证机械的正常运输。矿渣厂建立了包括机械、电、焊、木等工种组成的专业机械维护检修组，分班参加生产，维护机械，效果很好。

（四）关于产品的质量鉴定

为保证矿渣加工质量，建设公司规定每生产 100m³ 作为一批，进行矿渣稳定性、容重、玻璃体含量及多孔体含量检验，检验标准遵照建设公司颁发的规定。矿渣厂根据鉴定结果签发产品合格证。由于这项工作执行得不很经常，没有起到应有的指导生产、控制质量的作用。但从几年来总的检验情况来看，矿渣厂的筛分矿渣，一般密实体占 70%～80%，多孔体占 15%～25%，玻璃体占 3%～5%，铁块仅在 2% 以下。稳定性是合格的，松散容重在 1200～1500kg/m³。

四、经济效果分析

矿渣厂一季度末，一共生产了 155 000 余 m³ 矿渣碎石，产品产值为 767 000 余元，实际成本为 573 000 余元，降低成本 194 000 余元。可见，开采加工矿渣的经济效果是显著的。开采加工矿渣比开采加工普通岩石不论在建厂投资上，还是在生产成本上或销售价格上都要低许多。我们把矿渣厂同马鞍山拟建的一个采石场的规划比较一下，从中可以看出，建矿渣厂开采矿渣，比建采石场开采岩石确实合理得多。

建矿渣厂的合理性可以从以下三方面来看：

首先，堆渣场在冶金企业附近，交通运输、供电供水都极为方便，因此，建厂时，就近利用了公路、电源、水源，投资省得多。另外，矿渣厂所需用的

机械也比较简单。建立矿渣厂的投资大大低于采石场的投资。矿渣堆同天然岩石比较，容易开采得多；同时，开采矿渣还可省去剥离表土及风化层的工作，所以生产矿渣碎石的劳动生产率比生产天然碎石的劳动生产率高，相应定员也少。

其次，建立采石场的基建投资多，所以生产天然碎石产品分摊的折旧费也要多；由于开采加工天然碎石比矿渣碎石困难，因此，花费的人工费、材料费、机械费、动力费也要多；另外，天然碎石剥离覆盖土层，夹石层等工作花费的费用也要摊入产品成本。因此，开采天然岩石的生产成本必定高于开采矿渣的生产成本。例如，矿渣厂筛分矿渣的生产成本约 4 元 /m^3，而当地天然碎石的生产成本约 7 ～ 8 元 /m^3。

最后，从出厂价格也能看出矿渣碎石比天然碎石低得多。其中 2 ～ 4cm 的矿渣碎石约便宜 23.5% ～ 77.4%，0.5 ～ 1.5cm 的矿渣碎石便宜 20.7% ～ 51.4%。进一步降低矿渣产品成本的主要问题在于提高企业管理水平和生产技术，改进劳动组织。建厂初期，生产和管理缺乏经验，劳动生产率比较低。通过生产实践，不断改进劳动组织、机械布置，提高操作技术，因而劳动生产率有了较大幅度的增长。矿渣碎石的实际生产成本也和劳动生产率一样，开始生产时比较高，此后随着各方面的改进和提高，生产成本也逐年降低。

五、体会

几年来的生产实践证明，矿渣厂所采用的生产方法是适合于实际条件和生产水平的。为了更好地开采与加工矿渣，必须在可能的条件下从各方面加以提高和改进，我们认为可以从以下几方面着手。

①从整个国家利益出发，矿渣厂最好属于当地的冶金建设单位或市政建设单位，这样才便于管理，利于矿渣厂的机械化、企业化。同时，也便于扩大生产规模和矿渣应用范围，从而进行长年生产。

②矿渣厂与炼铁厂之间，应互相配合，互相支援。

③在生产工艺上，对破碎机选型，从能满足产品质量的要求出发，最好采用锤式破碎机，另外，还应增添剔除废铁的设备。在水平运输上可采用小型蟹斗装车，矿车运输，利于长年和大规模生产。有条件时，还可以采用挖掘机装车，翻斗汽车运输。

④矿渣厂使用的生产设备未经选型，矿渣厂主要利用已有的旧设备进行生产，破碎机的生产能力尚未充分发挥，否则生产效率还将提高，生产成本还能降低。

第三节 岩石矿渣的可持续发展

一、可持续发展

可持续发展是当今世界发展的主题，这一思想是人类在认识自然、改造自然和适应自然的过程中逐步发展与形成的。20世纪80年代后期，世界环境与发展委员会把"可持续发展"的含义表达为"既满足当代人需要，又不影响后代人满足他们自身需要的能力"。近年来，在我国各个研究领域也开始高度关注可持续发展的问题。

仅就工业领域而言，矿渣污染环境问题随着排放量的增加日趋严重，其对环境的危害主要表现在水体污染、土壤严重盐渍化及自然生态环境的破坏。由于露天采矿和各类矿渣、废石、尾矿的堆置，侵占和破坏土地达586万多公顷，破坏森林达106万多公顷，破坏草地达26.3万多公顷，地表植被被破坏和大量堆放的尾矿矿渣导致严重的水土流失和土地荒漠化。

据中国环境年鉴统计，我国尾矿矿渣因环境污染每年造成的经济损失高达690亿元，部分自然生态被破坏造成的经济损失每年达265亿元，两项合计高达955亿元，占工农业总产值的14%左右。

（一）可持续发展的意义

实施可持续发展战略，利于促进生态效益、经济效益和社会效益的统一。

实施可持续发展战略，利于促进经济增长方式由粗放型向集约型转变，使经济发展与人口、资源、环境相协调。

实施可持续发展战略，利于国民经济持续、稳定、健康发展，利于提高人民的生活水平和质量。

我国人口多、自然资源短缺、经济基础和科技水平落后，只有控制人口、节约资源、保护环境，才能实现社会和经济的良性循环，使各方面的发展持续有效进行。

（二）用可持续发展眼光看待岩石矿渣开采问题

1. 建立矿山环境保护机制

政府重视是实现有效保护矿山地质环境的关键。为此，要切实加强政府对地质环境的管理，将矿山地质环境保护与恢复治理，纳入政府国民经济和社会

发展规划，将矿业经济发展同地质环境保护相结合，真正把矿山地质环境当作"事关当地社会稳定和经济可持续发展"的一件大事认真抓好。

2. 健全监督管理体系

矿山地质环境管理涉及面广、专业性强，制定具体实施细则，强化执法力度，全面推进依法行政、依法保护、依法治理，努力使矿山地质环境保护工作走上法制化、制度化、规范化和科学化的轨道。同时，要建立一支素质高、纪律严明的管理队伍，切实履行政府监督职能，坚持对违法开采、破坏地质环境、诱发地质灾害的工程项目进行依法干预、否决和惩处，以实现有效保护、改善地质环境。

3. 强化对矿山采矿活动的全程管理

首先，坚持"在保护中开发，在开发中保护"的总原则，在编制矿产资源开发利用方案的同时，必须制定与其相配套的矿山地质环境保护与恢复治理方案，把好采矿准入关。其次，在矿山开发过程中，规范采矿行为，对矿山地质环境保护责任的落实情况进行严格监督检查；严格按照经审查批准的矿山地质环境保护与恢复治理方案，实施矿山地质环境保护与恢复治理工程，加强采矿过程中的地质环境监测、预报工作；加强闭坑矿山的审查和管理，矿山闭坑时要对地质环境的恢复治理进行验收。最后，加强矿山地质环境保护与恢复治理技术创新，鼓励研发、引进新技术、新方法，不断提高矿山地质环境保护与恢复治理工作的质量和效果，规范技术标准和技术行为。

4. 建立矿山地质环境保护与恢复治理保证金体系

建立和完善矿山地质环境保护与恢复治理保证金制度，是实现矿山地质环境保护与恢复治理目标的必要条件。对有矿权责任人的矿区，落实矿山企业责任，强化资金使用与管理；根据矿山地质环境保护与恢复治理方案的落实情况，予以返还和奖惩，以经济手段保护地质环境，确保矿山地质环境问题得到有效治理。矿山地质环境保护与恢复治理保证金应与矿山地质环境保护与恢复治理方案统筹管理，专款专用；在主管部门的监督下，切实用到地质环境保护和恢复治理工程上来，严禁资金挪用，杜绝浪费。

5. 加强矿山地质灾害预测及信息化技术研究

矿山地质灾害具有突发性和不确定性双重属性。地质灾害防治是一项技术含量高、风险性强的工作，必须充分依靠现代科学技术方法和手段，高度重视科技进步与创新研究，遵循客观规律，用科学指导地质灾害防治工作。要围绕矿区地质灾害防治中的关键技术问题和治理难点，与科研单位或有关院校联合攻关，降低防灾、减灾成本和资金投入的风险。充分发挥信息技术在矿山地质环境管理、矿山地质灾害监测、预报、灾情传递等方面的优势，建立矿区地质环境空间数字采集设施和信息系统网络，利用先进的遥感、全球定位、卫星通信和地理信息系统技术，提高地质防治水平和防灾、减灾能力。

6. 注重综合治理提高综合效益

地质环境保护是生态环境保护的主要内容之一，矿山地质灾害防治是防御体系的重要组成部分。因此，要把矿区地质环境保护和矿山地质灾害防治与当地社会发展和经济建设紧密结合起来，综合采取行政措施、生物措施、工程措施，统筹规划，统观全局，统一行动，实现地质环境保护与灾害防御效益最大化。

总而言之，矿产开采对于环境的影响是巨大的，但在我国的经济发展阶段，对于矿产的需求也与日俱增。在这种时代背景下，我们只有充分认识到矿产开采对环境的影响，然后通过建立完善的环境保护机制，加大环境保护的力度，规范矿山开采，才能在获得经济收益的同时保护环境。与此同时，政府与企业需要共同努力，不断促进矿产开采朝着绿色、环境友好型、可持续发展的方向发展。

二、石膏石矿渣的可持续发展

2012 年，中国石膏消耗总量为 1.07 亿 t，天然石膏开采量为 3700 万 t。中国工业副产石膏产量比较多，2012 年脱硫石膏和磷石膏产量分别为 6000 万 t和 7000 万 t，利用率分别为 83% 和 24%。大量未处理的工业副产石膏堆积和填埋，既污染环境又制约了经济的可持续发展。石膏矿渣绿色材料是一种新型的绿色环保材料，复配矿渣改性可生成水硬性产物水化硅酸钙（C-S-H）凝胶和钙矾石（AFt），它们是具有强度高、耐水性好等特点的胶凝材料。开发石膏矿渣绿色材料，有利于节能减排，实现资源节约型和环境友好型相结合，推动和发展可持续的绿色生态文明建设。笔者分析考察了石膏矿渣绿色材料中生石灰和水泥激发剂的掺加量，以及不同辅助激发剂改善绿色材料的各项性能，以期为绿色材料在保温材料、混凝土、免煅烧砖、粉刷石膏等领域的推广运用提供借鉴。

（一）石膏矿渣绿色材料的制备

矿渣在激发剂（石灰、水泥等）提供的碱性条件下，活性的二氧化硅和三氧化铝不断从矿渣中解离出来参与水化反应生成 C-S-H，石膏进一步激发生成 AFt，能更好地提高材料的强度和耐水性。激发剂是石膏矿渣绿色材料不可或缺的材料，可提供足够的 OH，其主要以水泥、生石灰和复合激发剂为主。通过 2%（质量分数，下同）的生石灰激发原状脱硫石膏（或磷石膏）矿渣绿色材料，28d 后抗压强度和抗折强度分别大于 30MPa 和 3MPa，但抗冻融能力差且需要高温养护 1d。利用 8% 的 SH（主要成分为 CaO、SiO_2、Na_2O、H_2O）改性磷石膏，其 28d 后抗压强度为 29.4MPa。利用复配碱激发剂制备了石膏—矿渣凝胶材料，抗压强度和抗折强度分别为 12.6MPa 和 6.0MPa，软化系数为 0.77。研究 NaOH、$KAl_2(SO_4)_3$、Na_2SO_4、和 Na_2SiO_3 等 4 种激发剂的激发效果，发现硅酸钠能很好地改善绿色材料的性能，28d 后抗压强度和抗折强度仅为 12.6MPa 和 4.9MPa。用质量分数为 4% 的生石灰和辅助激发剂激发矿渣，得到的绿色材料 28d 后，抗压强度和抗折强度分别为 40.1MPa 和 11.0MPa，且利用 10% 的水泥和辅助激发剂激发矿渣 28d 后抗压强度和抗折强度分别为 41.9MPa 和 7.1MPa，软化系数为 0.94。绿色材料中水泥掺加量为 7%～10%（质量分数，下同）时可获得最佳性能。综上所述，为获得高强度和高耐水性能的石膏矿渣绿色材料，常用水泥的掺加量为 7%～10%，即生石灰掺加量为 3%～4%；同时，辅助激发剂是石膏矿渣绿色材料必不可少的，可克服其凝结时间短和早期强度低等缺陷。

1. 辅助激发剂改性

石膏矿渣绿色材料因其凝结时间短、早期强度低、碳化性能差和易起砂等缺点，在应用上仍受到一定的限制。笔者对不同添加剂改性石膏矿渣绿色材料做了分析，以期推动石膏矿渣绿色材料的发展。

（1）钢渣改性

钢渣的主要矿物成分是硅酸二钙、硅酸三钙、RO 相（MgO、FeO 和 MnO 的固溶体）及少量的游离氧化钙等，由于杂质融进物相中，使其不具有水泥熟料的高活性，通过粉磨、外加剂激发（硫酸钠、水玻璃、硫酸铝和石膏等）可有效提高钢渣的活性。将钢渣掺入磷石膏—矿渣体系中，抗压强度超过40MPa。采用质量分数为 2% 的钢渣改性磷石膏碱性，有效固定了磷石膏中可溶性磷和可溶性氟，提高了磷石膏基水泥的早期性能，3d 和 28d 后抗压强度分别超过 10MPa 和 49MPa。

（2）水玻璃改性

水玻璃的主要成分是 SiO_2 和 Na_2O，可以为体系提供足够的 OH^-，激发矿渣水化，是一种良好的辅助激发剂。利用自制的水玻璃辅助生石灰激发矿渣，不仅提高了体系的力学性能和耐水性能，而且有效抑制了硬化体的膨胀。利用水玻璃和特种化纤改善了绿色材料的韧性和强度，160d 后抗压强度和抗折强度分别为 43.4MPa 和 9.3MPa。

（3）硫酸盐改性

硫酸盐可充分激发硬石膏胶凝性，有效开发出硬石膏矿渣绿色材料。在 600℃下煅烧明矾以加快硬石膏水化和改善硬化体显微结构，硬石膏 1d 和 3d 后的水化率从 7.2% 和 12.9% 分别提高到 29.3% 和 45.5%，辅助水泥激发矿渣，获得抗压强度为 30.5MPa，软化系数为 0.78。

（4）复合添加剂改性

针对石膏矿渣绿色材料的凝结时间长和强度低的不足，可将工业副产二水石膏和硬石膏复配，利用硫酸盐、碱性激发（水泥、石灰等）和其他盐类激发（$K_2Cr_2O_4$、和 $Na_2Cr_2O_4$ 等），先对硬石膏活性进行改性。掺入硫酸盐激发氟石膏的活性，加快了无水硫酸钙水化速度和二水石膏的过饱和和析晶速度，缩短了凝结时间（初凝时间和终凝时间分别为 3h 和 6.4h）；利用苛性碱和水玻璃辅助水泥激发矿渣，生成大量水硬性产物，但 AFt 含量过多，内部应力集中出现裂纹。掺入硫酸盐和水玻璃的复合激发剂，辅助水泥激发矿渣，制备的绿色材料 28d 后抗压强度和抗折强度分别达到 40.5MPa 和 7.4MPa，吸水率和软化系数分别为 4.2% 和 0.92。

（二）石膏矿渣绿色材料应用

1. 保温材料

石膏矿渣绿色材料运用于保温隔热性能的复合墙体材料，可保护环境和综合利用资源。对聚苯乙烯（EPS）颗粒进行改性处理，提高了 EPS—石膏—矿渣墙体保温材料的强度、软化系数的同时还保持着较低的导热系数。用秸秆纤维改性脱硫石膏基轻质保温墙体材料，具有能耗低、成本低、施工强度低、保温隔热性能好等优点，可用于工业和民用建筑、车站候车室等室温墙体保温材料。在石膏矿渣绿色材料中掺入棉花秸秆，可以改善 EPS 颗粒悬浮的缺点，具有较好的保温性能和合适的力学性能，为固体废弃物再利用指出了资源化的新

途径。

2. 混凝土

石膏矿渣绿色材料通过钢渣粉、促凝剂、减水剂等，可以弥补凝结时间长、起砂和碳化性能差等不足，促进其在混凝土中的运用。通过钢渣粉改性磷石膏矿渣绿色材料，可缩短磷石膏基混凝土的凝结时间，兼具抗起砂和抗碳化性能。利用减水剂、早强剂、半水石膏和促凝剂等制备高强石膏基混凝土砖和砌块，在有效降低生产成本的同时，可实现节能减排、保护土地资源和环境的目标。

3. 免煅烧砖

传统黏土砖因占地多、能耗高、砖自重大，施工生产中劳动强度高、工效低的缺点，正逐步被新型材料取代。石膏矿渣绿色砖的制备有利于环境保护和经济可持续发展，只需要复合矿物改性剂的高效激发，便可具有较优异的抗压强度与耐水性能。复掺激发剂及早强剂、减水剂，石膏矿渣绿色砖在14d 后抗压强度达 26.3MPa，软化系数为 0.94，冻融循环 25 次的强度损失率为7.5%，质量损失率为 1.9%，可满足 JC238—1991《粉煤灰砌块》中的抗冻耐水要求。采用绿色材料制备免煅烧磷石膏砖，28d 后抗压强度和抗折强度分别为35.8MPa 和 3.3MPa，吸水率和软化系数分别为 2.3% 和 0.90。

4. 粉刷石膏

在国外，内墙抹灰材料充分利用了石膏轻质、防火、保温隔热和吸声等功能，同时还具有不易开裂和黏结强度较高的特点。目前，人们主要利用激发剂激发硬石膏矿渣材料，在保水剂和水泥等材料的作用下制备各项性能满足《抹石灰膏》（GB/T 28627—2012）标准要求的粉刷石膏产品。

5. 自流平材料

石膏强度低和耐水性差制约了其在自流平材料的运用，减水剂、早强剂和碱激发剂可明显改善石膏自流平材料的各项性能。人们通过采用复配矿渣和粉煤灰改性脱硫石膏，在早强剂和减水剂的作用下制备出了节能环保、低成本的石膏基防静电自流平砂浆。铝酸盐水泥是一种快硬水泥，可缩短石膏复合材料的凝结时间。采用脱硫石膏占 36%（质量分数，下同）、矿渣粉占 32%、硫铝酸盐水泥占 28%、碱性激发剂占 4% 配制的脱硫石膏自流平材料流动度达170mm 以上，30min 流动度经时损失很小，绝干抗折强度和抗压强度分别达到6.8MPa 和 29.2MPa，软化系数为 0.82。

（三）展望与结论

石膏矿渣绿色材料是一种新型绿色环保材料，具有重要和积极的经济效益、社会效益和环境效益。因此应促进其在建筑领域中的深入研究和运用，努力加快石膏矿渣绿色材料产业化的步伐。但是，石膏矿渣绿色材料的推广过程中仍然存在一些亟须解决的问题：①作为一种新型材料，石膏矿渣绿色材料在抗碳化性能、抗冻融性能和耐碱性能等一系列耐久性能方面的研究较少，缺少充足的理论依据；②石膏矿渣绿色材料的起粉、起砂、返霜等问题也是不容忽视的重要问题，有待研究者提出有效的解决办法。

三、铅锌锰矿渣的可持续发展

循环经济是体现资源利用的新阶段，发展循环经济是我国实施经济可持续发展的重大战略决策。该循环经济产业链以湘西铅锌矿、锰矿资源为基础，从对循环经济的认识原则入手，先对原矿石进行采选，再用矿石浮选后的尾矿渣制备活性材。该循环经济具有较好的经济意义、社会效益、资源效益和生态效益。

（一）概况

随着我国经济的快速发展，工业固体废物的堆存量迅速猛增，资源约束矛盾日益突出，环境压力也越来越大，岩石矿渣的资源化利用越来越受到重视。党的十八大提出要"发展循环经济，促进生产、流通、消费过程的减量化、再利用、资源化。"根据《大宗工业固体废物综合利用"十二五"规划》，"十一五"期间，大宗工业固体废物（年产生量在1000万t以上）产生量快速攀升，总产生量达到118亿t，堆存量净增82亿t，总堆存量将达到190亿t。大宗工业固体堆存将新增使用土地40万亩（266.67km^2）。堆存量增加将使得环境污染和安全隐患加大，大宗工业固体废物中含有的药剂及铜、铅、锌、铬、锡、砷、汞等多种金属元素，随水流入附近河流或渗入地下，将严重污染水源。尾矿库长期使用也会对附近及周边地区群众的生命和财产带来极大的安全隐患，严重破坏人与环境之间的和谐。

湘西土家族苗族自治州花垣县地处湖南省西北部，素为"湘、鄂、渝、黔咽喉"之地，境内有丰富的铅锌矿、锰矿等矿产资源。其中锰矿蕴藏量高达3112多万t，被誉为"东方锰都"，铅锌矿蕴藏量1600多万t，位居全省第一。铅锌浮选厂遍布县内各主要矿产区，每年排放大量的铅锌矿矿渣。境内8家电解锰企业排放的电解锰压滤浸出渣，当以数百万吨计。而大量的铅锌矿矿渣、电解锰压滤

渣都采用露天堆集，占用大量土地，同时，堆放的尾矿库造成潜在的安全隐患，威胁到人民群众的生命和财产安全。尽管近 5 年湘西州的经济保持了 GDP 的绝对增长，但相比全省的 GDP 增长情况来看，依然较为缓慢。该县铅锌、锰尾矿渣的综合治理受到地方政府的重视。

面对环境保护、安全保障和环境等带来的巨大压力，三川德青科技有限公司联合强桦矿业有限公司、中国环科院、中南大学、长沙矿冶研究院等科研院所集科研、设计、生产于一体的团队，针对铅锌矿、锰矿的尾矿特性，通过多年的积累和沉淀，提出以铅锌矿、锰矿的矿渣资源为基础，构建循环经济产业链。现阶段，两家单位共同组建了一条中试生产线，正在为后期的项目建设进行技术论证。

（二）循环经济产业链

该循环经济产业链包含低品位碳酸锰矿石浮选、铅锌矿石浮选、锰精矿深加工、锰锌尾矿生产活性料和电解锰压滤渣的资源化利用五大部分，是有色金属行业和建材行业有机结合的典范。其中锰锌尾矿联产制造活性材和电解锰压滤渣资源化利用是该产业链的关键。

1. 低品位碳酸锰浮选

低品位碳酸锰浮选是将锰矿石品位在 8% ～ 10% 的低、贫碳酸锰矿石经浮选获得品位在 18% ～ 21% 的高品位锰矿产品。生产出的锰精矿输送到锰精矿深加工厂用作生产原料，锰精矿深加工厂产出的锰尾渣经脱水处理后可以作为生产活性料的硅质原料，不需要再征用土地建造尾矿库。

2. 铅锌矿浮选

铅锌浮选技术成熟、生产稳定，可连续生产。铅锌矿尾矿以前都是直接排放到尾矿库，现在可以直接运输到活性料生产厂脱水处理后可直接用作制备活性混合材的钙质原料。

3. 锰精矿深加工

锰精矿深加工生产线是将低品位锰矿石浮选出来的锰精矿经过电解生产出金属锰，同时产出的电解锰压滤渣进入循环经济产业链，可作为制备活性混合材原料的重要组成部分。

4. 铅锌、锰矿渣制备活性混合材

采用当地的铅锌矿浮选矿渣作为石灰质原料、低品位碳酸锰浮选矿渣作为硅铝质原料来制备活性混合材，充分消化当地及周边地区由于早期粗放式开采造成的矿渣堆积。具体的制备流程是先对铅锌矿渣、锰矿渣、硫酸渣及铝矾土进行配料，经粉磨后成为生料，然后经预热器预热分解，再经回转窑烧成熟料。混合材除了石灰石以外还要配加电解锰渣焙烧后的固体产物以及硅锰渣。在用矿渣制活性混合材之前，需要确定铅锌选矿矿渣中含有的少量 Pb、Zn，锰尾渣中残留的少量 Mn 是否会对熟料煅烧过程产生一定的影响，是否会影响活性料制品的性能。研究表明，采用湘西铅锌选矿矿渣和锰矿渣的配料，1300℃煅烧后可以得到物相稳定的活性混合材熟料，重金属离子的存在使烧成温度降低。水泥物相研究表明，Mn 通过替代 Fe 成为 C_4AF（Mn）相，Pb、Zn 煅烧后会部分进入气相，熟料中的 Pb、Zn 含量降低，Zn 在煅烧后均匀分布于熟料中，与铁结合，与熟料矿相相容性好，少量的 Mg 以 MgO 赋存于熟料中。通过熟料中重金属元素的水溶性研究，全矿渣配料生产的熟料中重金属元素无水溶性，能稳定固定重金属离子。

5. 电解锰压滤渣资源化利用

对电解锰厂排放的电解锰压滤渣，在回转窑内进行高温脱硫煅烧，其煅烧后的熟料和在煅烧过程中产出的烟气如 NH_3、SeO_2、SO_2 再通过不同的生产线进行回收再利用。煅烧产生的烟气经除尘进入硫酸生产工艺，制得的硫酸又可以用于电解锰的生产。实现了烟气的回收利用，避免了有害烟气对环境造成的污染。

电解锰压滤渣高温煅烧后的熟料产物可作为活性混合材，具有较高的活性指数。中试线生产表明：替代水泥厂采用的矿渣作为水泥混合材，当掺杂量为20%时，放置 5 天的 325 水泥强度满足要求，与采用矿渣作为混合材的水泥强度基本持平。

（三）湘西尾矿资源化利用循环经济模式的探讨

与传统的"高开采、低利用、高排放"的粗放型发展模式相比，该循环经济产业链按照"资源集约使用、产品互为共生、废物循环利用、污染集中处理"的要求，构建覆盖生产、流通、消费等各环节的资源循环利用体系，将为低品位碳酸锰浮选矿渣、铅锌浮选矿渣和低品位碳酸锰浮选精矿、电解锰矿渣的开发利用开拓出一条新的道路，对"锰三角"地区铅锌浮选矿渣及电解锰矿渣的

综合无害化处理积极探索，实现铅锌、锰工业无渣库或小渣库运行，有效避免大型矿渣库运行所带来的安全隐患，对于促进铅锌和碳酸锰采、选加工业的可持续发展，对节约资源、保护环境、保障安全、促进工业经济发展方式转变具有非常深远的社会意义。

该循环经济产业链的显著特点，是充分利用原矿石采选之后的废弃矿渣资源作生产原料，每年可消耗大量工业固体废物，大大减少尾矿矿渣的堆存对土地资源的占用和对附近及周边群众生活带来的各种安全隐患，降低了环境末端治理的成本。充分利用大宗工业固体废物代替天然非金属矿物资源，可大幅减少人们对天然非金属矿产资源的过度开采，该循环经济具有显著的生态效益。

该循环经济产业链的成本控制效果显著，生产成本主要集中在前段的原矿石采选过程之中，有效实现经济成本的叠加。经过成本计算分析，采用铅锌、锰矿渣及电解锰改性矿渣生产活性混合材比常规原材料生产水泥单位成本节省约 30 元；电解锰矿渣高温煅烧脱硫烟气制硫酸，比石膏制硫酸单位成本节省超过 300 元；电解锰改性矿渣比市场活性混合材单位成本低了将近 100 元；碳酸锰矿石浮选后电解比浮选前电解单位成本低了将近 600 元。该循环经济产业链具有较高的经济效益。

该循环经济产业链中的工业固体废物在循环利用过程中，对其产生的烟气进行不同生产线控制回收，有效减少工业生产中有害烟气的排放对环境造成的恶劣影响。同时回收的烟气又通过转化作为二次资源直接加以利用，是企业建设回收利用与循环经济模式的典范，对全国锰锌矿区的产业发展和矿渣治理都具有示范、辐射和带动作用。

（四）结论

该循环经济产业链技术可行性强，市场定位清晰，因其能充分利用工业固体废物生产，具有明显的成本竞争优势，势必将取得较好的经济效益。积极发展循环经济，有利于依靠科学和技术，以减少能源消耗为目的，循环提高资源的使用效率和再回收利用水平，节约资源和改善环境，实现经济发展和环境资源之间的和谐。

第三章　岩石矿渣资源开发利用实况分析

第一节　取之有尽

由于岩石矿产资源是地壳中由地质作用使有用物质聚集而成的，而这种聚集的程度，又要求能够达到可供工业开发利用的标准。这就要求在质量上和数量上，都能满足现代科学技术条件下能够开发利用的水平，在经济上至少能够达到投入与产出相等的水平。这种严格的要求，使地球上大量有用物质，成为人们可望而不可即的东西。以地壳中含量最多、矿石储量非常丰富的铁为例，目前已经探明的铁矿石储量，按目前的生产水平计算，也只能满足全世界开采160余年。由此可见，真正可供人们开发利用的矿产资源量是有限的。

在自然资源中，在一定的时期内，有的使用后数量并不减少，如耕种的土地，年年耕种，而土地面积并不减少；有的虽然减少了但可以再生，如森林被砍伐以后，虽然减少了，但仍可以再种而获得。但矿产资源却与之相反，一经开采，就不复存在。没有一个人能在已经开采过的矿床中再"种"出原来的矿产储量来。从这个意义上看，我们也可以认为，岩石资源在客观上是有限的。从岩石资源的形成过程看，各种矿床都需经过漫长的地质年代，通过岩浆分异、构造控制、化学交代、变质富集和迁移沉积作用等复杂的途径，使分散的矿物、元素富集成具有工业意义的矿床。要真正付诸开采，还需具备一定的数量和矿区的内外部建设条件。这些也都是造成矿产资源在客观上是有限的原因。有人认为，矿产资源既然要受技术经济条件制约，而技术又是在不断进步的，所以岩石资源也就可以不断增加。从这个意义讲，矿产资源应该是无限的。但这种认识，我们认为也是不完全的。确实，科学技术是在不断进步，社会经济条件也是在不断地获得发展和改善，技术和经济上的进步和发展，使人们能够去开发过去无法利用的资源，有的甚至还能获得比过去更好的利用效果。但是，这种进步也大都是在矿产资源满足不了社会需要的前提下，才被迫采取的。例如，大陆石

油资源存在着耗尽的可能，人们才被迫加速海洋石油资源、煤炭资源、核能资源、水能资源、地热资源和太阳能资源等的开发。如果说能源资源是无限的，这种说法可能是正确的，但它已经超出人们分析中常指一种具体的矿产资源这个概念。由此可见，对任何一种具体的矿产资源而言，不管技术进步有多大的影响，它总是有限的。

如果就一个矿山企业而言，矿产资源的有限性更为突出。尽管矿产资源是矿山存在的前提条件，矿石储量是矿山进行生产的基础，但是目前矿山的设计储量，如按设计能力计算，小矿只有 7～8 年，中矿只有十几年，大矿也只有三五十年。即使考虑到一些远景储量作为后备，矿山寿命的年限大多因受资源有限问题所限，也只有几十年。资源能保证矿山服务年限达上百年者只是少数。因资源开采殆尽而被迫闭坑的矿山是屡见不鲜的，为此人们还常把矿山企业称为短命企业。这也充分证明矿产资源，是一种有限的资源，它不论在地球上，还是在一个国家，一个地区或一个矿山，都有这个有限性的特征。

矿产资源是有用元素或矿物、矿物组合物的高度富集体，而其富集到什么程度才能成为矿床，人们才能经济合理地加以开采呢？我们可以拿金属矿产资源为例，若将地壳中一些主要金属元素的平均丰度和目前开采的最低工业品位进行比较，我们就可以看出它们必须富集多少倍。即使我们尽量选取目前开采的最低品位作基数，要使自然界的金属元素富集成工业矿床，除铁、铝等几种元素外，大多数金属元素要形成工业矿床，都需要富集几十倍、几百倍，甚至几千倍。要使有用元素或矿物集合体富集成工业矿床，从我们地质工作的实践看，就必须使有用元素或矿物质有充足的来源，并具有有利的成矿条件，地层的、构造的和地球化学的条件。从矿床形成的历史过程看，除火山硫和大洋中的锰结核等少数几种矿产资源外，大多数需要上万年，甚至上亿万年的时间。由此可见，要形成具有工业意义的矿床，对成矿地质条件的要求是非常严格而复杂的。此外，在矿床形成之后，还应具有保存的条件，以至在矿床形成之后还不会被破坏。只有在这些制约因素能有利地结合时，才能造成我们目前世界上存在的矿产资源，其结果必然是造成矿产资源在客观分布上的不均衡性。根据美国内务部矿业局出版的《矿产品概况》中世界主要金属矿产储量数字计算，世界大多数种类的矿产都分别集中在少数几个国家或地区的某些矿带中。就是人们最常见的铁、铝等矿床也不例外，其他矿床更是如此，甚至有的还可以说是"得天独厚"。例如国外铁矿石储量的 75% 分布在俄罗斯、澳大利亚、美国、加拿大和巴西等五国；铜矿储量的 56.8% 在智利、美国、澳大利亚、俄罗斯和赞比亚；铝土矿储量的 72% 在几内亚、澳大利亚、巴西、牙买加和印度，金矿储量的 55% 和铂矿储量的 81% 集中在南非。同样，我国的钨矿储量几乎等于国外钨矿储量的总和，我国的稀土矿更几倍于国外稀土矿储量之和。如从我国矿产资源的分布看，铁矿一半以上分布在辽宁、四川和河北，铜矿分布在长江中下游和云南、西藏、甘肃和山西等省区，铝土矿的分布在山西、河南、贵州和广西，而钨矿分布在南岭，锡矿分布在云南和广西，镍矿在甘肃，汞矿的大部分在贵州，一些稀有和稀土矿金属，几乎都集中在某几个矿区中。其余如非金属和燃料矿产的煤和石油等，也有类似情况。

　　另外，岩石矿产资源具有不可再生性和开采利用过程的不可逆性。如前所述，岩石矿产资源与其他自然资源（如耕地、森林、牧草地和生物等）相比，在开发利用时具有明显的不可再生性。它不像耕地资源那样是作为劳动手段，在农业生产过程中不被消耗。它也不像森林、草地资源那样，在被采伐以后还能重新栽培迅速生成。矿产资源在采掘工业中是被当作劳动对象而加以使用的。人们只有在消耗了矿产资源以后，才能获得所需要的矿产品。开采之后，这些矿产资源也就不复存在了。但它们的形成过程，需要漫长的地质年代，这是我们无法觉察到的。如果需要有新的矿产地，人们就必须进行新的努力，去寻找新的矿床。从矿山生产的过程看，不论是露天开采还是井下开采，开采工作总是首先从矿床或矿体的上部开始，逐步向下推移。如果要反过来进行，对露天开采矿山则是不可思议的。就是对井下坑采矿山而言，虽然在技术和方法上是可以做到的，但其结果必然是增加开采成本（对下部采空地区进行很好的回填，使以后开采上部矿床或矿体时不发生坍塌现象，就需要增加费用），浪费矿产资源（不管采取什么补救措施，也必然要增加坑下保护矿柱），使矿山生产处于不可逆状况的。此外，矿山开发的过程也只能是由开拓到做好采矿准备，再进行开采的过程，而且采后矿体也就不复存在了，谁也不会，也不可能到采空区去再进行正规的采矿活动。这也就造成了矿产资源在开发利用上的不可逆性。由于矿产资源在分布上的不均衡性和开发利用过程中具有不可再生性，这就造成矿产资源开发利用中又具生产过程的非弹力性，矿产品生产的集中性，以及矿产品产销上的垄断性。

　　由于岩石矿产资源在分布上的不均衡性和开发利用过程中具有不可再生性，这就造成岩石矿产资源开发利用中又具生产过程的非弹力性、岩石矿产品生产的集中性，以及矿产品产销上的垄断性。

　　岩石矿渣资源开发工作的另一个特点是开发建设周期上的长期性。这一方

面表现在矿产资源的开发，不像其他工业项目那样可以轻易实现。如果说我们能用一年时间建起一座大型高炉，并使其炼出生铁。但我们却可能用十年时间也建不起一座大型岩石矿山。这是因为要建一座大型岩石矿山必须有大型矿床作为前提，而大型矿床还需要人们去寻找，去探明。而岩石矿山又不能按我们的主观意志去建在交通方便的大城市中，没有相应的外部条件，要想建成大型矿山也只能是个幻想。为了认识岩石矿产资源开发工作长期性这个特点，我们在这里将简单地介绍一下岩石矿产资源开发工作的过程。

岩石矿产资源的寻找是一项复杂的工作。为了寻找岩石矿产资源，地质人员必须尽力收集各种地质资料，进行基础地质调查，确定和划分各种岩石类型及其分布，推断可能赋存矿产资源的地带，并据此编制普查找矿设计和有关图纸。经有关领导部门批准，组织地质力量进行地质测量和各种物化探工作。在可能条件下，还应辅以包括地震、重力、磁法、电法和航空地质、遥感地质、同位素地质、数学地质以及地球化学和航空物探等工作，以寻找矿体的影踪。在经过这些工作以后，在成矿有利和可能赋存矿体的部位，还需打少量钻孔，以检验人们的认识，以及确认矿化体或矿点的客观存在。在交通极度不方便的地区，人们为了进行钻井，还需修筑简易道路。该项工作的完成，一般需要2～3年的时间。

岩石矿产资源的评价和坑探工作需要较长的时间。当人们通过大量的地质调查工作找到岩石矿点或矿化区后，它们是否能够成为具有工业价值的岩石矿床，就取决于它们的数量、质量以及开采与选冶条件。同时也决定于社会对该种岩石矿产品的需求程度，以及建设这些岩石矿山的外部条件如何、投资大小和开发经济效果的好坏。为了解决这些问题，人们必须对已经发现的岩石矿点进行地质评价，确定岩石矿床总规模，矿体形态，矿石质量，选冶条件及开发条件，并进行技术经济评价，从而得出是否值得进行勘探的结论。这就需要地质工作者组织钻探或勘探力量，对岩石矿点进行总体评价，以肯定或否定岩石矿（床）点的工业价值。当矿床具有工业价值时，人们就需要根据生产建设的需要，对矿床进行详细勘探，以保证矿山建设工作能顺利地确定矿山开发方案，以满足矿山开拓设计。这就要求地质部门，在这一时期要进行大量的钻井或坑探工作。从目前岩石矿床的勘探工作看，一般均需打数十万米的钻井，有的还需配合上千米的坑探工作、大量的样品测试、现场观察以及综合分析研究等工作。对于一些大型矿床，钻探工程还可多达万余米。在目前的钻、坑探技术水平条件下，一台钻机每月仅能打数百米。加上勘探工作具有探索性的特点，全部工程又不能同时进行，这就造成地质勘探工作的长期性。从目前勘探工作看，要探明一个矿床，最少也需要 3～5 年的时间。对一些特殊条件下的大型矿床，有的勘探周期高达 10 余年。

矿山建设是一项繁重的工作。矿山建设除具有其他一般工业建设的特点外，由于它还受到矿床和地质等客观条件的种种限制而增加了矿山建设的复杂性。尽管人们在地质勘探阶段对矿体的形态、矿石赋存状态、外部围岩和水文工程地质条件做了详细的调查，但仍难免有人们的主观认识存在差异的情况。这可能会造成矿山建设中出现一些问题，如因矿体形态变化而影响开拓工程和采矿工程的进行、因围岩崩塌而造成采场冒顶或滑坡、因遇大水而出现淹坑或淹井、因矿石类型或品级的变化而影响选矿效果等，所有这一切都将影响矿山建设工作的进行。除此以外，由于矿山多在交通不便的深山老林，而矿产品的需求对象又往往多为城市的工厂，造成原材料、设备以及矿产品销售的运输问题。为了解决这些矛盾，在进行矿山建设时，必须首先，至少同时进行矿山道路、铁路的建设，有的甚至还需新建专门的港口码头。这样既增加了矿山建设的投资，又增加了矿山建设的难度，还延长了矿山建设的周期。目前国内外要建设一座矿山，一般均需要 3～5 年的时间。在情况特别复杂时，有的矿山甚至建了 10 余年也未能正式投产。

矿山建成后，达产还需一定时间。矿山开采的矿体，一般都不是一个规则的正方体或长方体。它们的形态往往是不规则的，一般具有上下小中间大或上小下大的特点，而采矿工艺又要求开采工作应有一定的顺序性。这就造成人们在矿山建成开采的时候必须从上到下逐步进行开采。只有当各个工作面完全展开时，矿山才能达到设计规模。从目前各矿山的生产情况看，一般需要 5 年左右才能达产，这就更使矿山的开发工作周期具有长期性。由此可见，要开发一个矿山，一般也需要 10 年时间，最快也得七八年。如果不顺利，则需一二十年。因此，人们常说，对矿产资源的准备工作，应提前一个 5 年，一个 10 年，也就是这个原因造成的，从另一方面看，矿山的建设工作，不像一般工厂建成多少能力就长期保持这个能力，尽管技术会落后些，而且矿山生产、开采的原料（矿石）不像工厂那样有现存的供应，矿山如要保证原有的生产规模就需要自己准备，就需要不断进行开拓和采准工作，以准备自己生产（开采）的原料（回采矿量）。这就造成矿山的整个生产过程都是在进行矿山建设（准备回采矿量）的过程。从这个意义讲，矿产资源在开发建设周期上也具有长期性的特点。

岩石矿渣是岩石经过选矿和冶炼后，所留下来的残余物质，没有岩石，就

岩石矿渣资源再利用

不会产生矿渣。现今我国岩石矿产资源虽然在总量上很可观，但以贫矿居多且地区分布不均，更何况矿产资源属于不可再生资源，是取之有尽的。一个矿床的产生往往需要很长时间的沉淀，加之矿产资源越来越少，寻矿工作越来越复杂，且开采难度大、坑探时间长、建设工作繁重等，因此岩石矿渣资源也是有限的，并不是源源不断产生的。

第二节　岩石矿产勘察探索难度大

一、岩石资源分子所处状态分散

地壳中虽然含有大量的金属元素和各种矿物资源，但它们在地壳中大多处于分散状态。要把平均含量仅为 5% 的铁富集到 20%～60%，把平均含量仅为 0.005% 的铜富集到 0.3%～3%，并要长期予以保存，就需要有特定的地质环境。即使有富集和保存的条件，还需要有一定数量的物质来源，要找到这样的地质环境，也是很困难的。这种寻找矿产资源的随机性，就形成找矿工作的探索性。在人们尚处在利用矿产资源的初期，其需要的矿种有限，而且需求量也是很少的。当时，人们只需要直接用肉眼，在地表就很容易找到人们所需的石头，甚至有关的金属资源，这时的难度和风险也还比较小。但随着需求量的增大，所需矿物原料的增多，地表上特别富集的金属和其他矿产都日渐稀少。人们容易找到的地表矿床现已经大部分被人们找到和开发。加上可供人们开发的矿产资源，还应具有一定的数量、丰度和开发利用条件，要找到所需要的并有一定数量的矿物资源就日渐困难起来。特别是在大规模开发矿业以来，随着采矿技术的进步，人们不但能够大规模地开采地表及浅部的矿产，而且能经济地开采埋藏较深的矿产。例如，埋在 5000m 左右的金属矿产和埋深在 200m 内外的石油资源，以及海深在 5000m 左右的陆棚大陆架资源已经成为人们开发矿产资源的主要对象。就是深海锰结核，不久也将成为人类获得镍、钴、铜、锰的主要来源之一。地表矿产资源的枯竭和地下深处矿产资源的开发，一方面促进了地质找矿技术水平的提高，另一方面又增加了找矿勘探工作的难度和冒险性。随着地下矿产资源的大规模开采，为了提高寻找矿产的效果，一方面促进了成矿理论的发展；另一方面又推动了找矿勘探技术的提高。同时也促使人们专门去研究矿床的经济价值问题。

20 世纪 50 年代以来，就成矿理论方面而言，各种地质构造和控矿构造研究（如板块学说在矿床学中的应用）的进一步深入，对区域成矿规律和成矿机制研究的新进展，促进了人们要以地质认识（包括区域地质环境的分析和成矿模式的应用等）来统率各种找矿方法，正确地处理、解释和应用各种方法所取得的数据和资料，并给予合理的解释，以求合理地进行矿产资源的远景评价，作为资源摸底。

为了探查地下深处的矿产资源，人们在加强成矿理论研究的同时，在找矿勘探手段上也取得了很大的进步。人们可以应用已经掌握的知识，根据地质、物化探工作的成果，在有利的构造部位进行钻探或坑探，去探明人们所需的矿产资源。不过，尽管人们在长期的找矿实践中积累了丰富的找矿经验，科学技术进步也为找矿勘探工作提供了大量的先进的找矿仪器和设备，以及包括电子计算机在内的数据处理手段，但是矿产资源深埋地下，人们是不能直接看到的。对几千万年到几亿年以前形成的矿产资源，目前的地质理论对其成因和可能赋存的部位只能做出一般的推断。根据矿物资源的物理和化学特征而发展起来的地球物理和地球化学探矿法，一般也具有多解性。所有这一切都给找矿勘探工作增加很大的困难，造成找矿工作的成功率较低，使找矿勘探工作具有很大的探索性和冒险性。

由于地质勘探和矿山开发工作的持续不断进行，交通方便和较易发现的地表矿床大多已经被人们发现、勘探和开发。所有这一切都造成了当前普查找矿工作的日益困难，使找矿勘探工作的投资效果在当前货币价值上的效果不断下降。据统计，美国和加拿大的金属矿产勘查工作，如要获得相同储量的矿产资源，70年代所花的投资，大致为50年代的3倍。要发现和探明一个大型矿床，若50年代需要500～1000万美元，60年代就需要2000万美元，到70年代末则达3000万美元。因此，普查勘探费用在金属矿产品开发费用中的比重，也是不断上升的。在我国，也有类似的情况，如云锡公司现在要探得1吨锡所花的费用，也约为过去3倍。单位探矿费用的增加以及探矿费用在矿产资源开发费用中所占比重的增加，更增加了找矿勘探工作的风险性。因此，找矿勘探工作与一般工业生产不同，后者只要投入一定量的劳力和物资，就能按比例地生产出相应的产品，创造出相应的价值。而地质工作在整个找矿勘探过程中，都具有很大的探索性和冒险性。所以，有人常称地质工作是一项调查研究工作，是一项探索性很强的工作，是一项具有冒险性的事业。既然矿产资源是一项探索性很强的冒险性事业，其工作质量、工作方针、工作安排的好坏，必将极大地影响其工作成果。从我们以往的工作经验看，只要我们做好工作，地质工作

就可成为一项探索性很强的高风险、高效益的工作。

二、国外岩石等矿业资源开发

（一）美国、日本、俄罗斯——资源消费大国

以美国、日本为代表的工业化程度高的发达国家，以及俄罗斯这个经济转型国家（也有称之为发展中国家），他们的共同特征是矿产资源消耗大。从 2002 年石油消费看，美国石油消费量为 8.94 亿 t，日本 2.43 亿 t，俄罗斯 1.23 亿 t，这三个国家石油消费量之和占世界石油消费总量的 35.8%。如此巨大的矿产消费量，除了俄罗斯可以基本依靠自己的资源外，美国和日本则大量依靠进口。这类国家不仅重视开发利用本国的矿产资源，而且着眼于全球的矿产资源，尤其是美国和日本。

目前，美国石油进口依赖度为 50%，取自拉美和中东；在非燃料矿产中，铁矿石主要取自加拿大、巴西和委内瑞拉；铜取自智利、墨西哥、秘鲁和加拿大；镍取自加拿大和多米尼加；锰取自南非和加蓬。实施矿产资源全球化战略，使美国建立了较为安全的资源供应系统。另外，据估计，2005 年美国稀土加工产品的消费额超过 10 亿美元。

日本作为经济大国和矿产资源贫乏的岛国，特别是石油、天然气、黑色和有色金属等，几乎全靠进口。日本对石油的进口依赖程度为 99.7%，煤为 92.7%，多种有色金属平均在 95% 以上。许多重要矿产，日本均是世界第一或第二大的进口国，包括煤、液化天然气、石油、铁矿石、锰矿石、镍、铜、铅、锌、铬铁矿、贵金属、稀土、钛铁矿和金红石、钴、铝、镉、镓、锆、金刚石、萤石、钾盐、磷矿等。从某种意义上说，离开世界丰富、低廉的矿产原材料的供应，日本的经济就会陷入瘫痪。正因为如此，长期以来，日本一直把全球当成舞台，通过实施"资源外交"，在矿产资源全球配置中占据有利位置。其参与开发国外资源的方式主要有以下几种：投资勘探资源，合资开发境外矿产资源和现货贸易购买资源。针对石油的日本地缘政治战略是，立足亚太，觊觎南中国海，争取中东、抢夺非洲，重视俄罗斯中亚，在世界范围内渗透。而在有色金属和贵金属方面他们仅将亚太列为第二位，而将第一位的重点放在了拉美。巴西的铁，智利、秘鲁和阿根廷等的铜、金，是日本的重中之重。

俄罗斯得益于丰富的地下矿藏财富，2004 年 GDP 达到了 6000 亿美元，年增长率是 7.1%。俄罗斯的主要矿业是石油、天然气、煤、冶金。这些主要的地

下财富是俄罗斯经济快速发展的基础。5年来，俄罗斯的矿业发生了很大的变化，它的几百个星罗棋布的黄金、金刚石、宝石、铁矿、煤矿，经过合并后，现在被十几个大的控股公司控制着。对全世界的投资公司、采矿公司、设备制造公司来说，俄罗斯的采矿行业是一个投资潜力很大的行业，但外国投资者参与的空间不是很大，必须要有足够的资金和技术支持。

（二）加拿大、澳大利亚、南非——出口驱动型矿业大国

这类国家矿产资源丰富，矿产品产量大，出口量多，矿业在国民经济中占有重要地位。

加拿大的银、铟、钾盐和硫储量居世界第一，镍、钨、铌、铀、镉、硒、铅锌等也居重要地位，生产的矿产品很大一部分用于出口。

澳大利亚的铀、铅、锌、钽、镉的储量居世界第一，其他如铋、锆、铪、煤炭、钛铁矿、铝土矿、金、金刚石、铁矿石、银和稀土等也占有重要地位。另外，澳大利亚是世界重要的产锡国之一，贮量为 18 万 t，占国外锡总贮量的 5.9%，其锑矿贮量（金属量）9.1 万 t，已知的大小数百个脉状锑金矿床主要分布于东部沿海地带及西部地区。此外，澳大利亚还占有全球已经探明有经济意义的锰矿资源的比率为 7%。澳大利亚钨矿贮量为 13 万多 t，居国外第五位，其矿床主要集中在澳大利亚东部和东南部海西期褶皱带中，包括塔斯马尼亚的王岛、昆士兰州的卡拜因山和新南威尔士州的一些钨矿床。钼与钨一起伴生在钨矿中，钼矿贮量约为 12 万多 t。钨矿和钼矿的贮量及品位都很高的矿山是王岛矿山。

加拿大和澳大利亚虽然是矿产资源出口国，但也参与占有国际矿产资源。据统计，在世界 100 多个国家进行勘查开发的矿业公司中，加拿大的公司占 37%，美国占 17%，澳大利亚占 9.5%。

南非的金、铂族金属元素、铬、锰、钒、钛的储量居世界第一，它不仅盛产红柱石、铬铁矿、金、铂族金属元素、钒，同时也是世界锑、锰、钛和锆的重要供应国。

综上所述，加拿大、澳大利亚、南非均是资源丰富，出口量大的驱动型矿业大国。就我国现阶段资源状况而言，我们有必要进一步地加大与这些国家的合作，为我国经济转型的有效进行提供有力的资源保障。

（三）蒙古、哈萨克斯坦、印度、菲律宾等——矿业开发潜力巨大的经济转型国家

印度、菲律宾等发展中国家和蒙古、哈萨克斯坦等经济转型国家矿产资源

也比较丰富，尤其是前2个国家，矿业生产在其国民经济发展中占有重要地位，但由于社会发展相对比较落后，其矿业开发的潜力还很大，是国际上矿业开发最具有吸引力的国家。

1. 蒙古

蒙古的经济虽然以畜牧业为主，但多年来矿业在蒙古国民经济中占有非常重要的地位。蒙古矿产资源在世界上占有一定地位的矿产是萤石和铜矿，其次还有金、白银和铅锌矿，蒙古所生产的铜精矿和萤石精矿几乎全部用于出口。蒙古几乎将所有的铜精矿和钼精矿出口到中国，氟石出口到日本和俄罗斯。中国和俄罗斯是蒙古国的两个主要贸易伙伴。蒙古出口中国的出口额占出口总额的47.8%，出口美国的占17.9%。俄罗斯是蒙古国的最大进口国，占蒙古进口总额的33.3%，其次为中国，占25.1%。

蒙古国最大的矿业公司额尔登特矿业公司（Erdenet Mining Corp），近年来每年矿石产量保持在2500万t，铜精矿产量中铜含量在13万t，钼含量在1500t以上。由于矿石平均品位的下降，2005年，铜精矿含铜产量和钼精矿含钼产量分别降为13万t和1141t。另一个比较大的是开采萤石矿的蒙罗斯（Monros）公司，它年产10万t用于制酸的萤石和17.5万t冶金生产用的萤石，并且还有采金。

另外，据国外媒体报道，蒙古矿产资源勘探开发投资快速增长的因素有三：第一因素，是受到毗连的中国市场的巨大刺激；第二个因素，自己的黄金产量剧增；第三个因素，在中蒙边界蒙古戈壁南部、距离中国80km的奥尤陶勒盖（Oyu Tolgoi）发现一个大铜矿。

值得注意的是，从新的蒙古矿产资源法的实施，蒙古矿业在勘探领域取得了明显的进步，矿产资源法为所有的投资者提供了平等的权利，不论其国籍、全外资企业同样可以获得许可证并正常运行，法律中也无股息和利润回流的强制性规定。再者勘查程度极低，一般拿到矿块，经过深度打钻，实际藏量都要翻几倍，一定要考察好地形，多数会抱上大金娃娃的，少数也有与资料不符的。

2. 哈萨克斯坦

哈萨克斯坦是一个经济转型国家，拥有丰富的矿产资源，其中石油、天然气、煤炭都具有重要的意义，此外，铬铁矿、铁矿、铝土矿、铅锌等也有相当大的储量。

根据国际原子能机构（IAEA）预测，随着需求的增长，到2010年世界天然铀市场将出现供不应求的形势，到2015年供需缺口将增至1.6万t，而哈萨克斯坦铀产量的上升可以部分填补这个巨大的缺口。其产量的迅速提高主要得益于地浸开采法的采用。哈萨克斯坦的铀政策重点是大幅增加地浸铀矿开采，向世界供应天然铀。该国生产的天然铀全部用于出口，目前的出口对象有中国、日本、俄罗斯和韩国。

3. 印度

印度在亚洲来说是一个资源大国，拥有丰富的铁矿、铝土矿、煤炭、白云岩、石膏、灰岩和云母等，是世界块云母和片云母的最大生产国，其铬铁矿、煤炭、重晶石产量居世界第三，铁矿石、铝土矿和锰矿产量居世界第六。

印度煤层主要位于晚石炭世—侏罗纪的冈瓦拉煤系，在西部新生代盆地中还赋存有大量的褐煤。印度煤炭高灰分，低热值，不能用于炼焦碳。因此，印度严重短缺炼焦用煤。在这方面和中国具有合作的基础。印度石油资源主要分布在孟买、阿萨姆、康贝湾、拉贾斯坦邦、特利普拉邦、马哈纳迪、克里希纳—戈达瓦里和高韦里盆地。而天然气生产主要在孟买盆地和拉贾斯坦邦。每年的产量及年增长率都很可观。印度已经探明铁矿资源主要分布于中央邦、奥里萨邦、卡纳塔克邦和比哈尔邦，最富最大的铁矿在奇里亚（Chiria）。铁矿石产量居世界第4位。印度铝土矿属于风化残积型，主要分布于东海岸奥里萨邦和安得拉邦。印度氧化铝产量居世界第6位，原铝产量居第10位。印度铅锌矿储量约2.31亿t（矿石），含铅约510万t，锌约1702万t。它是世界上重要的铅锌生产国。

虽然如此，但印度曾长期实行进口替代政策。矿产资源开发立足于满足国内需要，优势矿产品只有在满足国内需求的前提下才可以出口。这方面与中国资源互补上合作还算融洽。

4. 菲律宾

根据菲律宾国家地质矿业局的数据，菲律宾金属矿储量为71亿t，非金属矿储量510亿t。由于地处西太平洋岛弧链，特殊的地质环境决定了菲律宾的矿床类型多是与基性＋超基性岩有关的岩浆型铬镍矿床，和与中酸性火山岩、次火山岩有关的斑岩型和块状硫化物矿床。

菲律宾原生镍矿很少，镍矿几乎全部为次生矿床，其中99%为红土镍矿。大部分镍矿处在浅土层，易于开采且成本低，红土镍矿主要集中分布在东达沃（Davao Oriental）和巴拉望（Palawan）地区。现计划开工的镍项目也不在少数，比如：Nonoc矿山，属于红土镍矿，菲尼克德夫特公司（Philnico Devt Corp）控股，

于1986年停产，现预计矿山寿命20年，目前正在推进与中国合作重启该项目；Adlay-Cagdianao-Tandawa项目，简称ACT，位于Mindanao岛，澳大利亚昆士兰镍公司（QNI）所有，其可开采量十分可观。另外，菲律宾铜矿资源丰富，铜矿储量48亿t，占其金属矿总储量的67.5%。平均每平方公里含铜134t，位居世界第四位。根据国际铜研究组织的报告，目前处于可行性研究阶段尚未正式生产的主要铜矿山项目有：Dinkidi项目，位于新比斯开（Nueva Vizcaya）地区，克莱马克斯（Climax）采矿公司控股42%，预计投产后精矿产能为10 000t/年（含铜量）；Carmen项目，曼纳（Minero）采矿公司控股51%，1995年停产，预计复产后金矿产能为50 000t/年（含铜量）；等等。

我国是矿产资源相对缺乏的国家，以铜镍为例，2004年，铜企业的平均冶炼供矿自给率为34.7%，镍的平均冶炼供矿自给率为86.3%，菲律宾丰富的矿产资源和与我国邻近的优异地理位置，是我国在海外开发矿产资源的理想地区。中菲合作开发菲律宾矿产资源，将为两国带来双赢的结局。

以上所述的发展中国家或经济转轨国家的矿业，其开发潜力在不同程度上还是值得肯定的。且大都处于我国的邻邦，为我国实施"走出去"的资源发展战略创造了条件。推进在国外开矿，首当所选的是邻近国家，这不仅在一定程度上有些许便利，同时在促进国际交流上也有着积极的作用。而一些，像委内瑞拉与乌克兰等具有特色资源的国家，都与中国有着频繁的项目合作，在这些特色资源开发潜力巨大的前提下还是很值得积极投入的。非洲一些国家的资源贮藏更是十分丰富，随着税务方面的进一步改善，相信其开发的潜力会更大。

第四章 岩石矿渣资源再利用——以水泥为例

第一节 岩石矿渣微粉在水泥中的利用

矿渣在水泥生产中的应用已经有一百多年的历史，传统的粉磨工艺将熟料矿渣石膏混合粉磨，由于矿渣的易磨性差，潜在活性难以发挥出来，限制了它在建材产品中的使用量及使用效果。1950年以来国外已经将矿渣微粉成功应用于水泥及混凝土中，我国上海等地也有成功应用的实例，文中主要研究矿渣磨成矿渣微粉后在水泥生产中使用时如何达到最佳效果。

将矿渣单独粉磨成450m²/kg的矿渣微粉后，其活性明显增强，与单独粉磨的熟料粉搅拌混合，生产矿渣水泥时比，熟料与矿渣混合粉磨其掺量可提高20%，同时矿渣水泥的3天强度没有降低，28天强度提高10MPa，超过同等熟料制备的硅酸盐水泥的强度，但水泥的标准稠度用水量增加，混凝土的工作性能变差。

为保证水泥在混凝土中使用的工作性能，需要从熟料生产的原材料、熟料的化学组成、回转窑的窑型、熟料的煅烧特点等方面研究分析，严格管理，并对水泥中石膏、石灰石及其他混合材的掺量进行配比实验研究，将混凝土的工作性能调整到最佳使用的效果。

矿渣细磨后物理、化学性能发生了较大的改善，具有较高活性和填充性，可在水泥生产中大量掺入，降低水泥中熟料的掺加量，明显降低水泥的水化热，使生产低热水泥变得容易，使用矿渣微粉生产的低热矿渣水泥已经成功应用于太钢1650m³高炉基础的施工中。矿渣微粉在水泥生产中的大量掺入，减少了水泥中的熟料掺量，为水泥企业带来了巨大的利润。

但是，要真正实现矿渣无害化、减量化、资源化，取得最佳的经济效益、环保效益和社会效益，不仅要加快先进技术的推广应用工作，而且要加大投入，实现高效、经济的多元化综合利用。

矿渣在水泥生产中的应用，是矿渣综合利用的主要途径。但由于矿渣的易磨性比水泥熟料差，在水泥粉磨过程中，熟料已粉磨到要求的细度时，矿渣的颗粒仍然较粗，其潜在活性难以发挥。尤其是新标准实施后，要使矿渣水泥达到新标准要求的性能，最常用的方法是降低矿渣掺量，而另一条更有意义的途径是将传统的粉磨方式和工艺进行改进。

采用矿渣与熟料分别粉磨，将其细度磨至 $450m^2/kg$ 后掺入水泥中，或者等量代替水泥作为混凝土掺合料，不但可以提高矿渣粉的掺入量，而且可以使水泥、混凝土的性能得到相应改观，从而拓展了矿渣的用量和矿渣水泥的使用范围。许多国家重点建设工程如三峡工程建设、首都机场改造、上海教育电视台综合楼改造、上海明天广场建设、陆家嘴金融大厦建设中，使用矿渣细粉等量取代水泥 30% ～ 70% 配置的高标号混凝土，取得了很好的效果。

一、矿渣在国内外水泥、混凝土中的应用

1862 年，艾米耳·兰琴斯（Emil Langens）发现如将矿渣水淬造粒，所得材料再与石灰混合后，具有良好的胶凝性质，这个发现就成为应用矿渣生产水泥的基础。石灰矿渣水泥 1865 年首先在德国作为商品应用，在 1883 年矿渣又被用作生产波特兰水泥的原料之一。1892 年德国生产了第一批用波特兰水泥熟料和粒化矿渣共同粉磨而得的矿渣波特兰水泥。我国矿渣在水泥生产中的应用也有 50 多年的历史，一直到 20 世纪 50 年代，矿渣作为生产水泥的混合材，通常是用与熟料共同粉磨的传统工艺生产水泥。矿渣硅酸盐水泥的早期强度较低，凝结时间长，容易产生水泥泌水现象，也大大限制了矿渣的掺入量。随着粉磨技术的发展与进步，以及对矿渣水泥水化硬化基体的进一步认识，许多研究者发现，把矿渣磨细成矿渣微粉，与熟料粉混合在一起制成矿渣水泥，或者以掺合料的形式将矿渣粉配入混凝土，可充分发挥矿渣的潜力，不仅改善了水泥及其制品的性能，还大大提高了矿渣的利用率。

现在德、法、日等国家已经开始用熟料与矿渣分别粉磨后混合的技术来生产矿渣硅酸盐水泥。国外有资料表明在纯硅酸盐水泥中掺入 50% 细度达到 $450m^2/kg$ 的磨细矿渣后，3d、7d 与 28d 的抗压强度均高于不掺矿渣的硅酸盐水泥。近些年来我国也已经研究开发了新型的矿渣水泥，采用矿渣微粉作为水泥的混合材，研制成功了早强低热高掺量矿渣水泥。

矿渣微粉除了可作为生产新型矿渣水泥的原料外，还可以作为混凝土的掺合料。矿渣微粉作为掺合料在混凝土中的应用，始于 20 世纪 50 年代末期。

南非的工程技术人员将矿渣磨细后作为一个组分材料掺入混凝土中，发现具有很好的技术性能。国外在配制高性能混凝土和高强混凝土时，广泛采用了矿渣微粉与其他矿物细掺合料。1980年，德国开始将磨细矿渣粉作为混凝土掺合料，再配以有机减水剂，来生产C40-C80的混凝土，满足不同工程要求和性能要求。1987年加拿大多伦多市的斯科舍（Scotia）广场大厦采用了水泥用量为315kg·m^{-3}、矿渣微粉为137kg·m^{-3}、硅灰为33.6kg·m^{-3}、水胶比为0.30的混凝土建成了这座大楼，该混凝土的28d抗压强度为83MPa，90d抗压强度为93MPa，使用效果很好。

（一）应用矿渣微粉的经济及社会意义

水泥的生产给社会带来极大的资源、能源消耗和严重的环境污染。水泥生产企业成为污染大、环境差、能耗高的"典型"。矿渣微粉用于水泥或者混凝土中减少了胶结材料中水泥的用量，又间接减少了由于生产水泥而导致的能源消耗、环境污染和土地资源浪费。据我国权威的混凝土专家预测，使用磨细的矿渣微粉，在未来10～15年内，国内完全可以用1.6～1.7亿吨矿渣粉替代1.6～1.7亿吨水泥熟料。这样既可以满足水泥的需求，又可以大大改善大气环境，减少粉尘、CO_2、NO_x、SO_2排放量。矿渣微粉的应用体现了水泥和混凝土的绿色因素和可持续发展的思想。

矿渣微粉作为水泥中混合材大量掺入时，同传统的混合粉磨工艺相比，矿渣的掺量可提高15%～25%，同时减少了水泥中熟料用量，相当于减少了生产等量熟料而耗费的社会资源及能耗，在水泥强度及各方面性能都能得到保证的同时，降低了水泥公司的生产成本。

矿渣微粉作为水泥中的混合材大量掺入时，经实验表明水泥的水化升温不显著，这样既有利于保证水泥的早期强度，同时达到了降低水化热的目的，有利于水泥厂生产低热矿渣水泥。

矿渣微粉作为水泥中的一种优质混合材，在成品水泥中掺加量在20%以下时，对水泥性能几乎没有不利的影响，相反可以改善水泥的流变性，提高水泥28天强度，这既有利于水泥厂生产高强度等级的水泥，又相当于水泥增产20%。

矿渣的积极利用使水泥工业和其他一些工业（冶金业、火力发电业）结合起来，走良性发展的道路，把可持续性发展的思路和理念积极稳妥地引入建材工业，努力创造出绿色产业之路。由于掺入活性矿渣微粉可以带来以上技术、

经济、环境等诸多方面的重要效益，为高附加值利用矿渣开辟了一条新途径，因此对活性矿物掺料的研究意义重大。

（二）矿渣微粉在水泥与混凝土中使用的研究现状

一百多年来，水泥与混凝土材料始终是最优良、最重要的建筑材料，而水泥的生产是一个高耗能、高资源消耗、高污染的过程。同时，随着建筑物形体和工程规模日益大型化，人们对混凝土的强度和综合性能，特别是耐久性要求也越来越高，迫切需要一种性能优良的混合材用于水泥及混凝土中，改善水泥生产的高污染状况，同时又可以优化混凝土的各项性能。

国外矿渣微粉在水泥与混凝土中应用与研究比我国早，自南非 1958 年将矿渣微粉应用于商品混凝土中，1969 年以来，英国开始生产掺有磨细矿渣的混凝土，并用于世界最长的享伯（Humber）桥的主塔混凝土，美国、加拿大、日本也开始生产矿渣微粉，美、英、法、奥、日、加、南非等国相继制定了磨细矿渣标准，矿渣微粉的使用达到了标准化。我国矿渣微粉在水泥与混凝土中应用与研究从 20 世纪 80 年代的末期开始，90 年代的末期得到重视，1999 年开始制订标准，于 2002 年完成，大量的实验研究表明：

①配制高强高性能混凝土时，矿渣微粉是优选的活性混合材料，由于超细矿渣的活性明显增强，混凝土早期强度稍有下降，但后期强度明显提高；

②矿渣微粉加入混凝土拌和物中，能有效地解决混凝土泌水及离析分层现象，使混凝土的微观结构更致密，改善混凝土中毛细孔形态及界面空隙，降低空隙率，使混凝土抗渗性、抗冻性及抗化学侵蚀能力提高，使用寿命延长，耐久性好；

③矿渣微粉对混凝土的工作性及水泥与高效减水剂的相容性均有改善作用，混凝土坍落度经时损失小，和易性提高，这对保证混凝土的施工与施工质量十分有利；

④矿渣微粉取代部分水泥配制混凝土，水泥用量明显降低，矿渣活性充分发挥，能有效降低水泥水化热、减少收缩、避免温度裂缝、抵制碱集料反应，对混凝土的增强和耐久性方面有良好的效果。

矿渣微粉在水泥生产中应用的主要研究有：

①矿渣单独粉磨成矿渣微粉，随着比表面积的增大，水化活性明显增强，可在水泥生产中大量掺入（≥45%），从而降低水泥中熟料的掺加量，降低水泥的水化热，可生产新型高掺量早强低热 525# 矿渣水泥；

②随着矿渣微粉大量掺入水泥中，应适当增加水泥中的 SO_3 含量，否则对水泥强度特别是矿渣水泥早期强度的发挥是不利的。SO_3 含量还对混凝土的流变性产生影响，SO_3 含量小时，坍落度损失大，不利于施工；

③矿渣微粉的高水化活性大大改善了水泥宏观性能，浆体早期及后期强度均高于基准水泥，掺入 15%～20% 的矿渣微粉，可使水泥强度提高一个强度等级，且其与骨料间界面黏结强度大大提高；

④球磨立磨及不同型号的磨机，粉磨出的矿渣微粉其性能略有不同。

由于现代工程建筑对混凝土的性能和质量不断提出新的、更高的技术要求，继化学外加剂在混凝土工程上普遍应用以后，活性矿物细掺合料日益在国内外材料与工程界引起广泛的关注与重视，甚至将其称为混凝土的第六组分，成为当今混凝土技术进步的一个重要途径与措施。

活性矿物细掺合料主要有以下三类：①有胶凝性或称潜在活性；②有火山灰活性，即其本身并不具有或只有极小的胶凝性，但其粉态物质能与 $Ca(OH)_2$ 和水在常温条件下产生水化反应而生成具有胶凝性的水化产物；③同时具有胶凝性和火山灰活性。分别属于这三类的矿物细掺合料有许多种，但较为理想的活性矿物细掺合料当属粒化水淬矿渣，因其兼具胶凝性与火山灰活性，因此，近年来矿渣微粉在水泥与混凝土中的应用取得了很大的进展。

我国关于矿渣微粉的生产与应用，先后已经有几项科研成果通过了技术鉴定。矿渣微粉的生产工艺，通过球磨机的技术改造、采用超细磨，现在已经有几家企业引进了国外进口的立式磨，建立了现代化的大规模生产线，大幅度降低了电耗，从而降低了成本，产品质量也有了提高和保证。矿渣微粉已经成为国内建材资源的一个新品种投放市场，曾在湖南、广东省的一些建筑工程上得到了应用。上海的一些高校和科研院所已经取得了用矿渣粉等量取代水泥 30%～70% 配制 C30-C80 的矿渣微粉混凝土的科技成果。许多商品混凝土搅拌站已经采用了此项技术，并在上海一些重要的工程上得到了应用，如上海教育电视台综合楼工程（混凝土强度等级为 C40 的矿渣微粉混凝土）、上海明天广场工程（混凝土强度等级为 C80 的泵送矿渣微粉混凝土）。至于矿渣微粉在混凝土制品生产上的应用，至今还未得到充分的开发。铁道部株洲桥梁厂曾用 C60 矿渣微粉混凝土生产了Ⅲ型预应力混凝土轨枕，上海江扬混凝土公司曾用 C35 矿渣微粉混凝土生产了预制钢筋混凝土桩，都取得了较好的技术经济效果。

（三）应用于混凝土的矿渣微粉主要技术要求与品级

矿渣的主要化学成分是 CaO、SiO_2、Al_2O_3 以及 MgO、MnO、Fe_2O_3 等氧化物。各企业的矿渣，其化学成分虽大致相同，但各氧化物的含量并不一致，因此矿渣有碱性、中性、酸性之分，以矿渣中碱性氧化物和酸性氧化物含量的比值（M）大小来区分：

$$M = \frac{(CaO + MgO + Al_2O_3)\%}{SiO_2\%}$$

$M>1$ 为碱性矿渣；$M<1$ 为酸性矿渣；$M=1$ 为中性矿渣。酸性矿渣的胶凝性差，而碱性矿渣的胶凝性好。因此，矿渣微粉应选用碱性矿渣，其 M 值越大，反映其活性越好。

根据我国的水泥国家标准《用于水泥中的粒化高炉矿渣》（GB/T 203—2008），可用质量系数 K 来评定矿渣的质量：

$$M = \frac{(CaO + MgO + Al_2O_3)\%}{(SiO_2 + MnO)\%}$$

此 K 值应大于等于 1.2。K 值越大，则矿渣的质量越好，活性越高。

矿渣微粉根据上海市地方标准（DB31/T35—1998）按照矿渣微粉的活性指数、流动度比和比表面积可划分为三个品级：S95、S105 与 S115。其技术指标如表 4-1。

表 4-1 矿渣微粉技术指标

矿渣微粉品级		S115	S105	S95
活性指数（%）	7d	≥ 95	≥ 80	≥ 70
	28d	≥ 115	≥ 105	≥ 95
流动度比（%）		>90	>95	>95
比表面积（m²/kg）		>580	>480	>380

活性指数是指受检胶砂与基准胶砂标准养护至规定龄期的抗压强度比，用百分数表示。活性指数反映了矿渣微粉对硬化混凝土力学性能的影响，在标准中规定的胶砂配合比为：基准胶砂，水泥 540g、标准砂 1350g、水 238g；受检胶砂，水泥 270g、矿渣微粉 270g、标准砂 1350g、水 238g；基准水泥为 42.5 强度等级的 I 型硅酸盐水泥。流动度比是指受检胶砂与基准胶砂流动度的比值，用百分数表示。流动度比反映了矿渣微粉对新拌混凝土工作性的影响。

比表面积按勃氏法检验，矿渣微粉的细度对其活性有显著的影响。关于用作混凝土掺合料的矿渣微粉最佳细度问题，国内外的学者和工程技术人员众说纷纭，有人认为比表面积 $400\sim500m^2/kg$ 为好，也有人认为 $600\sim800m^2/kg$ 为好。下面对此进行综合分析。

首先，要考虑矿渣微粉参与水化反应的能力。矿渣是属于前文中所述的第一类活性矿物掺合料，矿渣在水淬时除形成大量玻璃体外，还含有钙铝镁黄长石和少量的硅酸一钙或硅酸二钙等组分，因此具有微弱的自身水硬性，但当其粒径大于 $45\mu m$ 时，矿渣颗粒很难参与水化反应。因此，矿渣微粉的勃氏比表面积应超过 $400m^2/kg$，才能比较充分地发挥其活性，以改善并提高混凝土的性能。

其次，要考虑混凝土的温升。矿渣微粉越细，其活性越高，掺入混凝土后，早期产生的水化热越大，不利于降低混凝土的温升。有资料表明：矿渣微粉等量取代水泥用量 30% 的混凝土，细度为 $600\sim800m^2/kg$ 的矿渣微粉，其混凝土的绝热温升比细度为 $400m^2/kg$ 的矿渣微粉混凝土有十分显著的提高。

再次，在配制低水胶比并掺有较大量的矿渣微粉的高强混凝土或高性能混凝土时，要考虑矿渣微粉的细度越细，混凝土产生早期的自收缩将更严重。

最后，还不得不考虑矿渣微粉磨得越细，所耗电能也越大，成本将大幅度提高。此外，近期的研究工作发现矿渣微粉的活性指数与性能，不仅仅取决于细度（比表面积），还和矿渣微粉的颗群形态，诸如级配、粒形和粒径分布等有密切的关系。

因此，矿渣微粉的细度应该在能充分发挥其活性和水化反应能力的基础上，综合考虑所应用的工程的性质、对水泥混凝土性能的要求以及经济分析等因素来确定，不能笼统地认为矿渣微粉越细越好。

（四）矿渣微粉混凝土的性能特征简介

混凝土技术进步的重要标志，就是要对普通混凝土无论是在新拌状态，还是硬化后的性能都有较大的改善和提高。矿渣微粉作为混凝土的活性矿物掺合料，并等量取代水泥所配制的矿渣微粉混凝土，经过大量的试验研究，反映出它对混凝土性能的改进和提高具有显著的作用。因此，在国际上被认为是新世纪结构材料的高性能混凝土，将矿渣微粉作为其主要组分之一。笔者根据所见的一些国内的试验研究资料，将有关矿渣微粉混凝土的性能特征简介如下。

1. 新拌混凝土性能

①矿渣微粉混凝土的初凝与终凝时间比普通混凝土有所延缓，但幅度不大。

②在掺用同样的减水剂和同样的混凝土配合比情况下，矿渣微粉混凝土的坍落度得到明显的提高，且坍落度经时损失也得到有效的缓解。此一流动性的改善是由于矿渣微粉的存在延缓了水泥水化初期水化产物的相互搭接。还由于 C_3A 矿物相的含量有所降低而与减水剂有更好的相容性，而且达到相当细度的矿渣微粉也能具有一定的减水作用。

③矿渣微粉混凝土具有良好的黏聚性，因而显著地改善了混凝土的泌水性。

2. 硬化混凝土性能

（1）强度发展规律

在相同的混凝土配合比、强度等级与自然养护的条件下，矿渣微粉混凝土的早期强度比普通混凝土略低，但 28d 以及 90d 与 180d 的强度增长十分显著地高于普通混凝土。

（2）耐久性

由于矿渣微粉混凝土的浆体结构比较致密，且矿渣微粉能吸收水泥水化生成的 Ca（OH）$_2$ 晶体而改善了混凝土的界面结构。因此，矿渣微粉混凝土的抗渗性十分显著地优于不掺矿渣微粉的普通混凝土，对一系列混凝土耐久性带来了有利的影响。

由于矿渣微粉混凝土的高抗渗性，而且矿渣微粉还具有较强的吸附 Cl^- 的能力，因此能有效地阻止 Cl^- 渗透或扩散进入混凝土，提高混凝土 Cl^- 渗透能力，使矿渣微粉混凝土比普通混凝土在有 Cl^- 的环境中十分显著地提高了护筋性。

混凝土的抗硫酸盐侵蚀，主要取决于混凝土的抗渗性和水泥胶凝材料中 C_3A 矿物相含量和碱度，而矿渣微粉混凝土材料中的 C_3A 矿物相与碱度均较低，且又具有高抗渗性。因此，矿渣微粉混凝土的抗硫酸盐侵蚀性能十分显著地得到了提高，试验表明，在浓度为 10% 的 Na_2SO_4 溶液中浸泡 30d 后，强度没有丝毫降低。

由于矿渣微粉混凝土的密实性提高了，因此，在同样混凝土配合比与强度等级的情况下，矿渣微粉混凝土的抗冻性也优于普通混凝土。

矿渣微粉混凝土的抗碳化性能：在矿渣微粉替代水泥的置换量低于 50% 时，其碳化性能不低于普通混凝土。

由于矿渣微粉混凝土中的碱含量明显降低了，因此，对预防和抑制混凝土的碱集料反应是十分有利的。

3. 水泥混凝土硬化过程中的热学性能

对于大体积水泥混凝土而言，要求混凝土的水化热低，并希望推迟水化热峰值的出现时间，以协调温度应力与混凝土的初始结构强度，不至于出现温差产生的裂缝。矿渣微粉混凝土中的水泥用量比普通混凝土降低了，因此，混凝土硬化过程的热学性能得到了显著的改善。

（五）矿渣微粉作用机理浅析

矿渣微粉用作水泥的混合材或混凝土的掺合料，都能改善或提高混凝土的综合性能，其作用机理在于矿渣微粉在混凝土中具有微集料效应和微晶核效应，而且改善了混凝土界面区的结构并减少了水泥初期水化产物的相互搭接。

1. 微集料效应

混凝土可视为连续级配的颗粒堆积体系，粗集料的间隙由细集料填充，细集料的间隙由水泥颗粒填充，而水泥颗粒之间的间隙则需要更细的颗粒来填充。矿渣微粉的细度比水泥颗粒细，在混凝土中起到了更细颗粒的作用，因而改善了混凝土的孔结构，降低了孔隙率并减小最可几孔径的尺寸，使混凝土形成了密实充填结构和细观层次的自紧密堆积体系。从而有效地改善并提高了水泥混凝土的综合性能，使水泥混凝土不仅具有较好的物理力学性能还提高了耐久性的某些性能。

2. 微晶核效应

矿渣微粉的胶凝性虽然与硅酸盐水泥相比是较弱的，但它能为水泥水化体系起到微晶核效应的作用，能加速水泥水化反应的进程并为水化产物提供了充裕的空间，改善了水泥水化产物分布的均匀性，使水泥石结构比较致密，从而使混凝土具有较好的力学性能。

3. 改善了混凝土中水泥浆体与集料间的界面结构

混凝土中水泥浆体与集料间的界面区由于富集了 $Ca(OH)_2$ 晶体，而成为混凝土性能的薄弱环节。矿渣微粉掺入混凝土中能吸收部分 $Ca(OH)_2$ 产生二次水化反应，从而改善了界面区 $Ca(OH)_2$ 的取向度，降低了 $Ca(OH)_2$ 的含量，还减小了 $Ca(OH)_2$ 晶体的尺寸，不仅有利于混凝土力学性能的提高，对某些耐久性也能得到改善。

4.减少了水泥初期水化产物的相互搭接

在水泥水化初期，矿渣微粉分布并包裹在水泥颗粒的表面，起到了延缓和减少水泥初期水化产物相互搭接的隔离作用，因此也具有一些减水作用而增大混凝土的坍落度，并且使坍落度经时损失也有所改善，矿渣微粉还具有一定的保水性，能改善混凝土的黏聚性和泌水性。因此，矿渣微粉混凝土具有良好的和易性。

（六）矿渣微粉应在混凝土制品的生产中得到开发应用

水泥工业是消耗能源大而且对环境污染严重的工业，因此，如何在混凝土工程和混凝土制品生产中，在保证、改善、提高混凝土的质量和性能的前提下，减少水泥用量是混凝土科技工作者当前的一个重要任务。矿渣是工业生产中的一项废渣，经过磨细到适当细度作为混凝土的掺合料等量取代水泥，能配制出性能良好、质量稳定的混凝土，国内已有研究、生产与应用的实践经验，不仅具有良好的技术效果，而且也取得了良好的经济效益。目前市场供应的商品矿渣微粉的价格已经大幅度降低，生产矿渣微粉的企业仅上海就有数家，年产矿渣微粉已达数十万吨。

近年来，我国一些大城市的建筑工程应用矿渣微粉水泥混凝土已经在逐步展开，而且还在不断扩大，发展前景良好。但是，我国在水泥混凝土制品的生产上却还处于待开发的状态。其实，矿渣微粉作为混凝土掺合料，在混凝土制品上的应用可能是更为适当的。因为混凝土制品在生产中一般都有蒸汽养护工艺过程，众所周知，在我国生产的水泥品种中，都认为矿渣硅酸盐水泥对蒸汽养护有更好的适应性，不仅促进了混凝土的早期强度，还提高了混凝土的后期强度。矿渣微粉掺入混凝土中，经过蒸汽养护后的效果应该比矿渣硅酸盐水泥更好，目前所见到的有关矿渣微粉水泥混凝土的技术资料，因其用途是建筑工程，所以都局限在自然养护的条件。笔者希望我国能够在蒸汽养护条件下对矿渣微粉混凝土开展系统、全面的试验研究工作，取得在水泥混凝土制品生产应用中所需要的性能资料，使矿渣微粉水泥混凝土能在混凝土制品生产中得到开发应用，从而取得良好的社会、经济、技术效益。

第二节 岩石矿渣水泥的水化机理及性能

随着可持续发展战略的实施，水泥工业的资源、能源、环境问题成为制约其发展的主要因素。少用能耗大、生产污染大的硅酸盐水泥熟料,尽量多地利用工业废渣和低成本混合材作为混合材料来生产少熟料水泥或无熟料水泥,是一项具有环保意义和经济价值的课题。本文下面将介绍的是在以石灰石、矿渣为主要原料的基础上添加部分石膏、熟料或钢渣来制备力学性能符合国家标准《砌筑水泥》(GB/T 3183—2017)的新型石灰石矿渣水泥。该研究成果可以显著降低水泥生产的能耗,极大减少水泥生产过程中温室气体排放量,以及其他废气和粉尘的排放量,具有重大意义。

一、概述

(一)研究背景和意义

水泥是建筑工业三大基础材料之一,可广泛用于民用、工业、农业、水利、交通和军事等工程。自19世纪初期波特兰水泥问世至今已经有180多年发展历史,1996年世界硅酸盐水泥产量约为13亿t,2000年达到16.6亿t,2003年已经增至18.6亿t;2003年我国生产硅酸盐水泥8.6亿t,全部消耗完毕,占世界总产量的45%。2007年水泥产量为13.6亿t,同比增长10.12%;水泥熟料产量9.62亿t,同比增长10.2%,其中预分解窑熟料4.91亿t,同比增长22.1%。新型干法水泥比例达到51%,同比增长5%。

传统意义的水泥在其生产过程中,不仅消耗了大量的石灰石等资源和能源,同时对生态环境造成了很大的污染并排放大量的CO_2温室气体及其他废气。我们知道硅酸盐水泥在生产过程中,由于使用了大量的石灰石作为原料,经过高温煅烧会产生大量的CO_2。根据各国水泥工业的不同水平,每生产1t的硅酸盐水泥将产生约0.9t的CO_2,另外还有NO_x、SO_x及大量的粉尘和烟尘排出,这种水泥工业生产状况继续发展下去,对大气环境造成的影响将是灾难性的。环境恶化、气候变暖,是当今人类社会面临的重大问题。2009年12月7日联合国在丹麦哥本哈根召开气候大会后,全世界工业发达国家和发展中国家都已经将减排CO_2的工作提上本国发展中的重要议事日程。水泥工业是CO_2的排放大户,其排放量占人类活动制造的CO_2总量的5%。包括中国在内的全球水泥工业,在未来生存和发展中必须解决减排CO_2的课题,因此水泥及混凝土行业必须走可持续发展的道路。20世纪90年代以来,我国水泥工业走上了一条高产、高耗、低效、高环境负荷的发展道路,我们必须通过科技创新加以根本性的改造。因此,在未来的水泥工业发展的道路上,企业为了生存,必须加快建设节能减

排技改项目，不断提高管理水平，实施以节能、降耗、环保、资源综合利用为目的的技术改造。

所以未来的水泥工业必须严格限制硅酸盐水泥熟料的掺量，积极研制和发展绿色环保型胶凝材料，即绿色水泥。绿色水泥就是要大量利用工业废渣，充分发挥熟料和废渣的潜能，生产低熟料或者无熟料、高废渣的水泥。寻找一种新型可以大量利用工业废渣以及其他新型低成本的混合料——石灰石粉，少用或不用硅酸盐熟料来生产水硬性胶凝材料，部分替代普通水泥用于工程建设，对于显著减少水泥工业生产过程中 CO_2 等污染气体的排放量，降低水泥生产过程中的能源消耗，减轻新建、改建水泥企业的资金压力，实现水泥的生态化生产具有十分重要的现实意义。

（二）矿渣微粉在水泥基材料中的应用研究现状

矿渣是由助熔剂石灰与铁矿石中的 SiO_2、Al_2O_3 或者还有煤的灰烬，在 $1350 \sim 1550$℃熔融状态下反应形成的。随着冶金工业的发展，矿渣的年产量很大，现在已经成为水泥工业活性混合材的重要来源。由硅酸盐水泥熟料、矿渣和石膏三种组成材料，按不同比例混合磨细，可制得普通硅酸盐水泥、矿渣硅酸盐水泥以及石膏矿渣水泥等一系列不同的水泥品种。

由于矿石成分、溶剂矿物类型和所炼生铁种类不同，矿渣的化学成分可以在很大的范围内波动。矿渣的主要成分是 SiO_2、CaO、Al_2O_3 和 MgO。与硅酸盐水泥相比，矿渣含钙量低，含硅量高。

在一般条件下，矿渣——水浆体并不具有水硬性，即矿渣的胶凝能力不能自动发挥出来，但在有少量激发剂的情况下，它能依靠自身的化学组成，形成胶凝物质而具有水硬活性。因此，矿渣是具有潜在水硬活性的物质，能促使矿渣自身呈现其胶凝能力的外加物称为激发剂，矿渣浆体只有在 pH 值大于 12 的溶液中才呈现出胶凝性能。

矿渣硅酸盐水泥的水化硬化过程，可以归纳如下：矿渣硅酸盐水泥调水后，首先水泥熟料矿物与水作用，生成水化硅酸钙、水化铝酸钙、水化铁铝酸钙和氢氧化钙等，这些水化物的性质与纯硅酸盐水泥水化时是相同的。生成的氢氧化钙是矿渣的碱性激发剂，使玻璃体中的 Ca^{2+}、AlO_4^{5-}、Al^{3+}、SiO_4^{4-} 离子进入溶液，生成新的水化物，即水化硅酸钙，水化铝酸钙。有石膏存在时，还生成水化硫铝（铁）酸钙，其次还会生成水化铝硅酸钙（C_2ASH_8）和水化石榴子石等。由于矿渣水泥中熟料含量相对减少，而且有相当多的氢氧化钙又与矿渣组分相作用，所以与硅酸盐水泥相比，水化产物的碱度一般要低些，其中氢氧化钙也相对减少。

矿渣在水泥基材料中的应用已经具有很长历史了。1862年，朗格斯（E. Langens）发现将矿渣水淬成粒再与石灰混合会具有良好的胶凝性质，这个发现成为矿渣水泥工业生产的基础。1892年德国生产了第一批用硅酸盐水泥熟料和粒化矿渣共同磨细而得的矿渣硅酸盐水泥。1901年以后这种水泥得到很大发展，在德国被正式称为铁硅酸盐水泥。随后几十年大量的研究工作侧重于矿渣的化学组成对玻璃体活性和矿渣硅酸盐水泥性能的影响。进入80年代以后，矿渣作为一种独立组分磨细后应用于水泥基材料的技术得到了重视，矿渣细度提高、水化反应充分，所配制的混凝土性能得到改善，其掺量也可以大幅度提高。

矿渣水泥与硅酸盐水泥相比较可以总结以下几点：

①新拌水泥浆体流动性好；

②水化热低；

③抑制碱集料反应；

④抗渗性提高；

⑤常温养护时早期强度低，后期强度高，热养护时早期和后期强度均高于硅酸盐水泥；

⑥抗硫酸盐腐蚀性提高。

（三）石灰石粉在水泥基材料中的应用研究现状

石灰石是一种主要由方解石组成的矿物，主要成分为$CaCO_3$，其天然资源丰富，分布广泛，而且容易获得。石灰石作为水泥生产原料和混凝土粗、细骨料，在其开采过程中，产生了大量的石屑和石灰石粉，如果不加以应用，必然会存在处置和环保问题。目前，石灰石粉已经被用于普通硅酸盐水泥的混合材和混凝土矿物掺合料。我国现行水泥标准《通用硅酸盐水泥》（GB175—2007）允许在水泥中掺一定量的混合材，混合材也可以为石灰石，但对其掺量有所限制。

在日本，石灰石粉填充水泥用于混凝土中对环境有较低负荷，石灰石粉取代部分水泥也降低了成本，降低水化热，在提高资源利用以及保护生态环境等方面作用明显。德国开发并生产了石灰石掺量为6%～20%的石灰石硅酸盐水泥，而且欧洲水泥试行标准ENV197已经将石灰石波特兰水泥列为一种单独类型的水泥品种，在此标准中，复合的普通硅酸盐水泥石灰石取代比例，定在6%～10%和21%～35%（质量分数）。日本JCI技术委员会通过对不

同比较面积以及不同种类的石灰石粉进行测试做出了规定："石灰石粉是以 $CaCO_3$ 为主要组分的粉磨，虽然石灰石不是化学惰性粉末，但不能把它看作黏结剂"。内川（H. Uchikawa）等研究了 $CaCO_3$ 对阿利特矿早期水化的作用，认为 $CaCO_3$ 可以作为加速水化的促凝剂或减水剂影响阿利特矿的早期水化。有人认为石灰石粉和粒化矿渣和粉煤灰不同，添加石灰石粉后混凝土的早期强度尽管能增加，但它对混凝土的长期强度也无促进作用。因此，石灰石粉被认为不是一种胶凝剂。

长期以来，石灰石一直被当作惰性混合材，只是在水泥强度超标较多时，为降低成本而在其中少量掺入。但近年来国内外大量研究表明，石灰石粉在硅酸盐水泥或混凝土中，可产生与其他火山灰矿物粉末不一样的作用和影响，一般可以总结为促进水泥水化、提高早期强度、改善新拌混凝土的流动性等，但也发现石灰石粉对混凝土耐久性会产生负面影响。所以，可以总结出石灰石在水泥中并不完全是简单的惰性混合料，它具有加速效应和活性效应，同时石灰石也具有可观的形态效应和优异的微集料效应。用石灰石能部分替代紧缺的活性混合材、高成本的熟料和石膏，大大降低水泥成本，增加水泥产量，节约能耗，为企业带来显著的经济效益以及社会效应。

为了贯彻水泥工业的可持续发展，也为了进一步降低水泥生产成本，利用工业废渣和其他新型低成本的混合料——石灰石粉，来生产少熟料和无熟料水泥，在生产中可大幅度降低能耗和二氧化碳的排放。文中以石灰石、矿渣为主要原料，掺入熟料、钢渣和石膏来研制少熟料和无熟料水泥，探讨了各组分掺量对石灰石矿渣水泥抗折、抗压强度、凝结时间、标准稠度用水量等性能的影响，同时对水泥的微观机理进行分析，并对无熟料石灰石矿渣水泥和复合硅酸盐水泥的耐久性进行了对比研究分析。

二、原材料和实验方法

（一）实验原材料

1. 水泥熟料

采用华新水泥武汉有限公司的 52.5I 型硅酸盐水泥，勃氏比表面积为 340.6m²/kg。

2. 矿渣

经 80℃烘干，然后单独粉磨至勃氏比表面积为 339.6m²/kg，矿渣碱性系数为 0.9，为酸性矿渣。

3. 石膏

采用华新武汉水泥有限公司的硬石膏粉，勃氏比表面积为 457.2m²/kg。

4. 石灰石粉

取自武汉凌云水泥有限公司，先经颗式破碎机将石灰石颗粒破碎，然后将破碎后的细小颗粒放在试验用小球磨机中，磨细至勃氏比表面积为 884m²/kg。

5. 钢渣

采用武钢钢渣，经 80℃烘干后放入颗式破碎机中破碎，然后将破碎后的细小颗粒放在试验用小球磨机中，磨细至勃氏比表面积为 432.3m²/kg。

（二）主要实验研究方法

1. 水泥胶砂强度检验方法

按照《水泥胶砂强度检验方法》（GB/T 17671—1999）进行。水泥强度是指水泥试块在单位面积上所能承受的外力，它是水泥力学性能的主要指标。因此，文中主要以抗压强度来表征水泥宏观力学性能，系统地测试了钢渣、矿渣、石灰石、石膏等组分掺量对水泥强度的影响。

2. 水泥标准稠度用水量、凝结时间、安定性检验方法

按照《水泥标准稠度用水量、凝结时间、安定性检验方法》（GB/T 1346—2001）进行。

3. 水泥抗硫酸盐侵蚀实验方法

参照 GB/T17671—1999 标准，制成水泥胶砂试样，标养 28 天后，置于 3% 的硫酸钠溶液中（该溶液两个月后即重新配制），至一定龄期测定其抗折及抗压强度。通过强度变化结果考察抗硫酸盐性能。

4. 水泥干缩性能试验方法

按照《水泥胶砂干缩实验方法》（JC/T 603—2004）制作胶砂棒，分别放入温度为 20℃，相对适度为 50% 空气和温度为 20℃的水中，测定两种条件下胶砂棒长度随养护龄期的变化。

5. 水泥抗碳化性能试验方法

按照 GB/T17671—1999 成型试样，成型脱模后于 20℃水中养护 26 天，然

后于 60℃烘箱中烘干 48 小时。40mm×40mm×160mm 试块六面全部不用蜡封，放在碳化箱中进行碳化实验，CO_2 浓度控制在 17%～23%，温度控制在 15～25℃，相对湿度控制在 65%～75%。测定抗折强度后顺便测定碳化深度。测定完抗压强度后，将半个试块全部收集起来，粉碎均化后，取 50g 加 70ml 蒸馏水搅拌 1 小时，过滤后测定滤液的 pH 值。

6. 水泥石 pH 值测量方法

将试样用玛瑙研钵研磨成粉状，取 50g 加 70ml 蒸馏水搅拌 1 小时，过滤后测定滤液的 pH 值。

7. 水泥石耐高温性能检测方法

按照 GB/T17671—1999 成型试样，成型脱模后于 20℃水中养护 28 天，然后测 28d 的初始强度，以及 65℃、100～400℃等温度下保持两个小时，冷却以后测强度。

8. 微观研究方法

①X 射线衍射仪测定从破型后水泥净浆硬化体中部取样，在 740mmHg 真空度 60℃真空干燥器干燥至恒重后，用玛瑙研钵将试样研细至 40μm 以下，压入样品凹槽内采用日本理学（Rigaku）公司产的 D/MAX-Ⅲ X 射线衍射仪进行测定，加速电压 40KV，电流 25mA。

②扫描电镜（SEM）形貌观察从破型后水泥净浆硬化体中部取样取 2.5～5mm 粒状样品，采用类似 X 射线衍射仪的干燥方法至恒重，用导电胶将样品粘贴在铜质样品座上，真空镀金后在日本产 SX-40 型扫描电镜中观察试样断面微观形貌并照相。

三、石灰石矿渣少熟料水泥的研究

（一）石灰石对少熟料石灰石矿渣水泥的影响

1. 石灰石掺量对少熟料石灰石矿渣水泥强度影响

为研究石灰石对少熟料石灰石矿渣水泥的影响，先确定在熟料占 17%、石膏占 3%（质量百分比，下同）条件下，石灰石掺量由不掺增加到掺量 70%，而矿渣则由 80% 下降到 10% 的配比。具体实验数据见表 4-2。

表 4-2　石灰石的掺量对水泥物理性能的影响

编号	熟料（%）	石膏（%）	石灰石（%）	矿渣（%）	7d（MPa）		28d（MPa）	
					抗折	抗压	抗折	抗压
A1	17	3	0	80	6.1	28.4	8.8	43.5
A2	17	3	10	70	6.3	28.3	9.3	42.4
A3	17	3	20	60	6.8	33.3	10.1	47.6
A4	17	3	30	50	6.8	31	8.9	42.6
A5	17	3	40	40	5.5	24.7	8.6	39.6
A6	17	3	50	30	4.6	19.7	7.4	32.2
A7	17	3	60	20	3.3	14.3	5.1	18.4
A8	17	3	70	10	1.9	8.7	3.2	11.8

在熟料和石膏掺量分别固定在 17% 和 3% 的情况下，当石灰石掺量为 20% 时，7d、28d 的抗压强度和抗折强度都是最高的，石灰石掺量超过 20% 以后，强度随石灰石掺量增加而下降，这和一般矿渣水泥的表现规律相同。当矿渣掺量达到 60% 以后，再增加矿渣掺量，强度反而略有下降，这说明在熟料—石膏—石灰石—矿渣这个体系中，石灰石存在一个最佳掺量，即为 20%。适量的石灰石对该体系早期强度发展十分有利。为进一步分析出现该规律的原因，下面进行了 X 射线衍射（XRD）和 SEM 分析。

2.XRD 和 SEM 分析

分别取强度最高即石灰石掺量为 20% 的 A3、石灰石掺量为 50% 的 A6、以及石灰石掺量最高的 A8 试样进行 XRD 分析。

比较 A2、A6、A8 的 7d 水化产物 XRD 分析可以看出，各试样中均出现了钙矾石、氢氧化钙晶体和碳酸钙等水化产物的衍射峰。从掺矿渣最少的 A8 试样中还能看到未完全水化的石膏衍射峰，而 A2、A6 两组试样则不明显。上述三组试样 28d 水化产物 XRD 分析中钙矾石的主峰较 7d 明显增高，说明后期仍然有钙矾石晶体产生。A2 试样中氢氧化钙衍射峰基本消失，而 A6、A8 试样仍有部分氢氧化钙衍射峰存在，这说明矿渣水化消耗了体系中的氢氧化钙。比较三组试样 28d 和 7d 水化产物 7.553 衍射峰值，可以看出 28d 的峰值明显高于 7d，这显然不再是石膏造成的衍射峰，可能是生成的单碳型水化碳酸钙形成的衍射主峰，而且在 A6 试样 28d 的 XRD 中，还发现单碳型水化碳铝酸钙 2.8524 衍射峰。这说明石灰石在该体系中并非是完全惰性的，部分石灰石参与了水化反应，并且生成了单碳型水化碳铝酸钙，从而提高了早期强度。

对 A2 和 A6 试样进行 SEM 分析后可以看出，A2 和 A6 两组水化 7d 试样石灰石颗粒表面已经生长出一些纤维状的钙矾石和絮状 C-S-H 凝胶，对比两者可以看出 A2 比 A6 试样中的 C-S-H 凝胶量更明显。对比两者试样 7d 和 28d 的 SEM 可以看出，随着水化龄期的延长 C-S-H 凝胶逐渐增多。

经 XRD 和 SEM 分析后我们大致可以将石灰石矿渣水泥水化过程进行描述，即该水泥与水拌合后，水泥的各个组分开始溶解，首先水泥熟料矿物与水作用，生成水化硅酸钙、水化铝酸钙、水化铁铝酸钙和氢氧化钙等，其中生成的氢氧化钙作为矿渣的碱性激发剂，使玻矿渣璃体中的 Ca^{2+}、AlO_4^{5-}、Al^{3+}、SiO_4^{4-} 离子进入溶液，生成新的水化物，即水化硅酸钙、水化铝酸钙，而且熟料和矿渣中的铝酸钙还与石膏生成钙矾石。在石灰石存在的条件下：一方面，石灰石表现出加速效应和活性效应，促使熟料中 C_3S 水化加速，体系中 $Ca(OH)_2$ 浓度迅速增加，为矿渣的水化提供适宜的碱度条件，而且矿渣颗粒内的活性 Al_2O_3、CaO 及熟料中 C_3A 等矿物不断溶解到液相中，可与碳酸根离子反应生成水化碳铝酸钙；另一方面，石灰石颗粒还可以吸附水泥中的 Ca^{2+} 离子，并以石灰石颗粒为异相晶核，在其表面生成 C-S-H 凝胶和钙矾石，而水化硫铝酸钙和水化碳铝酸钙等水化产物填充在孔隙中，使水泥石不断密实，强度不断提高。

（二）熟料对石灰石矿渣少熟料水泥的影响

1. 熟料掺量对少熟料石灰石矿渣水泥强度影响

为研究熟料对石灰石基水泥性能的影响，固定石膏掺量为 5%，石灰石掺量为 55%，熟料掺量从不掺增加到掺量为 17%，其他用矿渣进行补充。实现结果见表 4-3。

表 4-3　熟料掺量对水泥性能的影响

编号	熟料（%）	石膏（%）	石灰石（%）	矿渣（%）	7d（MPa）		28d（MPa）	
					抗折	抗压	抗折	抗压
B1	0	5	55	40	4	16.6	5.7	22.4
B2	3	5	55	37	4	18	6.1	23.4
B3	7	5	55	33	4.9	19.6	6.4	26.3
B4	12	5	55	28	4.9	18.3	7.1	27.3
B5	17	5	55	23	4.6	17.6	7.3	27.3

从实验结果中可以看出，熟料对 7d 和 28d 的抗折强度影响并不大，熟料

掺量从 0 增加到 17% 时，7d 抗折强度仅增加 0.6MPa，且 28d 也仅增加 1.6MPa。抗压强度随熟料掺量增加而缓慢增大，当熟料掺量达到 7% 以后继续增加熟料掺量，28d 强度增长很小，但 7d 的强度却有点差异，熟料掺量在 7% 前强度随掺量增加而增加，但超过 7% 以后，强度反而会随掺量增加略微下降。抗折的数据发展规律与抗压类似。这说明熟料在石灰石矿渣水泥中存在一个最佳掺量为 7%。

为此进一步对上述试样的 pH 值进行测定，将 B1 ～ B5 配比的试样，采用固定水灰比 0.3 配制净浆试块后，标准养护至相应龄期后，取 100g 净浆试体并磨细，再加入 100ml 蒸馏水过滤。将过滤的滤液用 PHS-25 型 pH 值精密测定仪测定其 pH 值。

B2、B3 试样的 pH 值小于 12，而且 B3、B4、B5 试样 pH 值大于 12，但随熟料掺量增加变化并不明显，这说明当熟料达到 7% 以后对试样的 pH 值影响不大。在不掺熟料时，水泥中 Ca（OH）$_2$ 量少，从 B1 试样的 pH 值可以看出，碱度偏低，难以有效促使矿渣解体和溶解，所以水化慢，试样强度最低。而加入熟料后，熟料矿物与水作用，生成水化硅酸钙、水化铝酸钙、水化铁铝酸钙和氢氧化钙等，这些水化物的性质与纯硅酸盐水泥水化时是相同的。此外，碳酸钙参与水化反应生成碳铝酸钙水化产物，水泥强度明显增加。在熟料掺量达到 7% 时，石灰石矿渣水泥石的强度不再继续增加，7d 的强度反而随熟料掺量增加而降低，这是因为矿渣水泥的主要水化产物为钙矾石和低碱性的水化硅酸钙。钙矾石相的形成很快，水化一段时间就有析出，并在 3 ～ 7d 内达到最大值，但钙矾石的形成需要一个合适的碱度范围（pH=10.8 ～ 12.5，最适宜为11.8），所以当熟料掺量低于 7% 时，水泥拌合后液相中的 Ca（OH）$_2$ 浓度较低，凝结缓慢，水化产物少，所以强度较低。而当熟料掺量大于 7% 以后，碱性激发剂过多，液相 pH 值过高，生成钙矾石多在矿渣颗粒表面生成，形成包裹层，阻碍了矿渣的进一步水化，导致矿渣水化变慢，而且钙矾石将紧靠矿渣表面以团集的细小晶体析出，容易产生膨胀应力，使强度降低，甚至可能会造成开裂等安定性不良现象。因此适宜的碱度对石灰石矿渣水泥强度发展是有利的。若继续增加水泥中碱度，可能会形成钙矾石晶体膨胀，对后期强度发展不利。

2.XRD 和 SEM 分析

对 B3 和 B5 试样进行 XRD 和 SEM 分析，从 XRD 分析中可以知道，试样中主要矿物为钙矾石和未水化的碳酸钙，而且钙矾石的衍射峰值随龄期增加而增大，同时还能发现少许碳铝酸钙的衍射峰，这说明石灰石部分参与水化生

成了碳铝酸钙。从试样的 SEM 图中可以发现大量的石灰石颗粒起到了骨架的作用，在石灰石颗粒表面生长出了相当数量的水化 C-S-H 凝胶。在其空隙中生长着水化硫铝酸钙的针状晶体，在这些水化产物之间和空隙中还填充着大量的 C-S-H 凝胶。

（三）石膏对石灰石矿渣少熟料水泥的影响

前文分别探讨了石灰石和熟料对该水泥的影响，下面采用固定熟料掺量为 7%，石灰石掺量为 60%，通过变化矿渣和石膏两者比例，来研究石膏对水泥的影响。具体实现结果见表 4-4。

表 4-4　最佳石膏掺量实验

编号	熟料（%）	石膏（%）	石灰石（%）	矿渣（%）	7d（MPa）		28d（MPa）	
					抗折	抗压	抗折	抗压
C1	7	2	60	31	4.1	15.5	5.5	18.3
C2	7	4	60	29	4.3	15.2	6.3	20.3
C3	7	6	60	27	4.7	16.6	6.0	19.7
C4	7	8	60	25	3.5	15.7	4.6	16.0
C5	7	10	60	23	1.8	9.0	3.2	9.4

当熟料及石灰石掺量一定，石膏掺量为 2% 时，试样 7d 水泥抗折及抗压强度为 4.1MPa 和 15.5MPa，28d 抗折及抗压强度为 5.5MPa 和 18.3MPa。继续增加石膏为 3%～7% 时，水泥抗折及抗压强度比石膏掺量为 2% 时，都有所增加，但增加幅度不大。而石膏掺量在 3%～7% 时，试样强度增减不明显，水泥 7d 抗折及抗压强度几乎均在 4.4MPa 和 16.0MPa 左右，28d 抗折及抗压强度在 6.0MPa 和 20.0MPa 左右范围波动。而当石膏掺量高于 7% 后，水泥强度开始出现随着石膏掺量的增加、矿渣掺量的减少而明显下降的趋势，当石膏掺量为 10% 时，7d 水泥抗折及抗压强度仅为 1.8MPa 和 9.0MPa，抗折及抗压强度分别下降了 66.7% 和 47.9%；28d 抗折及抗压强度为 3.2MPa 和 9.4MPa，抗折及抗压强度分别下降了 46.7% 和 52.3%。这说明少量的石膏，可以提供满足矿渣在早期水化生成水化硫铝酸钙水化产物的三氧化硫，其生成量取决于矿渣等提供钙铝的量。而随着石膏含量的大幅增加，矿渣掺量的减少，硫含量难以在早期全部水化完，后期可能继续水化。而在水化初期，随着水化的进行，钙矾石的形成主要起强度增长作用。因为此时钙矾石主要是形成骨架，加上水化

生成 C-S-H 凝胶使结构致密，因此，随着水化的进行，强度逐步提高，最后达到某一强度最大值。此后，因为结构已经致密，再形成的钙矾石就会引起膨胀，使水泥石结构出现微裂缝而强度下降，所以强度达到某一最大值后开始下降。随着钙矾石继续增加，水泥石结构逐渐变得疏松，而疏松的结构又有利于钙矾石的膨胀，因而强度越来越低，产生的膨胀对水泥强度不利。同时由于矿渣掺量的相对减少，后期硅酸钙凝胶体含量减少，水泥石胶凝矿物的比例减少。所以水泥石强度随石膏的继续增加而出现明显降低现象。

（四）石灰石比表面积的影响

众所周知，当矿物混合料化学反应活性一定，其颗粒群粒径越小，二次水化生成的水化产物 C-S-H 凝胶等在矿物混合料本身体系内所占比例越高，从而使得矿物混合料对水泥石内起胶结作用的 C-S-H 凝胶的降低相对较少，矿物混合料颗粒粒径越小越有利于其在水泥石内形成良好的黏结，而且未水化矿物混合料粒子在水泥石内黏结良好的情况下，具有微集料效应，矿物混合料颗粒粒径小也有利于其微集料效应的发挥。因此在矿物混合料化学反应活性一定时，颗粒群粒径小有利于提高水泥石的宏观力学性能。

本文在水泥配比不变的条件下，通过变化石灰石的比表面积，研究其对水泥性能的影响。在实验的范围内，不同比表面的石灰石粉对少熟料石灰石矿渣水泥 28d 强度有增加作用，但增强作用不十分明显；7d 抗压强度随石灰石比表面积的增加呈现出一定的增加趋势。而水泥的初凝及终凝时间则随石灰石比表面积的增加而呈现减少趋势，说明较细的石灰石颗粒有利于促使水泥的早期水化速度，而对水泥后期水化作用不大。同时水泥的标准稠度则随石灰石比表面积的增加而增加，这是由于石灰石变细后颗粒之间的吸附水逐渐增大。

（五）小结

少熟料石灰石矿渣水泥随着其配比中石灰石掺量的增加、矿渣掺量的减少，其水泥强度降低。而 7d 和 28d 强度，在石灰石掺量未达到 60% 前，下降得比较平缓。当石灰石掺量一旦超过 60% 后，水泥强度下降幅度特别是 7 天强度呈现加快趋势。少熟料石灰石矿渣水泥中，熟料主要起调整水泥碱度的作用。而未掺熟料的水泥，碱度小，水泥强度最低。随着熟料掺量的增加，水泥的强度开始出现明显的增长。当熟料掺量增加至 7% 后，再继续增加熟料掺量对水泥强度增加几乎没有作用。对于该水泥石膏掺量从 2% 增加到 7% 时，水泥抗折及抗压强度变化幅度不明显。而当石膏掺量高于 7% 后，水泥强度开始出现

明显下降的趋势。因此，石膏掺入量应控制在 3% ～ 7% 范围内。

四、石灰石矿渣无熟料水泥的研究

在前面的研究中发现少量的熟料在石灰石矿渣水泥中，仅起碱度调节作用。因此考虑利用钢渣中的碱相和石膏中的硫酸盐复合激发石灰石水泥中的矿渣活性，达到不需熟料即可制备石灰石矿渣砌筑水泥的目的。

（一）钢渣掺量对石灰石矿渣无熟料水泥的影响

1. 钢渣掺量对无熟料石灰石矿渣水泥强度影响

为研究钢渣掺量对石灰石矿渣无熟料水泥的影响，固定石膏和石灰石掺量，实验结果见表 4-5。

表 4-5　钢渣掺量对石灰石基无熟料水泥性能的影响

编号	配比（%）				3d 强度（MPa）		7d 强度（MPa）		28d 强度（MPa）	
	石膏	矿渣	石灰石	钢渣	抗折	抗压	抗折	抗压	抗折	抗压
T1	8	32	60	0	0	1.6	0	3.9	1.8	14.2
T2	8	27	60	5	1.2	6.8	2.1	8.4	4.6	17.8
T3	8	22	60	10	1.7	7.9	3.2	12.3	5.1	18.4
T4	8	17	60	15	0.9	5.9	2.4	9.4	2.8	10.8

实验结果表明不掺熟料时，随着钢渣取代矿渣掺量的增加，强度先上升后下降。在不掺钢渣时，T1 试样 3d 和 7d 抗折强度为零，而 3d 和 7d 抗压强度也只有 1.6MPa 和 3.9MPa，28d 抗折强度仅为 1.8MPa，抗压强度为 14.2MPa。也就是说，无熟料石灰石矿渣水泥仅在硫酸盐激发下，矿渣的活性得不到有效发挥，所以水泥强度很低，早期强度更是极低。当钢渣掺量为 10% 时，3d、7d 强度达到最高，28d 强度也远远超过 12.5 级砌筑水泥标准。而当钢渣掺量增加到 15% 时，则 T4 试样的强度开始大幅下降，28d 抗压甚至低于未掺加钢渣的 T1。因此对无熟料石灰石矿渣水泥而言，在矿渣和钢渣配比相互变化的条件下，存在一个最佳的钢渣配比，在实验条件下最佳钢渣质量百分掺量为 10%。

为进一步分析钢渣对水泥的影响，取最佳掺量 T3 试样进行了 XRD 和

SEM 分析。由 XRD 结果可知，T3 的 3d、7d 水化产物中主要有未水化的石灰石、水化碳铝酸钙、石膏等。而 28d 的水化产物中主要有未水化的石灰石、水化碳铝酸钙等，此时石膏已经消耗完，产物中并没有发现石膏。这说明石灰石能够部分参与水化，生成水化碳铝酸钙，在水泥中有一定的活性，并不是完全的惰性混合材。

水泥水化早期生成的水化产物量较少，主要为未水化完的石灰石、团絮状的 C-S-H 凝胶，浆体中空洞较多且孔尺寸较大，结构不密实。水化后期水化产物的量显著增加，主要为未水化完的石灰石、团絮状 C-S-H 凝胶、水化碳铝酸钙等，水化产物相互交织、填充形成了较为完整的网络结构，孔隙被新生成的水化产物不断填充，使水泥硬化浆体更加密实，水泥石结构致密。

（二）石膏对石灰石矿渣无熟料水泥的影响

1. 石膏掺量对石灰石矿渣无熟料水泥强度的影响

无熟料石灰石矿渣水泥水化硬化过程，实质上主要是矿渣在硫酸盐激发和碱性激发的共同作用下发生的，其主要水化产物为水化硫铝酸钙或水化碳铝酸钙，以及低碱性水化硅酸钙。钙矾石等相的产生和发展，在相当程度上决定了水泥石强度特别是早期强度的高低。所以水泥中石膏含量的多少对该品种水泥应该有重要的影响。文中研究了固定矿渣及钢渣的条件下，三氧化硫质量百分含量在 2.78% ~ 7.23% 范围时，对水泥石强度的影响。

如表 4-6，水泥随着石膏掺量的增加，3d 抗折及抗压强度，分别从石膏掺量 8% 的 D1 试样的 2.8MPa 和 8.6MPa，逐渐增加到最大石膏掺量 21% 的 D6 试样的 3.0MPa 和 9.8MPa，较 D1 试样强度增加幅度为 7.1% 和 14.0%，且不同石膏掺量的试样强度均有所增大。对于 7d 强度而言，抗折及抗压强度，分别从石膏最初掺量为 8% 的 D1 样的 3.8MPa 和 12.8MPa，逐渐增加到石膏掺量 18% 的 D5 样的 4.9MPa 和 22.2MPa，较 D1 试样强度增加幅度为 28.9% 和 73.4%，强度增加幅度较 3d 强度明显增大，而后到最大石膏掺量 21% 的 D6 试样时，抗折及抗压强度又下降到 4.6MPa 和 19.7MPa，较 D5 试样强度降低了 6.1% 和 11.3%，28d 强度和 7d 强度发展规律相似。

表 4-6　石膏掺量对水泥物理性能的影响

编号	配比（%）					3d（MPa）		7d（MPa）		28d（MPa）	
	钢渣	二水石膏	石灰石	矿渣	SO_3	抗折	抗压	抗折	抗压	抗折	抗压
D1	8	8	51	33	2.78	2.8	8.6	3.8	12.8	6.1	25.1
D2	8	10	49	33	3.46	3.0	9.1	4.2	15.1	6.3	29.2
D3	8	12	47	33	4.15	2.9	9.0	4.4	18.4	6.8	35.8
D4	8	15	44	33	5.20	2.6	9.1	4.4	19.4	7.0	40.8
D5	8	18	41	33	6.23	3.0	9.5	4.9	22.2	7.3	48.5
D6	8	21	38	33	7.23	3.0	9.8	4.6	19.7	7.3	45.0

　　从石膏最初掺量 8% 开始，随石膏加入量的增加，水泥的强度特别是抗压强度，明显增大；而到石膏加入量达到 18% 后，水泥后期强度开始出现小幅下降现象。这说明，水泥后期强度在水泥中三氧化硫不大于 6.23% 时均呈现增长趋势，一旦超过此值后水泥石强度开始出现小幅降低，特别对于 7d 及 28d 抗压强度更加明显。

　　水泥的标准稠度用水量，则随石膏掺量的增加、石灰石掺量的减少而减少。也就是说，石膏掺量的增加有利于减少水泥用水量。而水泥凝结时间则随石膏掺量的增加，而有所延长。一方面，随石膏掺量的增加，水泥标准稠度用水量减少，有利于水泥早日形成失去流动性凝聚空间网络，使水泥凝结时间减少；另一方面，水泥水化性能对水泥凝结时间有相当重要的作用，随石膏掺量的增加，水泥浆体中 SO_4^{2-} 浓度逐渐增加，水泥中钙矾石生成量也逐渐增大，当其覆盖在矿渣表面时，不利于进一步水化，而该因素对水泥凝结时间的影响占主导地位，所以水泥的凝结时间呈现延长趋势。

2.XRD 和 SEM 分析

从 D2、D5、D6 三试样 XRD 分析中可以知道，水化 3 天的试样中开始出现钙矾石晶体的衍射峰（9.7745、5.6256、4.98、4.6768、3.87、3.47、2.77），而未见三碳型及单碳型碳铝酸钙衍射峰（9.4、5.43、3.79、3.37 及 7.5537、3.7768、2.8524、2.7234）。三试样 XRD 图中均有未水化的二水石膏衍射峰（7.558、4.265、3.7880、3.057）存在，表明早期石膏均不能全部掺入水化反应而消耗完。同时三试样 XRD 图中均有十分明显的石灰石衍射峰（3.0335、3.85、2.83、2.459、2.285、2.095、1.913、1.875、1.604、1.524、1.44）的存在；水化 7d 的 D2 试样中石膏残留衍射峰变化不大，但钙矾石衍射峰增加明显；从水化 7d 和 28d 的 D5 及 D6 两试样可以看到，二水石膏残留衍射峰均随水化时间的延长，其衍射峰值逐渐变小，但 28d 试样中仍有明显的石膏衍射峰存在，说明在高石膏含量的情况下，石膏不能在 28d 内消耗完。同时钙矾石衍射峰随水化凝期的增加有所增大，表明钙矾石在水泥中含有较高三氧化硫的情况下，仍然有可能在后期生成，只是似乎生成的钙矾石不会造成膨胀破坏。从试样膨胀性系数测试结果中，也证明了高石膏含量的无熟料石灰石矿渣水泥中后期生成的钙矾石并没有明显的膨胀性。这可能是由于无熟料石灰石矿渣水泥的碱度相对硅酸盐水泥而言较低，钙矾石在这种情况下通常在浆体液相中生成，其填充在水泥石孔隙中有利水泥的密实，而不会带来膨胀破坏。

（三）石灰石掺量对石灰石矿渣无熟料水泥性能的影响

上文已经研究了石灰石掺量对少熟料的石灰石矿渣水泥的强度有明显影响，一般随石灰石掺量的增加水泥强度下降，而对于无熟料的石灰石矿渣水泥的强度是否也有相同的规律，有必要进行研究证实。实验在前文得到的最佳钢渣掺量 10% 以及石膏掺量 8% 的条件下，通过研究石灰石及矿渣两组分配比相互变化，来考察它们对无熟料石灰石矿渣水泥性能的影响。在钢渣及石膏掺量一定时，无熟料石灰石矿渣水泥的强度，随着石灰石掺量的增加和矿渣加入量的减少而降低。当石灰石掺量在 60% 时该水泥强度最低，其 3d、7d、28d 强度分别为抗折 1.7MPa、3.2MPa、4.4MPa，抗压强度分别为 7.9MPa、12.3MPa、16.1MPa，强度数据均达到了 12.5 等级砌筑水泥国家标准中的强度要求。而当石灰石掺量为 50% 时，该水泥的 3d、7d、28d 强度分别为抗折 2.6MPa、4.2MPa、6.4MPa，抗压强度分别为 11.1MPa、18.0MPa、28.0MPa，强度数据不仅满足 22.5 等级砌筑水泥国家标准中的强度要求，且有足够的富裕强度。同时石灰石

掺量在 40% ～ 50% 范围时，水泥强度曲线的下降较平缓，一旦石灰石加入量超过 50% 后，强度曲线斜率明显增大。这说明石灰石掺量在 40% ～ 50% 范围时，随石灰石掺量的增加，强度下降幅度相对较少；而石灰石掺量超过 50% 以后，水泥强度下降的幅度有明显加快的趋势。

（四）小结

钢渣对无熟料石灰石矿渣水泥的强度有重要的作用，适宜的钢渣掺量有利于水泥强度发挥，而过量的钢渣掺量则不利该水泥强度的发展。在石灰石掺量为 60% 和石膏掺量为 8% 的情况下，无熟料石灰石矿渣水泥强度随着钢渣掺量的增加、矿渣掺量的减少而增加。当钢渣掺量超过 10% 后，则随着钢渣掺量的提高，无熟料石灰石矿渣水泥强度又下降，即 10% 左右为钢渣的最佳掺量。在石灰石及石膏掺量一定的情况下，无熟料石灰石矿渣水泥中，不同钢渣掺量的试样加水拌合后，浆体的 pH 值很快达到最高值。随着水化时间的增加，水泥浆体的 pH 值不同程度地下降。而在水化 3d 后各试样的 pH 值就基本上趋于稳定状况，且试样中各水化龄期的 pH 值随钢渣掺量的增加而增大。

在钢渣及石膏掺量一定时，无熟料石灰石矿渣水泥的强度，随着石灰石掺量的增加、矿渣加入量的减少而降低。石灰石掺量在 40% ～ 50% 范围时，随石灰石掺量的增加，强度下降幅度相对较少；而石灰石掺量超过 50% 以后，水泥强度下降的幅度有明显加快的趋势。在钢渣及石灰石掺量一定时，无熟料石灰石矿渣水泥的强度随着水泥中三氧化硫从 2.78% 增加到 7.23%，试样的 3d 抗折及抗压强度，都逐渐增加。当水泥中三氧化硫不超过 6.23% 时，7d 和 28d 强度都随石膏掺量的增加而明显增大。超过此值后 7d 及 28d 抗压强度则开始出现小幅降低现象，这是由于随着三氧化硫持续增长，水泥石孔隙中填充的钙矾石量不断增多，水泥孔隙率也不断减少，一旦超过某种界限钙矾石就会产生局部膨胀，造成水泥强度的下降。

五、石灰石矿渣无熟料水泥的耐久性研究

（一）长期强度研究

一般将水泥 28d 以前的强度称为早期强度，28d 到 360d 的强度称为长期强度。通用的六大水泥（硅酸盐水泥、普通硅酸盐水泥、矿渣硅酸盐水泥、火山灰质硅酸盐水泥、粉煤灰硅酸盐水泥、复合硅酸盐水泥）在 28d 以前强度增加较快，28d 以后增长速度就越来越小了，所以国内一般把水泥的 28d 强度作为

代表强度，而且把 28d 龄期作为强度基本稳定的龄期。

　　分别测定前文所研制的石灰石掺量分别为 40%、50%、60% 的石灰石矿渣无熟料水泥以及普通硅酸盐水泥的 3d、7d、28d、90d、180d、270d、360d 等龄期的抗压和抗折强度。并做出强度发展曲线，研究石灰石矿渣无熟料水泥的强度发展规律。各龄期强度结果数据见表 4-7。

表 4-7　石灰石矿渣无熟料水泥各龄期强度

龄期	3d	7d	28d	90d	180d	270d	360d
编号	抗压强度（MPa）						
3A1	7.9	12.3	24.4	29.8	35.6	35.8	36.1
3A2	9.3	18	29.3	35.6	36.2	38.2	39.5
3A3	11.8	19.9	30.5	37.3	38.7	38.5	39.8
PC	10.6	18.2	29.4	34.5	36.3	37.2	37.1
编号	抗折强度（MPa）						
3A1	1.7	3.2	5.7	6.3	5.8	6	6.3
3A2	2.3	4.2	6.9	8	6.9	7.1	7.7
3A3	2.9	4.4	7.8	8.6	8.1	8.1	7.9
PC	3.2	5.6	7.9	8.6	9.4	10.2	10.4

　　由强度发展规律可以看出，无熟料石灰石矿渣水泥强度发展规律与 PC32.5 复合硅酸盐水泥类似。3A2、3A3 两试样的抗压强度略高于 PC 试样，无熟料石灰石矿渣水泥 28d 以前抗压强度发展较快，28d 到 90d 抗压强度继续增长，但增长比较平缓，90d 以后强度基本趋于稳定，后期 180d 以后没有下降。这说明无熟料石灰石矿渣水泥后期能够持续生成 C-S-H 凝胶，其不断填充在水泥石孔隙中，使水泥石结构不断致密，强度继续增加。

　　从 3A1 试样水化 7d、28d、180d 的 SEM 分析上可以知道，水泥水化 7d 时主要水化产物为团絮状 C-S-H 凝胶，并有少量针状 AFt 晶体，试样中孔隙较多，结构相对不密实。而从水化 28d 的 SEM 分析上可以知道，随着水化后期水化产物 C-S-H 凝胶量显著增加，水泥石中絮状 C-S-H 凝胶、大量 AFt 晶体等水化产物相互交织、填充形成了较为完整的网络结构，水泥石中的孔隙逐渐被新生成的水化产物不断填充，使水泥硬化浆体更加密实，同时未水化的石灰石颗

粒填充在被凝胶包裹的水泥石充当骨架，使水泥石结构致密，强度不断发展。180d 的 SEM 图较 28d 更密实，水化产物基本已经形成一个密实的整体。

（二）抗硫酸盐侵蚀性能研究

硫酸盐侵蚀的主要原因是水中有侵蚀性物质。例如，硫酸盐与水泥石组分中的 Ca（OH）$_2$（即 C_2S、C_3S 水解水化产物）发生交替反应后，生成 $CaSO_4$ 产生膨胀，在硬化浆体内产生很大的结晶压力，造成硬化浆体结构破坏。所以，$CaSO_4$ 的结晶是造成硫酸盐侵蚀的主要原因之一。其反应如下：

$$Ca（OH）_2+Na_2SO_4+2H_2O=CaSO_4 \cdot 2H_2O+2NaOH$$

另外一个原因是，当水中硫酸盐浓度低时，生产硫铝酸钙晶体，且含有大量的结晶水，由于晶体体积增大而产生局部膨胀应力。在饱和石灰溶液中铝酸盐水化物以 $C_4A \cdot aq$ 形式存在，与石膏作用反应如下：

$$4CaO \cdot Al_2O_3 \cdot 3H_2O+3CaSO_4 \cdot 2H_2O+aq=3CaO \cdot Al_2O_3 \cdot 3CaSO_4 \cdot aq+Ca（OH）_2$$

关于石灰石水泥抗硫酸盐性能，很多学者做了大量的研究，研究表明石灰石的掺入对砂浆或混凝土的抗硫酸盐侵蚀性能有严重的影响，可使水泥基材料在硫酸盐环境下产生较大体积的膨胀和开裂，并导致其强度大幅度下降；在硫酸盐侵蚀环境下，导致掺有石灰石粉的水泥基材料产生较大体积膨胀的侵蚀反应产物主要是石膏，而不是钙矾石。在一定条件下，外部渗入的硫酸盐与水泥基材料中的组分反应，形成的石膏不仅仅使材料表面软化，而且可以导致材料产生较大的体积膨胀。石灰石硅酸盐水泥的受硫酸镁侵蚀原因主要是生成水化碳硫硅酸钙，其生成量的不断增多，导致水泥石表面因膨胀开裂、起层，并进而不断剥落，最终使水泥石全部溃散。矿渣微粉的掺入可以大大减轻直至消除这一受侵现象，其主要原因在于矿渣微粉属活性较高的混合料，它可以吸收水泥水化过程所释放的 Ca（OH）$_2$，Ca（OH）$_2$ 也是参与形成水化碳硫硅酸钙的反应物之一。对于无熟料石灰石矿渣水泥抗硫酸盐腐蚀情况在文中也进行了初步研究。

参照 GB/T1761—1999 标准，制成 40mm×40mm×160mm 水泥胶砂试样，24h 后拆模，于标准养护室中养护，试件经标养 28d 后测定原始强度，其余试样分别放入室温 20℃、盛有质量浓度为 3% 的 Na_2SO_4 溶液的密封养护箱中养护（同时两个月更换一次浸泡溶液）和水中养护，到规定龄期测定抗折及抗压强度。

从实验数据中可以看出无熟料石灰石矿渣水泥试样，在水中长期标准养护条件下，随水泥水化龄期的增加，抗压及抗折强度均随其增加而增大。说明无熟料石灰石矿渣水泥试样后期能够持续生成 C-S-H 凝胶，其不断填充在水泥石孔隙中，使水泥石结构不断致密，强度继续增加。而该系列各试样在 3% 的 Na_2SO_4 溶液中养护 6 个月也未发现强度下降现象，并随在硫酸盐中浸泡时间的延长，各试样强度均出现增加的现象。与水中标准养护的试样相比，3% 的 Na_2SO_4 溶液中养护 6 个月的各试样强度也均呈现增加趋势。这可能是早期随 SO_4^{2-} 浸入水泥石孔隙中和水泥石中 Ca^{2+} 及 Al^{3+} 反应生成钙矾石，填充在水泥石中孔隙，从而使水泥石不断密实、水泥石强度得以增加的原因。

P.O42.5 等级水泥，在水中长期标准养护，水泥石强度持续增加，这是由于未完全水化的水泥矿物及矿渣颗粒持续水化的结果。而在硫酸盐浸泡 3 个月后，P.O42.5 等级水泥试样强度虽然也在增加，但与同期水中标准养护的试样相比，强度增加幅度很小。而在硫酸盐溶液中浸泡 6 个月后，该水泥试样的强度开始出现少许下降的现象。这也表明普通硅酸盐水泥的抗硫酸盐侵蚀性较无熟料石灰石矿渣水泥性能差。

（三）干缩性能研究

水泥混凝土所处的外部环境湿度低于内部湿度，引起内部水分蒸发所造成的因失水而导致体积收缩称为干缩。干缩是引起水泥混凝土开裂的主要原因之一，干缩裂缝导致水泥混凝土耐久性下降，有时甚至导致结构破坏。而混凝土的干缩主要是由水泥浆体引起的。水泥干缩变形性能的研究是一个较早引起人们关注的焦点问题。

水泥的干缩究其根源都是由水泥石结构失水引起的。根据水与固相的结合情况，可以将水泥石中的水分为自由水、吸附水和化学结合水。自由水存在于粗大孔隙中，其性质与一般水相同。吸附水以中性水分子的形式存在，但并不参与组成水化产物的晶格结构，而是由吸附效应或毛细管张力的作用被机械地吸附于固相粒子表面和孔隙之中，并可以分为毛细孔水和凝胶水。化学结合水也称为结晶水，根据其结合力的强弱，可以分为强结晶水和弱结晶水。强结晶水也称晶体配位水，只有在较高的温度下晶格破坏时才能将其脱去；弱结合水的脱水温度较低，在 100～200℃ 即可失去，当晶格为层状结构时，这种水通常存在于层状结构之间，温度升高或湿度降低时会使部分水脱出。在干燥环境下，水分从混凝土表面蒸发，首先是粗孔和大毛细孔中的自由水，这些水分散失并不会引起混凝土很大体积的变形，接着是小毛细孔和胶粒间孔的吸附水，

这些水分散失会引起较大程度的体积变形，最后当强结晶水和结构水这些结合水散失时，混凝土结构开始破碎。

影响水泥石干缩变形的因素主要为外部环境条件、水泥的化学组成以及水泥矿物组成等因素。文中主要探讨了石灰石含量对石灰石矿渣水泥干缩性能的影响，并与普通水泥干缩性能进行了对比。

实验按《水泥胶砂干缩试验方法》（JC/T 603—2004）进行测定。胶砂试件胶砂比为 1 : 2，加水量按胶砂流动度达到 130 ~ 140mm 时的加水量控制。试件成型采用三联试模，试件尺寸为 25mm × 25mm × 280mm。试件成型后放入温度为（20±3）℃，相对湿度为 90% 的养护箱中养护。自加水时算起养护24h 脱模，然后将试件置于 20℃水中养护 2d。取出试件，将试件表面擦拭干净并测量初始长度。然后移入恒温恒湿控制箱中养护，温度控制在（20±3）℃，相对湿度控制在 50%。从成型时算起在各龄期测量试件的长度。按下面公式计算水泥砂浆在不同龄期的干缩率，比较 3A1、3A2、3A3 和 P.O42.5 等级水泥的胶砂干缩性能（假设试体有效长度为 250mm）：

$$S_t = \frac{(L_0 - L_t) \times 10^6}{250}$$

式中：

L_0——初始测量长度，mm；

L_t——某龄期的测量长度，mm。

3A1、3A2、3A3 和普通水泥一样都随空气中养护时间的延续，收缩逐渐增加，且对于无熟料石灰石矿渣水泥，其收缩量随水泥中矿渣配比的增加及石灰石配比的减少有所增加。这可能是石灰石水泥中水化产物生成量，随水泥中矿渣配比的增加及石灰石配比的减少而增加的缘故。同时也可以发现石灰石矿渣水泥的收缩率较普通硅酸盐水泥要小。这可能与无熟料石灰石矿渣水泥与普通水泥水化后水化物量的多少及种类有关。本实验证明无熟料石灰石矿渣水泥干缩性能优于普通硅酸盐水泥。

（四）耐高温性能研究

水泥基材料在工程建设中已经得到非常广泛的应用，但当其在高温或局部高温环境下时，其性能往往遭到严重的破坏，因而对高温后的水泥基材料进行性能分析十分必要。而水泥基材料抗压强度又是水泥基材料结构最基本、最重要的一项力学指标，因此，研究高温对水泥基材料强度的影响就显得尤为重要。国内外对水泥基材料的热性能进行了很多研究，通过高温对水泥砂浆强度的影响及机理分析得出结论：水泥石抗压强度在室温（约20℃）到150℃区间增幅明显，在150～180℃区间略有下降，而180～550℃区间显著降低。第1阶段主要由水泥石脱去吸附水及高温水化所致，第2阶段主要由部分凝胶脱水所致，第3阶段主要由Ca（OH）₂的分解和C-S-H凝胶的大量脱水所引起。

石灰石矿渣无熟料水泥在烘干到65℃时强度是增加的，温度继续升高至400℃时强度逐渐下降，但随温度上升下降的斜率较小。这主要是因为石灰石矿渣无熟料水泥水化产物中含有钙矾石，当温度从65℃升到100℃时，钙矾石分解，所以强度下降。复合硅酸盐水泥的强度在100℃之前略有下降，而100℃后又继续上升，这可能是由于100℃之前，砂浆中砂子与水泥浆体热膨胀系数不同形成了裂缝造成的强度损失，而100℃以后砂浆中结合水逐渐脱出，增强了水泥颗粒的胶合作用，提高了强度。

（五）抗碳化性能研究

水泥基材料抗碳化性能是耐久性的一个重要方面，国内外对普通水泥与混凝土的抗碳化性能都做了大量研究，一般认为水泥中的可碳化物质主要是Ca（OH）₂，除此之外还有水化硅酸钙（CaO·2SiO₂·3H₂O）、未发生水化的硅酸三钙和硅酸二钙。混凝土的内部存在着大小不同的毛细管、孔隙、气泡、甚至缺陷，空气中的CO_2首先渗透到混凝土内部充满空气的孔隙和毛细管中，而后溶解到毛细孔中的液相，与水泥水化所产生的水化产物相互作用，使得凝胶孔和部分毛细管可能被碳化产物碳酸钙（$CaCO_3$）等堵塞，混凝土的抗渗性和强度都会因此而有所提高，但是，碳化过程会明显降低混凝土孔隙液体的pH值（碳化后的pH值约为8～10）。其碳化发生的反应可用下列化学方程式表示：

$$Ca（OH）_2+H_2O+CO_2 \rightarrow CaCO_3+2H_2O$$

$$3CaO·2SiO_2·3H_2O+3CO_2 \rightarrow 3CaCO_3·2SiO_2·3H_2O$$

$$3CaO·SiO_2+3CO_2+\gamma H_2O \rightarrow 3CaCO_3+SiO_2·\gamma H_2O$$

$$2CaO·SiO_2+3CO_2+\gamma H_2O \rightarrow 2CaCO_3+SiO_2·\gamma H_2O$$

帕帕扎基斯（Papadakis VG）等学者从化学分析角度提出了水泥中可碳化的物质，不仅只有Ca（OH）₂，还有C-S-H及未水化的C_3S和C_2S。在影响因素研究方面，众多学者分别通过试验研究了水灰比对扩散系数和碳化深度或碳化速度的影响，他们认为水灰比对碳化的影响显著，水灰比越高，砂浆或混凝土碳化越严重。托马斯（Thomas）、霍布斯（Hobbs）等人专门研究了粉煤灰（火山灰）水泥混凝土的碳化问题，结果表明，由于碱储备减少，粉煤灰的掺

入，特别是大掺量粉煤灰，降低了混凝土的抗碳化性能。相关学者对矿渣水泥混凝土的碳化问题进行了研究，结果显示，用混合材含量较高的矿渣水泥配制的混凝土，比普通硅酸盐水泥配制的混凝土的抗碳化性能差。通过研究不同水泥用量对碳化深度的影响，认为在一定范围内，水泥用量大的混凝土抗碳化性能较好，且规律十分明显。通过对碱矿渣水泥砂浆抗碳化性能的研究，结果表明：在相同水胶比条件下，碱矿渣水泥砂浆比硅酸盐水泥砂浆更易碳化，且水胶比越大，胶砂比越小，碳化越严重。在 3% ~ 6% 范围内，随着碱当量的增加，碱矿渣水泥砂浆的碳化程度减小。扩展度相当时，水玻璃为碱组分的碱矿渣水泥砂浆的抗碳化能力强于硅酸盐水泥砂浆。

石灰石矿渣无熟料水泥同龄期碳化深度以及抗压强度损失较复合硅酸盐水泥均较大，说明无熟料水泥抗碳化性能比复合硅酸盐水泥差。这主要是由两个原因引起的，第一与硅酸盐水泥砂浆相比，石灰石矿渣水泥砂浆的需水量小。在相同用水量的情况下，后者的游离水多于前者，造成其孔隙率大，CO_2 更易侵入；第二，硅酸盐水泥的水化产物中存在大量 $Ca(OH)_2$，在碳化过程中一方面保护了水化硅酸钙、水化铝酸钙和水化硫铝酸钙等其他水化产物，另一方面生成 $CaCO_3$ 填充了孔隙，抑制了碳化的进一步深入；而石灰石矿渣水泥的水化产物中不存在 $Ca(OH)_2$。3A1 碳化 14d 就已经碳化透彻，3A2、3A3、PC 三个试样碳化 28d 以后也全部碳化透彻。这说明对于石灰石矿渣无熟料水泥来说，石灰石含量越高，抗碳化性能越差。

（六）耐碱性研究

上文中分别研究了熟料和钢渣掺量对石灰石矿渣水泥的影响，可以看出碱度对其性能的影响是比较明显的，在少熟料石灰石矿渣水泥中，并不是熟料加的越多强度越高，因为钙矾石适宜形成碱度的存在，使得熟料也存在一个最佳掺量，即为 7%，而无熟料石灰石矿渣水泥中，钢渣也存在着最佳掺量为 10%。再从文中碳化性能研究的结果表明，与复合硅酸盐相比，石灰石矿渣水泥抗碳化性能较差的主要原因之一是碱度的下降，随着碳化时间延长，碱度下降明显比复合硅酸盐快。而为石灰石矿渣水泥提供碱度的主要是水泥中的 CaO 遇水生产的 $Ca(OH)_2$。为此文中研究了无熟料水泥在石灰水养护条件下的强度变化以及抗碳化性能。按石灰石 30%、石膏 15%、矿渣 46%、钢渣 9% 配比配置石灰石矿渣无熟料水泥，其中将矿渣和钢渣按比例混合 5kg，实验小磨粉磨 70min，测得勃氏比表面积在 $500m^2/kg$ 左右。石灰石和石膏也按比例混合

5kg，粉磨 25min 测得勃氏比表面积在 $700m^2/kg$ 左右。成型后放入标准养护箱中养护 1d 后脱模，然后在 20℃自来水中标准养护至规定的龄期，再转入 20℃饱和石灰水中继续养护至 3、7、28d 测定强度。

在石灰水中养护 27d 的 3d、7d、28d 强度均高于全程不放入石灰水（即在自来水中养护 27d）的 3d、7d、28d 强度，而且随着在石灰水中养护天数的增加，强度也逐渐增加，这说明石灰水对于石灰石矿渣无熟料水泥强度发展有利，主要是石灰水中的 $Ca(OH)_2$ 不断浸入水泥石中，补充了石灰水对于石灰石矿渣无熟料水泥的碱度不足问题。

将不同时间放入石灰水中养护至 28d 的试样取出，在 60℃下烘干 2d，按上文所提的碳化实验方法进行碳化实验，测定不同碳化时间的强度、碳化深度及 pH 值。

表 4-8　不同龄期碳化深度及平均断面 pH 值

编号	碳化深度（mm）					原始	碳化后断面平均 pH 值				
	1d	3d	7d	14d	28d		1d	3d	7d	14d	28d
2R2-1	6.5	8.9	10.2	19.0	20	9.51	9.31	8.87	8.72	8.68	8.70
2R2-2	3.0	4.0	7.3	15.2	20	8.78	8.52	8.62	8.53	8.49	8.15
2R2-3	2.3	3.4	6.8	13.0	20	9.20	8.93	8.73	8.60	8.63	8.26
2R2-4	4.0	6.1	8.5	13.1	20	9.00	8.82	8.61	8.52	8.32	8.14
2R2-5	6.0	9.6	11.5	13.8	20	8.90	8.63	8.22	8.11	7.82	7.63

由表 4-8 可知，相同碳化龄期下 2R2-3 碳化深度最小，2R2-5 碳化深度最大，从强度损失来看，2R2-5 在碳化 7d 前强度损失最厉害。可见标准养护的 2R2-5 试样抗碳化性能较其他放入石灰水中养护的差，2R2-1 的碳化强度比也下降较大，这说明并不是放入石灰水养护时间越长，抗碳化性能越好。除 2R2-5，其他试样 14d 强度达到最低，可以看出碳化 14d 时水泥石中的 $Ca(OH)_2$ 基本消耗完，而到 28d 强度会增长，这是因为碳化的主要产物 $Ca(OH)_2$ 对碳化后期强度有贡献。

（七）小结

石灰石矿渣水泥无熟料在水中长期标准养护条件下，随水泥水化时间持续增加，强度不断增大。这说明无熟料石灰石矿渣水泥试样后期能够持续生成 C-S-H 凝胶，其不断填充在水泥石孔隙中，使水泥石结构不断致密，强度继续

增加。无熟料石灰石矿渣水泥具有良好的抗硫酸盐腐蚀能力，且其抗硫酸盐腐蚀能力明显强于普通硅酸盐水泥，同时该水泥的干缩率较普通硅酸盐水泥小，但抗碳化性能和耐高温性能较复合硅酸盐水泥差，还需进一步改善。将石灰石矿渣无熟料水泥放入石灰水里养护不仅能提高早期强度，而且还能提高抗碳化能力。

第五章　岩石矿渣资源再利用——以微晶玻璃为例

第一节　玄武岩矿渣微晶玻璃的制备

随着人类社会的发展和进步，资源和环境问题也越来越引起人们的关注。自然资源由于人类的挖掘与利用正在逐步地减少，并在消耗的同时，由于利用效率偏低，产生了大量的废弃物（废渣、废水、废气）。2006 年 8 月人大常委会所做的环保法律实施情况检查报告中指出，我国固体废物堆存量累积已近 80 亿吨，占用和损毁土地 200 万亩以上，对水体和土壤造成严重的污染，对人类的生存环境造成负担并引起生态环境的严重失衡。而对于矿渣的处理，传统的做法只局限于生产矿渣水泥、制砖等低级产品和用于道路工程、建筑骨料及作为矿山充填，基本上属于低附加值利用。因此，寻求整体高值利用途径，特别是开发高强、高档、低成本微晶玻璃建筑、装饰或工业用耐磨、耐蚀材料，以最大程度消耗处置这些工业固体废弃物，已经成为国内外社会可持续发展和推动清洁生产的优先开发项目。

玄武岩是一种在许多陆地及海岛上都可见的灰黑色细粒火山岩。在我国有着很广泛的分布。玄武岩加热至 1400℃以上很容易熔化、冷却形成玻璃。再加热时，如果 Fe_2O_3/FeO 质量比足够高，通常高于 0.5 时，它就能形成细粒的微晶玻璃。在我国，玄武岩微晶玻璃又称"铸石"，该产品已经有几十年的生产历史。因各地玄武岩化学成分不同，玻璃成分和配方也有所不同。主要产品有板材、管材以及耐酸铸石粉，这些材料已经广泛应用于冶金、矿山、化工行业，作为设备、管道的耐磨腐蚀材料。另外，随着我国加入世贸组织，经济发展迅速，房屋建设加快，大批的中、高档旧的房屋急需装修翻新，人们也对无污染、无放射性的绿色环保材料的认识逐渐加深，微晶玻璃这种性能优异、品位高雅的建筑装饰材料将有非常广阔的市场前景和经济效益。

四川荥经县盛产花岗岩和玄武岩，通过大量的开发并且制成玄武岩制品，

产生了大量的玄武岩矿渣，对当地生态环境造成威胁，给当地人民的生活带来困扰。每年因为处理矿渣要浪费大量的财力物力，这成为企业发展的沉重包袱。文中采用该地区的玄武岩矿渣为主要原料，利用资源优势，进行系统的基础理论研究与技术开发，从而掌握该地区玄武岩矿渣制备高附加值产品的核心技术。此项目的成功，有效地利用了二次资源，降低了微晶玻璃的生产成本，不仅为企业带来新的经济增长点，也为如何解决玄武岩矿渣环境污染开辟了全新的途径。

一、微晶玻璃概述

微晶玻璃，又名玻璃陶瓷，是将特定组成的基础玻璃在加热过程中，通过控制晶化而制得的一类含有大量微晶相及玻璃相的多晶固体材料。微晶玻璃兼有玻璃和陶瓷的优点，具有许多常规材料难以达到的优异性能。它采用一种与普通玻璃相近的制造工艺，但其特性却与玻璃和陶瓷迥然不同。与普通玻璃的区别在于微晶玻璃是微晶体和残余玻璃组成的复相材料，而玻璃则是非晶态或无定形体，另外微晶玻璃可以是透明或显各种花纹和颜色的非透明体，玻璃一般是各种颜色透光率各异体。与陶瓷不同之处是：玻璃微晶化过程中的晶相是从单一均匀玻璃相或已经产生相分离的区域，通过成核和晶体生长而产生的致密材料，而陶瓷材料中的晶相，大部分是在制备陶瓷时通过组分直接引入的。

微晶玻璃的制备是采用普通玻璃工业熔制和成型后，再经过两个阶段的热处理，首先在利于成核的温度下，产生大量晶核（成核阶段避免析晶），然后在缓慢加热到利于晶体成长的温度下保温，使晶核适当长大，最后冷却。即在成型过程中保证玻璃稳定不析晶，而在热处理中获得整体析晶制取最大可能数目的微小晶体，以赋予微晶玻璃所需的种种特性。

微晶玻璃一般是在玻璃组分中引入适当的晶核剂，在随后的热处理过程中，通过成核和生长而析出大量均匀的微小晶体。有的不用晶核剂，而是通过热处理发生液相分离，促使玻璃晶化。这种在玻璃组成中引入晶核剂或通过热处理使其分相，然后在固体状态的玻璃中成核、生长而形成微晶玻璃是近代玻璃工艺上的一项成就。

微晶玻璃一问世，就以其组成广泛、品种繁多而著称，这不仅由于可以制取微晶玻璃的组成有极大的选择范围，而且即使在组成相同的玻璃中，只要所用的晶核剂不同或分相的程度不同以及所用的热处理制度不同，就可以制成在性能上差别很大的微晶玻璃。

当前各种废渣大量堆积，不仅占有大片土地，造成环境污染，而且对矿渣这一潜在的资源也是严重的浪费。废渣中含有制备微晶玻璃所需的 CaO、MgO、Al_2O_3、SiO_2 等化学成分。因此，可以充分利用矿渣等二次资源制备各种性能的微晶玻璃，而利用玄武岩矿渣制备微晶玻璃，可以开发出高性能、低成本的高档建筑装饰或工业制品中的耐磨耐腐蚀材料，即使废弃资源得到重新利用，利于保护环境，又提高了利用的技术含量和附加值，为解决环境污染和资源再生利用提出了一个有意义的途径。因此，矿渣微晶玻璃被称为 21 世纪的绿色材料。

目前，问世的微晶玻璃种类繁多，分类的方法也有所不同。通常分类方法如下：

①按晶化原理分为光敏微晶玻璃和热敏微晶玻璃；

②按照基础玻璃的组成分为可分为硅酸盐系统、铝硅酸盐系统、硼硅酸盐系统、硼酸盐系统和磷酸盐系统；

③按照所用原料分为技术微晶玻璃（用一般的玻璃原料）和矿渣微晶玻璃（用工业废渣等为原料）；

④按外观分为透明微晶玻璃和不透明微晶玻璃；

⑤按性能又可分为耐高温、耐腐蚀、耐热冲击、高强度、低膨胀、零膨胀、低介电损耗、易加工以及易化学蚀刻等。

玄武岩矿渣微晶玻璃一般属于硅酸盐微晶玻璃系统。其析出的晶体一般主要为单斜辉石及和斜长石两种晶相，但也有一些其他矿相，如磁铁矿、橄榄石、玻璃及其他次矿相。

（一）矿渣微晶玻璃的制备工艺

微晶玻璃的制备方法较多，主要有溶胶—凝胶法、熔融法、烧结法等。对于矿渣微晶玻璃而言，其制备技术以熔融法和烧结法最为广泛。

1. 溶胶—凝胶法

溶胶—凝胶法技术，近几年在制备玻璃与陶瓷等先进材料领域中，出现了异常活跃的新局面。随着微晶玻璃制备技术的发展，国内外已经有部分学者成功采用溶胶—凝胶法制备出微晶玻璃材料。

溶胶—凝胶法的主要优点是：①制备温度远低于传统的玻璃熔制温度，实现玻璃的低温制备，避免了某些组分挥发、侵蚀容器，并减少污染；②组成完全可以按照原始配料准确计量，在分子水平上直接获得均匀材料；③组成范围

可扩展至有机聚合物和无机物的结合，传统方法无法制备的材料可以利用此方法制备。

溶胶—凝胶法的缺点是：①低温可以节能，但起始物成本的提高抵消了低温制备的节能效益，特别是长时间的热处理过程要比短时间的熔化与澄清更加耗费能量；②生产周期长、成本高且凝胶在烧结过程中有较大的收缩，制品容易变形，产生裂纹等缺陷；③要得到没有絮凝的均匀熔胶也较困难。

其方法主要用于 $PbTiO_3$、$BaTiO_3$、$SrTO_3$、$NaNbO_3$、$Pb（Zr，Ti）O_3$、$LiTiO_3$ 等铁电微晶玻璃，这类材料在功能材料、结构材料、非线性光学领域展示了重要的应用前景和科研价值。

2. 熔融法

研制微晶玻璃最早采用的方法是熔融法。其工艺流程为：将微晶玻璃配合料于 1300℃～1500℃高温下熔制、均化一定时间后，将玻璃成型为所需形状的产品，经退火后在一定温度下进行热处理，以获得晶粒细小、结构均匀致密的微晶玻璃制品。工艺条件应满足：玻璃在熔制及成型过程中不能析晶；成型后的玻璃有良好的加工性能；在结晶化处理时能快速析晶；产品达到要求的理化性能指标。其制备工艺取决于热处理，热处理是微晶玻璃生产的关键工序。根据各类微晶玻璃的特点，可将热处理制度分为两类，阶梯温度制度和等温温度制度。

熔融法的优点：①可沿用任何一种玻璃的成型方法，如压制、浇铸、吹制、拉制等，便于生产形状复杂和尺寸精确的制品和机械化生产；②由玻璃坯体制备的微晶玻璃在储存上变化不大，组成均匀，无气孔，致密度高，玻璃组成范围广。但也存在一些弊端：熔制温度高，通常在 1400～1600℃，能耗过大，热处理制度要求高，在实际生产中操纵控制困难。

3. 烧结法

烧结法制备微晶玻璃的工艺流程如下：

原料称量→混合→熔制→水淬→粉碎→过筛→成型→烧结→深加工→成品

烧结法的优点：①最主要的优点是水淬后的颗粒细小、表面积增加，通过表面或界面晶化而形成微晶玻璃，比压延法制得的玻璃更易于晶化，不必使用晶核剂；②该法不需要玻璃成型阶段，适用于需在极高温度下熔制且难于成型微晶玻璃的制备；③采用陶瓷低温成型方法制备出各种形状的制品，解决了熔融法在高温下熔制、均化、低温成型难以控制及需加晶核剂的一系列问题，便于工业化生产。但用烧结法制备微晶玻璃对基础玻璃有一定的要求，有学者认为，只有在较低的黏度下，具有较慢的表面析晶速率的玻璃才适用于烧结法制备微晶玻璃。析晶过程表现为：烧结过程中玻璃析晶是从表面开始，然后非常均匀地进入颗粒内部，从而保证烧结体中有大量均匀分布的晶相，较慢的表面析晶速率保证熔体析晶的同时不会因黏度的迅速增大而阻碍烧结体中气体的排出。相对于熔融法而言，烧结法的致命缺点是产品中存在气孔，导致出现大量不合格品。目前，采用烧结法制备微晶玻璃主要用于 $Li_2O-Al_2O_3-SiO_2$、$MgO-Al_2O_3-SiO_2$、$CaO-Al_2O_3-SiO_2-ZnO$、$PbO-B_2O_3-ZnO$ 等系统。

（二）微晶玻璃的深加工技术

根据制品用途、要求不同，可对制得的微晶玻璃进行如表面涂层、离子交换和二次成型工艺再处理，以达到所需效果。其中表面涂层只适用于高膨胀系数的微晶玻璃，对于低膨胀的微晶玻璃，一般采用离子交换法。

1. 表面涂层

表面涂层是指，在具有高膨胀系数微晶玻璃制品的表面涂覆一薄层膨胀系数低的玻璃，冷却后，由于两者的膨胀系数不同，涂层产生压应力，而微晶玻璃本体产生张应力，根据材料的强度理论，涂层的压应力将提高制品的强度。采用该方法强化微晶玻璃，一般可提高强度 2～4 倍。

2. 离子交换

离子交换是在熔融盐液中或盐的蒸气中进行。用于离子交换的盐类常用 KCl、KNO_3、$NaNO_3$、Na_2SO_4、Li_2SO_4 等。离子交换温度一般在 550～850℃，交换时间为 4～48h。如低膨胀的微晶玻璃在 650℃的 KCl 蒸气中，经过 24h，可在表面产生厚度约为 100μm 的压缩变形层，抗弯强度为 290～400MPa。

3. 二次成型

二次成型主要用于低于熔点温度下具有很大的蠕变性微晶玻璃制品。此法借助低温状态下玻璃相有较高黏滞流动及溶解淀析这一特点，来实现微晶玻璃的二次成型。微晶玻璃微观结构对材料的力学性能有较大影响，可采用热挤压、温度梯度等方法使蠕变性微晶玻璃制品具有晶体定向生长的性能，可大幅度提高力学性能。某些微晶玻璃经过二次成型后，晶粒形成定向排列，使抗折强度得以提高。此外，在微晶玻璃中加入高强度的纤维或晶须 SiC 纳米材料还可制

成微晶玻璃复合材料。

（三）废渣微晶玻璃的发展历史及研究现状

1. 国外废渣微晶玻璃的发展历史及研究现状

矿渣在微晶玻璃上的开发与利用最早在苏联获得研制成功。50 年代末 60 年代初期，苏联、欧美等国家工业化生产蓬勃发展，各种尾矿矿渣排放量也以惊人的速度增加。因此，这些发达国家的科学家，特别是苏联科学家在以矿渣为主要原料，制备微晶玻璃方面开展了许多研究工作，对矿渣微晶玻璃的基础理论与工艺技术进行了探索，解决了矿渣微晶玻璃的配料组成、核化与晶化机理及熔制技术等关键性问题，60 年代初期至末期，材料科学家主要对矿渣微晶玻璃的半工业性生产和工业性生产试验进行研究。世界上第一条矿渣微晶玻璃生产线在苏联建成投产，很快，苏联进一步推动其工业化成果，矿渣微晶玻璃迅猛发展。苏联 1971 年矿渣微晶玻璃板材的产量为 2 ～ 3 万 t，1973 年年产量为 8 万 t，1975 年年产量猛增至 150 万 t，广泛应用于工业与民用建筑等方面，为苏联创造了巨大的经济效益。与此同时，欧美各国也广泛地开展矿渣和其他非金属矿利用的改质化工作，开发研制矿渣微晶玻璃和其他各种微晶玻璃，如西班牙利用针铁矿废料生产微晶玻璃，埃及利用玄武岩、石灰石、白云石等研制微晶玻璃，美国欧文斯康宁公司还先后推出了一系列的商品化的微晶玻璃产品。

2. 国内废渣微晶玻璃的发展历史及研究现状

在我国，利用矿渣微晶玻璃开发研制微晶玻璃起步比较晚，最早报道是宋审明和陈惠君分别在 1983 年和 1988 年发表的"钢炉渣微晶玻璃的研究"和"钢渣玻璃及微晶玻璃的研究"。主要还是用在技术含量低、附加值少的水泥和建筑工业上。在 20 世纪 80 年代开始有一些高校和科研院所与地方结合开发利用矿渣生产微晶玻璃，但在技术上都不是很成功。直到 20 世纪 90 年代后，随着我国矿冶工业和钢铁工业的快速发展，各科研单位也加大了对矿渣微晶玻璃的研究，技术上进一步成熟，主要以清华大学、中国科学院上海硅酸盐研究所、中国地质科学院尾矿利用中心等几家为龙头。目前，国内已经有天津标准国际建材工业有限公司、河北晶牛集团有限公司、宜春微晶玻璃厂、大唐装饰材料有限公司等单位生产微晶玻璃产品。这些微晶玻璃生产厂主要以铜矿矿渣、磷矿渣、粉煤灰、钨矿尾矿和高炉渣等固体废物为原料。由于国外已经对矿渣微晶玻璃的产业化研究较为成熟，产品的次品率低，生产稳定，现在其研究重心主要转移到利用矿渣微晶玻璃制备技术，对核废料核矿渣中易溶于水的有害重金属离子进行固定，或者进一步提高矿渣微晶玻璃的性能和矿渣用量上。当前，国内对于各种类别的矿渣微晶玻璃还处于研制开发阶段。由于前期一些微晶玻璃生产单位的运行效果并不令人满意，均在不同程度上存在合格率低、性能不稳定等弊端，严重影响生产。因此还须对产业化的工程技术进行研究，解决矿渣成分波动，热工设备的设计、制造等关键技术问题，提高矿渣微晶玻璃制品的合格率，降低综合制备成本。

（四）工业废渣微晶玻璃的优点及应用

微晶玻璃具有很多优异的性能，如机械强度高、热膨胀性可调、抗热震性好、耐化学腐蚀、低的介电损耗、电绝缘性好等优越的综合性能，目前已在许多领域得到广泛的应用。

1.建筑材料中的应用

天然大理石材、花岗岩等高档装饰材料曾经一度受到人们的青睐，但由于其资源的限制、对环境的破坏以及后来被发现有部分天然材料辐射致癌物质。因此，新型材料矿渣微晶玻璃建材由此诞生。与天然石材相比，微晶玻璃具有强度高、耐腐蚀性、安全性（无放射性与光污染）、品种多样化等一系列优良的理化性能。因此，可以广泛用作高档装饰建筑装饰材料，如内外墙装饰材料、高档地面和屋顶材料等，这也是当前矿渣微晶玻璃主要应用领域。目前，矿渣微晶玻璃已经被广泛应用于世界各国飞机场、地铁、宾馆、别墅及其他高档建筑外墙和室内装饰，如北京人民大会堂广东厅、上海东方明珠广场演播厅、南京新街口地铁站等。

2.机械工程中的应用

矿渣微晶玻璃具有机械强度高、耐磨、耐高温、抗热震、热膨胀系数可调等力学和热学性能，因而可制造出满足各种机械力学性能要求的材料。微晶玻璃良好的机械性能结合其易获得极其光滑的表面能力，是它可用于特殊用途的轴承。利用其强度高和耐磨性好的特点，可取代其他材料来制造料槽、管道以及球磨机内衬等，使用寿命可显著延长。据报道，用 PVD 法把 $Al_2O_3\text{-}SiO_2$ 系微晶玻璃涂层蒸镀到汽车金属轴承上，可提高轴承的耐磨性、表面光滑性和散热性。利用云母的可切削性和定向取向性制备出高强和可切削加工的微晶

玻璃。由于微晶玻璃 α 值低,抗张强度较高,所以它具有优良的热稳定性。有研究人员用 SiC 纤维增强主晶相为堇青石的微晶玻璃,其抗弯曲强度可达 550～650MPa,热稳定性好。作为机械力学材料的微晶玻璃广泛应用于活塞、旋转叶片、炊具的制造上,同时也用在飞机、火箭、人造地球卫星的结构材料上。

3. 化学化工材料上的应用

微晶玻璃的化学稳定性好,对王水也有较高的稳定性。微晶玻璃几乎不被腐蚀的特性,使其广泛应用于化学化工方面,如可用于制造输送腐蚀性液体管道、阀门、泵等,还可作反应器、电解池及搅拌器内衬。微晶玻璃在控制污染和新能源应用领域也找到了用途,如微晶玻璃用于喷射式燃烧器中消除汽车尾气中的碳氢化合物、在硫化钠电池中做密封剂,同时,也可以制造核反应堆密封剂、和废料储存材料等。

4. 其他材料上的应用

利用尾矿矿渣制备多孔泡沫微晶玻璃,由于其具有多孔、质轻、高机械强度、良好的隔音效果可作催化剂载体、结构材料、热绝缘材料和纤维复合增韧微晶玻璃使用。还可以利用尾矿矿渣制备出具有形状记忆和低膨胀性能的微晶玻璃,这为充分利用矿渣制备微晶玻璃开辟了新的道路。

（五）微晶玻璃的发展趋势

根据我国微晶玻璃工业发展的具体情况,以下几个新产品具有更大的研究价值和发展空间:透明防火微晶玻璃、日用型微晶玻璃、新型光学微晶玻璃、微晶玻璃硬盘基板、生物微晶玻璃。

透明防火微晶玻璃以 β - 石英为主晶相。该微晶玻璃具有较低的热膨胀系数和热传导系数,且能抵抗 800℃的高温而不软化。它将广泛应用于高层建筑、图书馆和其他重要建筑上。

日用型微晶玻璃通常有很低的热膨胀系数和很强的抗热冲击性能,良好的化学稳定性,外观美观、透明等特点。更重要的是不含釉、无污染,可以满足人们对健康的要求。主晶相可以分为以 β - 锂辉石固溶体为主晶相的、具有高抗热冲击性能的白色微晶玻璃器皿,以 β - 石英固溶体为主晶相的微晶玻璃餐具和用作电磁炉灶面的微晶玻璃面板等。

新型光学微晶玻璃通常没有气孔,且很难有一定的玻璃相,因此能够具有良好的透明性。现在主要开发和研究的是属于 $Li_2O\text{-}Al_2O_3\text{-}SiO_2$ 系统的透明微晶玻璃，可以利用它接近于零膨胀的特性制作天文望远镜。另外也有企业用这类微晶玻璃作为液晶显示器上的彩色过滤器的基板。随着近年来液晶显示器的推广和普及，该种微晶玻璃必然具有广泛的市场空间。

微晶玻璃硬盘基板有四种系统：尖晶石—顽辉石系统、尖晶石系统、锂硅酸盐系统、钙碱硅石系统。其中，以尖晶石—顽辉石为主晶相的 $MgO-Al_2O_3-SiO_2$ 系统微晶玻璃的性能最为优越。它具有较高的力学性能、合理的晶粒尺寸等特性。更重要的是不含碱金属离子，在蒸镀磁性膜时，有较好的成膜性。由于传统的以 NiP/Al 合金为基板的硬盘存在一系列问题，该种玻璃具备了成为新一代硬盘基板的必备条件。

生物微晶玻璃具有许多优越、独特的性能，如良好的化学稳定性、生物兼容性或者生物活性等。一般以磷灰石 $[Ca_3(PO_4)_2]$ 晶相或以云母为主晶相的微晶玻璃，目前主要用作牙齿材料、人造骨骼、铁磁性抗癌材料等。用作牙齿的微晶玻璃必须具有生物活性和生物环境兼容性。牙齿材料的研究目前是国际上的一个热点，也是新型产业。另外生物微晶玻璃具有良好的化学稳定性和生物活性、较高的力学性能、优越的耐磨性能，可以作为脊椎、骨骼的整形手术的常用材料。铁磁性生物活性微晶玻璃可以用于治疗癌症，具有强磁性和良好的生物相容性。通常在肿瘤部位注入或植入铁磁性微晶玻璃，在磁场作用下，微晶玻璃会发热。癌细胞加热到43℃以上就会死亡，而正常细胞即使加热到48℃以上也不会死亡。利用这个原理，磁铁性微晶玻璃就可用于癌症的治疗。

另外，随着现代科学对材料性能的要求越来越高，功能微晶玻璃的研究也成为近年来功能材料研究领域内新的发展方向。功能玻璃主要是通过组成的设计来获取特殊的光学、电学、磁学、热学和生物等功能，其优异的性能使这类材料在高新技术领域具有广泛的应用前景。

二、实验原料及方法

（一）实验原材料

1. 玄武岩矿渣

文中所研究的玄武岩矿渣来自四川荥经某企业，该厂对矿渣进行了粉碎作为实验的原料。此外，还通过添加化学纯试剂，目的是通过调节试剂构成来得到预期的微晶玻璃相和晶化温度。所用玄武岩矿渣的组成见下表：

表 5-1　原料的化学组成

组成成分	SiO_2	Al_2O_3	CaO	MgO	Fe_2O_3	R_2O
玄武岩矿渣	45.71	13.17	6.65	4.56	4.66	15.25

从表 5-2 可见，玄武岩矿渣 $CaO\text{-}MgO\text{-}Al_2O_3\text{-}SiO_2$ 属四元玻璃系统。这类基础玻璃经热处理制得的微晶玻璃，其主晶相通常也是唯一的晶相就是透辉石，次晶相可能出现 $CaMgSi_2O_6$、$CaFeSi_2O_6$、$MgSiO_3$、$FeSiO_3$、$NaFeSi_2O_6$、$CaTiAl_2O_6$ 和 $MnSiO_3$ 等晶相。绝大部分次相成分以复杂的碱金属与碱土金属硅酸盐形式留在残余玻璃相中。

2. 试剂

无水碳酸钠（Na_2CO_3）、无水碳酸钾（K_2CO_3）、二氧化硅（SiO_2）、碳酸钙（$CaCO_3$）、氧化铁（Fe_2O_3）、氧化铝（Al_2O_3）、氧化镁（MgO）、二氧化钛（TiO_2）、二氧化锰（MnO_2）。

（二）实验设备及仪器

XSRK-16 升降式高温电炉、箱试电阻炉、D/max2500PCX 射线衍射仪、JXA-840A 扫描电子显微镜、NETZSCH4 综合热分析仪、电热恒温鼓风干燥箱、MHK-500 摩擦磨损试验仪、5810 型线性切割机、X 射线光电子能谱仪、PLA30050 型拉力试验机。

（三）实验步骤

微晶玻璃的制备过程主要有两个主要步骤：基础玻璃的熔制，核化和晶化。具体步骤如下：

①把玄武岩矿渣放入烘干箱烘干，将其粉磨至 200 目（在泰勒标准筛中，2.54cm 长度的筛孔数目），备用；

②把玄武岩等原料按一定配比均匀混合，置于刚玉坩埚中，于高温电阻炉中进行高温玻璃熔制；

③待温度达到熔制温度时保温一段时间，将玻璃液倒入预先预热过的模具中，置于有一定温度的炉中保温一段时间，随炉冷却；

④将基础玻璃样品放入电阻炉中，在一定升温速率和一定的温度下进行核化和晶化，然后随炉温自然冷却室温；

⑤将烧结的样品进行抛磨，检验产品质量。

（四）实验原理

微晶玻璃是将特定组成的基础玻璃，在加热过程中通过控制晶化而制得的一类含有大量微晶相及玻璃相的多晶固体材料，整个制备过程主要包括熔制、核化和晶化。

1. 基础玻璃的熔制

将配合料经过高温加热形成均匀的、无气泡的（即把气泡、条纹和结石等减少到容许的限度），并符合成型要求的玻璃液的过程，称为玻璃的熔制。玻璃熔制是很重要的环节，基础玻璃的产量、质量、成品率、成本、燃烧耗量、窑炉寿命等，都与玻璃熔制过程密切相关。玻璃熔制包括一系列的物理的、化学的、物理化学的现象和反应，其综合结果是使各种原料的混合物形成了玻璃液。

从加热配合料直到熔成玻璃液，可根据熔制过程中的不同实质而分为五个阶段：硅酸盐的形成阶段、玻璃形成阶段、玻璃液的澄清阶段、均化阶段、玻璃液的冷却阶段。这五个阶段互不相同，各有特点，但又彼此联系。配料加热后首先发生分解，大部分气态产物逸散，温度继续升高形成硅酸盐和 SiO_2 组成的烧结物。烧结物继续加热时开始熔融，原先形成的硅酸盐与 SiO_2 相互扩散与溶解，到这一阶段结束时已经成为透明体。此时玻璃液带有大量的气泡、条纹，玻璃的化学成分是不均匀，随后加热就是玻璃液的澄清和均化阶段。在烧结过程中，随着温度的上升和时间的延长，通常发生三种主要的变化，即晶粒尺寸的增大、气孔形状的变化、气孔尺寸和数量的变化。烧结过程必须通过物质的传递，才能使气孔逐渐填充，坯体由疏松变得致密。

影响烧结的因素是多方面的，从各种机理的动力学方程可以知道，烧结温度、时间、物料粒度是三个最直接的因素。

烧结温度是影响烧结的重要因素，随着温度的升高，物料蒸气压增高，扩散系数增大，黏度降低，从而促进蒸发——凝聚，离子和空位扩散以及颗粒重排和黏性塑性流动过程，使烧结加速，延长烧结时间一般都会不同程度地促进烧结完成，但对于黏滞流动机理的烧结较为明显，而对体积扩散和表面扩散机理影响较小。在烧结后期，不合理的延长烧结时间，有时会加剧二次再结晶作用，反而得不到充分致密的制品，减小物料颗粒度则总面积能增大因而会有效加速烧结。除此以外颗粒大小分布对烧结收缩率有很大的影响。为了获得工艺性能优良的烧结微晶玻璃，必须使颗粒有最佳级配，从而获得最致密堆积和孔隙率

最小的烧结体。颗粒形状对于粉末的性质及成型体密度、烧结体性质等有着直接的影响。

2. 核化与晶化

微晶玻璃是通过玻璃晶化而制得的微晶玻璃和玻璃相均匀分布的材料，而熔体和玻璃体的结晶过程，一般包括两个步骤：首先形成晶核（核化），然后是晶体长大（晶化）。因此，其结晶能力取决于上述两个因素，即晶核形成速度（单位体积内单位时间所形成的晶核数目）和结晶生长速度（单位时间内成长的晶体长度）。

根据成核机理不同，成核过程分为均匀成核和非均匀成核。均匀成核是指在宏观均匀的玻璃中，在没有外来物参与下，与相界、结构缺陷等无关的成核过程，又称本征成核或自发成核。非均匀成核是指依靠相界、晶界或基质的结构缺陷等不均匀部位而成核的过程，又称非本征成核。相界一般包括器壁、气泡、杂质颗粒或添加物等与基质之间的界面，由于分相而产生的界面，以及空气与基质的界面等。在微晶玻璃的生产中，晶核形成过程一般属于非均匀成核。

均匀成核：发生于均匀基质内部，而与相界、结构缺陷等无关的成核过程。由于处于过冷态的熔体，热运动引起组成和结构上的起伏，一部分转变为新晶相，导致体积自由能减少。晶核半径越大，自由能减少越多。但在新相产生的同时，新相与液相之间形成新的界面，引起界面自由能增加，对成核造成势垒，晶核的半径越大，形成表面积越大，能量增加也越多。

非均匀成核：依靠晶界、相界或基质的结构缺陷等不均匀部位而成核的过程。非均匀成核是在均匀成核的基础上推导得到的。在非均匀成核情况下，由成核剂或二液相提供的界面能使界面能降低，从而使不均匀形成临界核所需要的功较小，也就是晶核在熔体和杂质（或两液相）界面上形成时所增加的表面能比在熔体中形成时所增加的功较小。

晶体生长和温度的关系以及二者之间的相互位置是十分重要的。如果晶核形成温度区域和晶体生长温度区域重叠，也就是说晶核形成速率和晶体生长速率与温度的关系曲线大部分相交，这种玻璃在热处理过程中，晶核一旦在玻璃中形成，它即开始长大成晶体。这一方面阻碍大量晶核的形成，另一方面又促使少量晶体长得很大，而且大小不一。这样要制得合乎要求的微晶玻璃是不可能的。只有当两条曲线相交甚少，或不相交，才有可能获得性能良好的微晶玻璃。这种情况下玻璃在晶化热处理时，可先在它的最大成核速率温度附近进行保温，以便在较短时间内获得大量的晶核，在这个温度下晶核几乎不能长大成晶体。

然后再将温度升至晶体最大速率的温度附近保温，以便早先形成的晶核同时长大成均匀的晶体而获得微晶玻璃。这就是微晶玻璃控制晶化的关键。

微晶玻璃的实质是玻璃的微晶强化，即玻璃中均匀分散的微小晶核在热处理中成为晶粒成长的中心，从而制得晶粒细小、均匀的微晶玻璃制品。在微晶玻璃的组成中，引入晶核剂可促进玻璃在过冷状态下的晶体成核和生长，是控制晶化的关键措施之一。有效的晶核剂应具备以下性能：

在玻璃熔融、成型温度下，应具有良好的溶解性，在热处理时应具有极小的溶解性，并能降低玻璃的成核活化能；晶核剂质点的扩散活化能要尽量小，使之在玻璃中易扩散；晶核剂组分和初晶相之间的界面张力越小，它们之间的晶格常数之差越小（小于15%），成核越容易。

当稳定的晶核形成后，在适当的过冷度和过饱和度条件下，熔体中的原子（或原子团）向界面迁移。到达适当的生长位置，使晶体长大。晶体生长速度取决于物质扩散到晶核表面的速度和物质加入晶体结构的速度。而界面的性质对于结晶的形态和动力学有决定性的影响。

对于硅酸盐熔体而言，结晶过程除了取决于成核速度和晶体生长速度外，熔体的黏度也是一个重要的因素。黏度增大，有利于质点作有序排列，但黏度太大也不利于晶体的长大。实验表明，黏度在 $10^4 \sim 10^5 Pa \cdot s$ 范围内，最易结晶。

（五）测量与表征

1. DTA 测试

以 $\alpha\text{-}Al_2O_3$ 为参比物，将试样粉末在 SDTQ600 型热分析仪上进行差热分析，升温速率为 10℃/min 差热分析方法能精确的测定物质在加热过程中发生的失水、分解、相变、氧化还原、熔融、晶格破坏和重建等一系列物理化学现象。

2. 性能测试

吸水率及体积密度：用阿基米德法测定微晶玻璃的吸水率及体积密度（参照《陶管吸水率试验方法》（GB2834—1998），计算公式为：

$$w_a = \frac{m_3 - m_1}{m_1} \times 100\%$$

$$D_b = \frac{m_1 \quad D_1}{m_3 - m_2} \times 100\%$$

式中：m_1——悬重，g；

m_2——湿重，g；

m_3——干重，g；

D_1——实验温度下浸渍液体的密度，g/cm^3；

D_b——试样的体积密度，g/cm^3；

W_a——吸水率。

抗弯强度：抗弯强度测试采用三点弯曲法，跨距为 30mm，加载速度为 0.5mm/min，将试样切割并打磨抛光成 5mm×5mm×40mm 的试条，在 PLA30050 拉力试验机上进行测试，每组实验采用 5 根测量然后取平均值。三点弯曲法测定抗弯强度的计算公式：

$$\sigma = \frac{3p \cdot l}{2b \times h^2}$$

式中：

σ——抗弯强度，MPa；

P——试样断裂时的最大载荷，N；

L——试样支座间的距离，mm；

b——试样宽度，mm；

h——试样高度，mm。

耐酸性与耐碱性：耐酸性与耐碱性测试（重量损失率测定），将试样在干燥箱中烘干至恒重，用精度为 0.001g 子天平进行称量得到重量 M_1，然后将试样在 0.01mol/L 的 H_2SO_4、NaOH 溶液中各浸泡 24h，清洗后烘干至恒重，进行称量得 M_2。重量损失率的计算公式：

$$w_l = \frac{m_1 - m_2}{m_1} \times 100\%$$

显微硬度：采用 Hv-1000 显微硬度计，以维氏两锥面夹角为 136° 的金刚石正四棱为压头，对经过表面抛光的试样进行显微硬度测试。分别采用 25、50、100、150、200g 的压头，保压时间为 15s，根据压痕长度通过查表可得显微硬度。计算公式如下：

$$Hv=2P \times Sin\,(\alpha/2)\,/d^2=18.544 \times P/d^2\,(GPa)$$

式中：P——载荷（g）；

α——维氏金刚石压头相对两面夹角（136°）；

d——压痕对角线长度的平均值（μm）。

耐急冷急热性能：根据《陶瓷砖耐急冷急热性试验方法》，将试样放入 105～110℃ 的烘箱内，并在此温度下保持 20min。将试样从烘箱中取出，立即沿水流方向垂直地浸没于盛有 $10 \sim 20℃$ 流动冷水的低温容器中，试样经急冷 5min 后取出，用棉织物擦干表面的积水，目测检查试样是否有裂纹。

3. 显微结构测试

X 射线衍射分析

用日本理学 D/max2500PC 全自动粉末 X 射线衍射仪对试样进行相组成分析，采用步进扫描方式，步长为 $0.02°$ ，衍射仪的辐射源为 Cu 靶，功率 12kW。

扫描电镜分析

将试样进行表面处理后，表面镀金，用 JXA-840A 扫描电子显微镜观测晶粒进行成分分析，确定其晶相组成成分。

三、玄武岩矿渣微晶玻璃配方设计及确定

目前利用多种废矿渣可制备出以透辉石、硅灰石类等为主晶相的矿渣微晶玻璃。文中利用玄武岩矿渣及砂岩为主要原料并添加少量工业化学试剂，以 $CaO（MgO）-Al_2O_3-SiO_2$ 系统、透辉石 $[Ca（Fe，Al）（Si，Al）_2O_6]$ 为主晶相，经配料、熔制、成型制备玄武岩矿渣微晶玻璃建筑装饰材料。能否制备出性能优异的微晶玻璃建筑装饰材料，微晶玻璃配方设计起着关键性的作用。

（一）微晶玻璃配方的设计

1. 基础玻璃配方的设计

玻璃的性质和组成有着依从关系，因此玻璃组成的设计要依据其重要的理论基础，在设计基础玻璃组成时，试验需注意以下原则：符合微晶玻璃的主晶相要求；基础玻璃性质和结构要稳定；尽量少用或不用对人体健康有毒原料；最大化利用矿渣，减少工业化学试剂的用量并尽量采用成本较低的化学试剂。

根据无规则网络学说观点，即查氏把离子结晶化学原则和晶体结构知识推演到玻璃态物质，描述了离子共价键的化合物，如熔融石英、硅酸盐和硼酸盐玻璃。

查哈里阿森提出氧化物形成玻璃的四个条件：一个氧离子不能和两个以上阳离子结合——氧的配位数不大于2；阳离子周围氧离子数不应过多（3 或 4），阳离子的配位数为 3 或 4；网络中氧配位多面体之间只能共角顶，不能共棱、共面；如果网络是三维的，则网络中的每一个氧配位多面体必须至少三个氧离

子与相邻多面体相连，以形成向三度空间发展的无规则网络结构。

玄武岩矿渣的主要成分为 CaO、MgO、Al_2O_3、Fe_2O_3 及 SiO_2 等，主要用它来引入 CaO、SiO_2 及 Fe_2O_3，同时含有少量的 FeO、TiO_2、Na_2O、K_2O 等其他微量成分。根据原料成分特点，通过引入适量的化学试剂，试验选用 CaO-MgO-Al_2O_3-SiO_2 四元系统基础玻璃，制备玄武岩矿渣微晶玻璃。

该系统所制得的微晶玻璃主晶相一般为透辉石，但也有一些其他矿相，如磁铁矿、橄榄石、玻璃及其他次矿相。

用于制备玻璃配合料的各种物质，统称为玻璃原料。根据他们用量和作用，又可以分为主要原料和辅助原料两类主要原料，这里所讲的玻璃原料系指玻璃中引入的各种组成氧化物原料。起的结构作用有二氧化硅（SiO_2）、五氧化二磷（P_2O_5）、三氧化铍（B_2O_3）等；起结构修饰的主要有氧化钙（CaO）、氧化铝（Al_2O_3）、氧化钠（Na_2O）、氧化钾（K_2O）、氧化钡（BaO）、氧化镁（MgO）等。

SiO_2 是重要的玻璃形成氧化物，以硅氧四面体 $[SiO_4]$ 的结构组元形成不规则的连续网络，成为玻璃的骨架。它具有提高玻璃的热稳定性、化学稳定性、软化温度、耐热性、硬度、机械强度、黏度及紫外透光性等作用。但含量高时，需要较高的熔制温度，且可能导致析晶，含量较低时，会出现玻璃缺少光泽，甚至失透现象。

CaO 是二价的网络外体氧化物，在玻璃中主要起着助熔和稳定剂作用，增加玻璃的化学稳定性和机械强度。但含量较高时，导致玻璃的料性变短，脆性增大，能使玻璃的结晶倾向增大。一般玻璃中含量不超过 12.5%。CaO 在高温状态时活动性较大，能降低玻璃黏度，促进玻璃的熔化和澄清；但当温度降低时，黏度增加很快，使成型困难。所以含 CaO 的玻璃成型后退火要快，否则，易于炸裂。

Al_2O_3 属中间体氧化物，与碱金属氧化物如 Na_2O、K_2O 组分配比不同，将会表现为不同的面体结构网。当玻璃中 Na_2O 与 Al_2O_3 的分子比大于 1 时，形成铝养四面体与硅养四面体组成连续的结构网。当 Na_2O 与 Al_2O_3 的分子比小于 1 时，则形成八面体，为网络外体而处于硅养结构网的空穴中。它能降低玻璃的结晶倾向，提高玻璃的化学稳定性、热稳定性、机械强度、硬度、折射率及减轻玻璃对耐火材料的腐蚀，并有助于氟化物的乳浊，同时也能提高玻璃的黏度。

Na_2O 和 K_2O 属于玻璃网络外体氧化物。钠离子（Na^+）和钾离子（K^+）居于玻璃结构网络的空穴中，能提供游离氧是玻璃结构中的 O/Si 比值增加，发生断键，因而可以降低玻璃的黏度，使玻璃易于熔融，是良好的助熔剂。但是它们也有不同之处：氧化钠可增加玻璃的热膨胀系数，降低玻璃的热稳定性、化学稳定性和机械强度。由于钾离子（K^+）的半径比钠离子（Na^+）大，因此，K_2O 降低玻璃黏度的能力没有 Na_2O 强，但它能降低玻璃的析晶倾向，增加玻璃的透明度和光泽。

在碱金属硅酸盐类玻璃中，当玻璃中碱金属氧化物的总含量不变时，用一种碱金属氧化物逐步取代另一种时，玻璃的性质不是成直线变化，而是出现明显的极值，这种现象叫作双碱效应。在这个极值点处，玻璃的热膨胀系数、电导率和介电损耗等在此点附近为最低，化学稳定性为最高，其他性质仍然不会改变。因此在研究过程中，找出 Na_2O 和 K_2O 的最佳比例关系是很有必要的。

MgO 是网络外体氧化物。玻璃中可以用 3.5% 以下的 MgO 代替部分 CaO，可以使玻璃的硬化速度变慢，改善玻璃的成形性能。MgO 还能降低结晶倾向和结晶速度，增加玻璃的高温黏度，提高玻璃的化学稳定性和机械强度。

辅助原料，是使玻璃获得某些必要的性质和加速熔制过程的原料。根据作用的不同，可分为澄清剂、着色剂、脱色剂、乳浊剂、氧化剂、还原剂及助熔剂等。助熔剂是能促使玻璃熔制过程加速的原料。有效的助熔剂主要有氟化物、硼化物、钡化物和硝酸盐等，文中采用碳酸盐作为助熔剂。澄清剂它是在高温状态下，本身能气化或分解放出气体，以促进排除玻璃中气泡的物质。文中采用 CaF_2 作为澄清剂。

为了最大化利用玄武岩矿渣，笔者参考前人研究的结论选择透辉石为制备材料的主晶相，所以把组成点定在辉石相区内，由此初步确定基础玻璃的组成范围。

2. 晶核剂的选择

微晶玻璃性能取决于基础玻璃的化学组成、析出晶相类型及其微观结构。而晶核剂对晶体的析出晶相、过程及微观结构起很大作用，同时，晶核剂选择与基础化学组成也有关。曾有相关学者指出良好的晶核剂应具备如下性能：①在玻璃熔融、成型温度下，应具有良好的溶解性；在热处理时应具有较小的溶解性，能降低玻璃成核的活化能促使整体析晶；②晶核剂质点从扩散的活化能要尽量小，使其在玻璃中易于扩散；③晶核剂组分和初晶相之间的界面张力越小，它们之间的晶格常数的差越小，成核越容易。同时，根据研究人员提出的晶核剂的作用及要求，晶核剂与析出主晶相的结构越接近，则越有利玻璃中

形成稳定的晶核。晶核剂的用量对微晶玻璃的显微结构也有较大影响，晶核剂少，热处理后易形成晶粒粗大、晶相含量低的微晶玻璃；而晶核剂用量过大，引起玻璃的析晶速度过快，玻璃难以成型。因此，除了基础玻璃的配方设计，选择适宜的晶核剂和确定其最佳的用量是至关重要的。

微晶玻璃的晶核剂常分为贵金属及氧化物两大类。

贵金属晶核剂，贵金属成核剂主要有 Au、Ag、Cu、Pt 和 Rh 等。它们一般是以化合物的形式引入玻璃配合料中的，如金、银和铂为氯化物，铜为氧化物。这类贵金属盐类融入玻璃后，在高温以离子状态存在，而在低温时分解为原子状态，经过一定热处理将形成高度分散的金属晶体颗粒，从而"诱导析晶"。目前金属盐类主要用于制造光敏微晶玻璃。

氧化物晶核剂，TiO_2、ZrO_2 和 P_2O_5 是微晶玻璃生产中最常用的氧化物晶核剂。它们的共同特点是，阳离子电荷高、场强大，对玻璃结构有较大的积聚作用。其中 P^{5+} 由于场强大于 Si^{4+}，有加速玻璃分相的作用。而 Ti^{4+}、Zr^{4+} 由于场强小于 Si^{4+}，当加入量少时又有减弱玻璃分相的作用。所以它们的成核机理不一样。它们易融于硅酸盐玻璃中，但是不融于 SiO_2 配位数较高且阳离子的场强较大，容易在热处理过程中从硅酸盐网络中分离出来，导致结晶或分相。过渡元素的氧化物，如 Cr_2O_3、Fe_2O_3、V_2O_5、NiO、MnO 等也可以作为晶核剂，但因其能使玻璃着色，所以尽量少用或者不采用。氟化物、硫化物都因其会挥发出有毒且具有腐蚀性的气体，因而也尽量避免使用。

一般情况下制备微晶玻璃目前常用的晶核剂机理介绍如下。

CaF_2 可用作晶核剂，其成核机理是：由于 F^- 离子半径（1.36nm）与氧离子的半径（1.4nm）很相近，因此，F^- 能在玻璃网络中取代氧离子而不至于对玻璃结构中其他离子的排列产生过大的影响。由于 O^{2-} 为负二价，而 F^- 为负一价，为了保持电中性，必须是两个 F^- 代替一个 O^{2-}，即用两个硅氟键代替一个硅氧键，从而使硅氧网络断裂，黏度下降，促进玻璃的分相。同时，氟化钙的引入使玻璃的析晶活化能有所降低，且析晶势垒降低，有利于玻璃的分相和结晶，易得到晶粒细小、组织均匀的微晶玻璃。

TiO_2 的成核机理：一般认为，Ti^{4+} 在玻璃结构中属于中间体阳离子，在不同条件下它可能以六配位 $[TiO_6]$ 或四配位 $[TiO_4]$ 状态存在，高温时由于其配位数低，Ti^{4+} 可能以四配位参加硅氧网络，而与熔体很好地混熔。当温度降低，钛氧四配位 $[TiO_4]$ 将转变为低温的稳定状态——$[TiO_6]$。由于两者结构上的不同，TiO_2 就可能与其他 RO 类型的氧化物一起从硅氧网络中分离出来，产生分液，并以此为基础，形成晶核，促使玻璃微晶化，且金红石型 TiO_2 的晶格常数 a=4.59nm，c=2.96nm，虽然与 β - 硅灰石（a=7.94nm，b=7.32nm，c=7.07nm）看来相差悬殊，但若将 TiO_2 的 c 值乘以 3，得 $3c$=8.88nm，则与 β - 硅灰石的 a 值比较接近，所以在 TiO_2 周围形成 β - 硅灰石晶体。

Fe_2O_3 是一种有效的晶核剂，特别是在以玄武岩作为主要原料的微晶玻璃生产中。它的晶核剂作用不仅与它的含量有关，而且与氧化铁存在的状态有关，即与 FeO 和 Fe_2O_3 的比例有关。当向玻璃中引入 2% 糖作为还原剂时，在热处理后析出较大的球粒状斜辉石晶体，在热处理过程中易发生变形；而向玻璃中引入 $4\%NH_4NO_3$ 作为氧化剂时，在热处理后析出细晶粒的辉石，并获得性能良好的微晶玻璃，说明玻璃在氧化条件下熔制有利于 Fe^{3+} 与 Fe^{2+} 离子的比例接近于磁铁矿中这两种离子的比例，有利于析出理想的晶体。

Cr_2O_3 的成核机理：因为铬尖晶石的晶格常数为 a=8.086nm，透辉石晶格常数为 a=9.73nm，b=8.89nm，c=5.25nm，它的 a，b 值，特别是 b 值，几乎和铬尖晶石的 a 值相等，其 a 值与铬尖晶石的 a 值很接近，正是如此匹配的晶格常数，在熔体中晶核易形成透辉石晶体。在硅酸盐熔体中，在一定的温度下，加入一定量的 Cr_2O_3 可以大大促进 CaO（MgO）-Al_2O_3-SiO_2 玻璃的晶化。

P_2O_5 的成核机理：P_2O_5 是能形成玻璃网络的氧化物，对硅酸盐玻璃具有良好的成核能力。由于 P_2O_5 在硅氧网络中易形成不对称的磷酸多面体，加之 P^{5+} 的场强大于 Si^{4+}，因此它容易与 R^+（R 指碱金属）或者 R^{++} 一起从硅氧网络中分离出来。一般认为 P_2O_5 在玻璃中的核化作用，来源于分相。因为分相能降低界面能，使成核活化能下降。

晶核剂的选择不仅要考虑与基础玻璃化学成分具有良好的相容性，同时也要考虑是否能够达到期望的晶相。文中由于玄武岩矿渣中含铁量高，结合玻璃的成型和性能等因素必须选用合适的晶核剂，才能制得以透辉石为主晶相的微晶玻璃。经过很长一段时间的研究，众多科研工作者们一致认为，研制微晶玻璃适宜采用复合晶核剂，复合晶核剂可以达到双碱效应，即离子堆积密度好，可以促进玻璃的熔解，同时降低界面能，使成核活化能降低。但不同的晶核剂特点各有不同，所以采用复合晶核剂时各晶核剂的用量必须经过优化选择。根据晶核剂的特点及基础玻璃的成分，最终选用 Fe_2O_3+TiO_2 为晶核剂。

（二）基础玻璃熔制工艺参数的确定

玻璃熔制是微晶玻璃生产重要的环节之一。它是将配合料经高温加热熔融

成合乎要求的玻璃液的过程。对于玻璃熔制过程，在高温下的反应复杂，尚难获得最充分的了解，常可根据熔制过程分为五个阶段：硅酸盐形成、玻璃形成、澄清、均化、冷却。微晶玻璃同其他玻璃一样，要求熔制出来的玻璃液很均匀。如果熔制出来玻璃液的均匀度差，就会在后续阶段出现晶化不均匀现象而产生内应力，造成微晶玻璃炸裂。

1. 原料配比与混合

按照配方表，所有配方称重共 100g，并充分混合使其均匀。为使混合效果良好，将配料在球磨机中充分混合，使其充分接触，以改善熔制过程，减少能耗。

2. 配料熔制

将矿渣和化学试剂按照百分比精确称量后倒入研钵中混料，为了保证混料均匀，人工混料时采用三拌两筛。先用拌料棒搅拌 3～5min，基本均匀混匀后过 80 目筛，筛子上面的物料在研钵中研细直至全部通过，再拌 3～5min 后再过筛，之后再拌 3～5min，并留 3%～5% 混匀后备用。熔制玻璃在硅铝棒高温电炉中进行，选用 250ml 氧化铝坩埚。将氧化铝坩埚放入硅钼棒高温电炉中随炉升温，待温度升到 1200℃左右将配合料分几次加入坩埚中，每次间隔 10分钟左右。配合料全部加完后，电炉在 1450℃保温 2h。为了促进均化，在恒温期间用玻璃棒搅拌玻璃液。经过恒温处理后，使熔料充分均化和澄清，并形成均匀的、无气泡并符合成型要求的玻璃液。

玻璃的熔制是一个复杂的过程，它包括一系列的物理、化学、物理化学现象和反应。这些现象和反应结果，使各种原料的机械混合物变成复杂的熔融物即玻璃液。玻璃形成的各阶段都是吸热反应，温度越高反应速度越快，另外原料越细反应速度也越快。当熔融温度为 1300℃，保温 0.5～2h 时，玻璃液黏度较大，通过多次试验，最后确定熔融温度 1450℃，保温 1h，得到的黑色基础玻璃非常均匀，无条纹，易流动，熔制效果很好。

3. 熔制结果分析

各配方分别在 1300℃和 1450℃下熔制 0.5h 和 1h，配方在 1300℃下熔制状态效果差，配料没有完全熔融。所以，实验选择在 1450℃下进行熔制。熔制结果如表 5-2。

表 5-2 基础玻璃熔制统计结果

配方	熔制温度（℃）	保温时间（h）	熔制结果
A₁	1450	0.5	黑色，黏度高，不易流动
		1	黄褐色，黏度降低，易流动
A₂	1450	0.5	黑色，熔融，无气泡
		1	黑色，易流动，无气泡
B₁	1450	0.5	深褐色，难熔
		1	黑色，流动增强，有气泡
B₂	1450	0.5	红褐色，黏稠，有难熔物
		1	深褐色，流动性增强，少量气泡
C₁	1450	0.5	黑色，黏度略高，有气泡
		1	黑色，易流动，无气泡
C₂	1450	0.5	红褐，黏度高，不易流动
		1	深褐色，流动，少量气泡
D₁	1450	0.5	黑色，有少量颗粒，附着气泡
		1	黑色，熔融，易流动，均匀
D₂	1450	0.5	黑色，熔融，均匀
		1	黑色，易流动，均匀无气泡

从表中可以看出，A_2、C_1、D_1、D_2 号配方的熔融效果都达到了实验的预期效果，综合上述对比，在二氧化硅含量超过 60% 的情况下，总体效果不是很好，基础玻璃难熔，且有不熔物。A_1 组分经过 1h 保温后出现了黄褐色的样品，但黏度仍然不理想，可能是由于氧化铁的含量存在问题，调节组分构成后颜色和黏度有所改善。对比各组配方，氧化铝含量不能太高，如果超过 15%，基础玻璃很难熔融且需要消耗大量热量，同时氧化钠和氧化钾的加入量，总体应该保持在一定范围内。从节约能耗来考虑，确定熔制温度为 1450℃，熔制时间为 0.5 ～ 1h 已经足够了，没有必要提高熔制温度和时间，其熔融温度比一般矿渣微晶玻璃 1600℃ 要低得多，熔制时间也较短。这也进一步说明基础玻璃配方是合理的。

4. 熔体成型

待熔体升温至指定温度，保温 0.5 ～ 1h 后，熔料充分均化和澄清，并形成均匀的、无气泡并符合成型要求的玻璃液，用特制的夹钳夹出高铝坩埚，把熔

融的熔体迅速倒入不锈钢模具中，放入预先加热的600℃电阻炉中进行退火。从倒入过程中可看出，A_2、C_1、D_1、D_2号熔融效果较好，黏度低，无气泡，流动性好，再一次证明配方的合理性。

（三）微晶玻璃热处理制度的确定

微晶玻璃在热处理过程中，玻璃可能发生分相、晶核形成、晶体生长，二次结晶生长等过程，最后转变为异于原始玻璃的微晶玻璃。因此，热处理是微晶玻璃生产的技术关键。微晶玻璃的结构，取决于热处理的过程，对于不同种类的微晶玻璃，上述各过程进行的方式常不同。一般可把晶化过程分为如下步骤：①玻璃结构发生微调，这一过程不改变制品玻璃态，但其物理性质已经有所变化，常称之为"预结晶"；②晶核的形成，引起基本结晶相的形成；③基本结晶相的形成及生长（常为介稳相，结构接近原始玻璃结构）；④介稳晶相转变为稳定晶相。

这些变化在不同的热处理阶段发生，其中第一阶段是玻璃结构的微调及晶核的形成，第二阶段为均匀结晶。微晶玻璃通常是在玻璃转变温度以上、晶相熔点以下进行成核和晶体长大。成核通常在相当于$10^{10} \sim 10^{11}$Pa·s黏度的温度下保温一段时间，其晶核粒度约3～7nm。在核化过程中必须严格控制升温速率和成核温度。成核一经完成，便升温至晶体长大温度（一般约高于成核温度150～200℃）。这时必须注意防止制品变形和不必要的多晶转变或某些晶核的重新溶解，以免影响最终制品的质量。

通过热处理可以控制晶粒大小和数量，从而改善微晶玻璃的性能。有了合理的配方，若没有适当的核化与晶化制度做热处理，仍然得不到性能优异的微晶玻璃。基础玻璃组成相同而热处理制度不同，微晶玻璃的主晶相种类、晶相构型以及晶粒的平均尺寸、数量等均会不同，最终微晶玻璃产品的各项性能也会不同。

1. 微晶玻璃热处理制度的设计

基础玻璃的成分确定后，没有适宜的热处理制度是得不到预定性能的微晶玻璃的。热处理直接关系到晶粒的形成、分布、晶粒大小等，是微晶玻璃制造成功的基本环节之一，必须考虑。热处理的第一步是成核（核化阶段），应根据差热曲线选定温度，以差热曲线上吸热效应的上升温度来确定晶相形成的温度。热处理的第二步是晶核的生长（晶化阶段），应当根据差热曲线选定温度，同样以差热上放热效应的上升温度来确定晶相形成的温度。为了获得理想的显微结构，热处理温度的选择应尽量趋向温度的低限，而热处理的时间应相对延长。

热处理制度可归纳为两种类型：阶梯温度制度和等温温度制度。实验微晶玻璃的热处理制度采用阶梯温度制度。微晶玻璃的热处理过程分两阶段进行，即将退火后的玻璃加热至晶核形成温度，并保温一定时间，在玻璃中出现大量稳定的晶核后，再升温到晶体生长温度，同样保温一定时间，使玻璃转变为具有一定晶粒尺寸的微晶玻璃。升温速度要认真控制，必须防止微晶玻璃的变形。若升温速度太快，晶体生长速度不一定能足够快速，保证在所有温度下都有一个坚固的结晶"骨架"。如果缓慢加热，将不会出现变形，因为虽然其中还含有大量玻璃相，但随着温度的上升，玻璃相将连续减少，而产生结晶相。

2. 微晶玻璃差热测试及分析

微晶玻璃热处理制度中核化和晶化温度的参照确定方法有很多，如差热法、X射线衍射法等。实验采用差热分析法，差热分析是在程序控制温度下，测量物质与参比物之间温度差与温度相关的一种技术，是研究物质受热或冷却时所发生的各种物理和化学变化，进而推断其结构与物性之间关系的有力工具。热处理过程的各个阶段，特别是晶核形成和晶体长大阶段的热效应及反应最剧烈时的温度和反应所需时间，通过差热曲线均可以观测到。因为在这些体征温度点有明显的热效应发生，所以差热分析是微晶玻璃产生预定结晶相的关键工序，是在微晶玻璃研究中确定热处理制度必不可少的手段，为确定微晶玻璃热处理制度提供可靠的指导作用。同时利用差热分析技术在微晶玻璃的研究中，通过测定不同晶相的析晶温度，可以有目的地控制析晶温度，产生所希望的主晶相，从而达到所需要的产品性能。

据分析结果，取效果比较好的 A_2、B_1、C_1、D_2 配方进行差热分析，将玻璃块体分别用研钵磨成粉末并用200目筛进行筛分，筛下物收集备用。用玻璃粉末进行差热测试分析。

差热曲线可归于两类。①核化峰不明显，而有明显的晶化放热峰，但放热峰有两个及两个以上，D_2 曲线就属于这样的情况。这种玻璃在第一个主放热峰位置热处理时，一般也可以结晶，但是其晶相一般不单一，其中可能包含第二晶相，第二晶相可能是新晶相，也可能是晶型转变，这种基础玻璃不适合对其进行热处理。②核化峰不明显，而有明显的晶化放热峰，且放热峰面积较大，C_1 和 B_1 就属于这种情况。

对四组样品在 820 ～ 1000℃温度下进行热处理，结果发现 D_2 号样晶化的

不完全，发生变形现象，这进一步证实了上述推论。经过反复试验证明：具有第二类特征的试样都能够很好地晶化，而具有第一类特征的试样大部分只能部分晶化且易发生变形。而 A_2 号样品具有更加明显的吸热和放热峰。但是所显示的核化和晶化温度差不多，所以，本文下面将根据这些试验结果及放热峰面积大小对 A_2、B_1、C_1 做热处理设计，探讨最佳配方。

四、玄武岩矿渣微晶玻璃最佳热处理制度的确定

（一）微晶玻璃最佳热处理制度的确定

热处理制度主要包括升温速率、核化、晶化温度及其保温时间。微晶玻璃热处理工艺对材料性能具有重要的影响，对于一定配方和选定主晶相后的基础玻璃，在核化、晶化温度及其保温时间（包括升温速率）之间存在一个最佳组合，才能最大程度地满足材料微观组织结构的要求，确保材料具有良好的力学性能。核化温度及其保温时间对有效地析出大量而细小的晶核有关键作用，晶化温度及其保温时间对晶体的生长也必不可少。升温速率，特别是从核化温度到晶化温度的升温速率，对材料的性能影响也不容忽视。热处理时，希望尽可能提高玻璃的升温速率以减少热处理时间，提高生产效率。但升温速率过高，会导致玻璃产生变形或裂纹甚至炸裂，这是由于热处理过程中形成的晶相具有比玻璃相更高的密度，晶化时伴随的体积收缩导致组织内部产生附加力而变形。另外，升温速率太快，当玻璃的软化速率大于晶体生长速率时，试样不能形成一个坚固的结晶"骨架"，也容易变形，而缓慢升温可使应力被玻璃相的黏滞流动所消除，将不会产生变形。但如果升温太慢，那样随着温度升高，虽然有晶核继续形成，但晶体长大会"回吸"晶核，可能会减少最终的晶体数量。实验核化温度到晶化温度之间的升温速率一般控制在 3 ~ 5℃ /min。

1. 微晶玻璃热处理正交试验设计

由于微晶玻璃热处理工艺中的核化温度、核化时间、晶化温度、晶化时间这四个参数之间有相互影响的关系，且都有一个最恰当的值，得到这四个最佳值所组成热处理后的微晶玻璃制品的各项性能最能符合需求。实验采用三水平四因子的正交实验安排实验方案，以差热分析结果为依据，结合相关资料及试验摸索，来探讨玄武岩矿渣微晶玻璃的最佳热处理制度参数。一般情况下，在 820 ~ 860℃之间选 3 个水平点（820℃、840℃、860℃），在 960 ~ 1000℃之间也选 3 个水平点（960℃、980℃、1000℃）。核化时间和晶化时间分别取

1h、2h、3h 三种。

随着晶化温度的升高，微晶玻璃的表面变得光滑，有光泽，显得更加细腻。但当晶化温度达到 1000℃时，微晶玻璃在烧结过程中大量地气化烧失，产生了大量的气孔。所有样品在不同的晶化时间都出现了变形，此阶段晶化时间已经没有意义了，并且在样品表面局部出现异常颜色，说明选取 1000℃作为晶化温度偏高。

2. 正交试验结果分析

根据热处理制度，对基础玻璃进行热处理。以 5～8℃/min 升温至 840℃左右，保温一段时间，再以 3～5℃/min 升温至晶化温度并保温，然后随炉温冷却。热处理后的试样经切割并打磨成 5mm×5mm×40mm 的试样条后，进行抗弯强度的测试。试验分析按照正交理论，包括数据计算和直观分析两个步骤，从而得出理论最佳热处理工艺。

表 5-3　不同热处理制度下试样抗弯强度

试验号	晶化温度 $T_{晶}$（℃）	晶化时间 $t_{晶}$（h）	抗弯强度（MPa）
1	960	1	82.54
2	980	1	99.71
3	1000	1	108.62
4	960	2	112.35
5	980	2	172.56
6	1000	2	86.75
7	960	3	120.26
8	980	3	134.58
9	1000	3	88.68

从测试结果可以看出随着热处理制度的不同，抗弯强度也有很大差异。随着晶化温度的提高，试样抗弯强度先增大后减小；随着晶化时间的加长，试样抗弯强度逐渐增大，其中强度最大的高达 172.56MPa，最低只有 82.54MPa。其余试样的强度均介于这两个值之间。

采用极差法对正交试验结果进行分析，一般情况下，各因素的极差是不同的，这说明各因素的水平改变时对试验指标的影响是不同的。极差越大，说明这个因素的水平改变时对试验指标的影响越大，也就是说这个因素的水平改变

对试验指标的影响最大。所以，从 R 值中可以看出晶化温度对抗弯强度影响最大，同时晶化时间对抗弯强度也有一定的影响，所以初步拟定最优热处理制度为：晶化温度为 980℃，时间为 2h。

3.XRD 分析

分别对 A_2、B_1、C_1 三组配方中，基础玻璃熔制较好的在最佳热处理条件下得到的矿渣微晶玻璃进行 XRD 分析。相同的工艺条件不同配方的微晶玻璃的主晶相为透辉石，是玄武岩矿渣微晶玻璃的理想晶相，其余为玻璃相。其中 A_2 号微晶玻璃主晶相较多且最好，其主峰值最高。B_1 号微晶玻璃出现少量杂峰。C_1 号微晶玻璃的杂峰较多主晶相相对弱一些，仍有相当数量的玻璃体存在。

根据原料组成及 XRD 分析得出：玄武岩矿渣微晶玻璃的主晶相为透辉石。这种矿物具有良好的抗弯强度、耐化学腐蚀、抗冲击等一系列优异性能。B_1 号、C_1 号、A_2 号样的晶相衍射峰的强度逐渐增强，晶相含量逐渐增加。对于多晶材料来说，晶界比晶粒内部弱，材料的断裂破坏多是沿晶界断裂。材料中晶相含量越高，则晶界越长，裂纹的迂回路程越长，表现为抗弯强度相对较高，所以 A_2 号试样抗弯强度必然最高。三组试样的谱峰位置基本相同，峰高有一定的差异。根据衍射线强度理论，晶相衍射强度随着该晶相的相对含量的增加而增加。所以热处理制度不同，晶相的组成并没有改变而含量有所不同。

4.SEM 分析

由于条件限制，只对最佳条件下 A2、B1、C1 号微晶玻璃样品进行 SEM 分析。把各编号的微晶玻璃试样破碎后，放入体积浓度为 5% 的 HF 酸中腐蚀 90 分钟左右，做断口相貌观察。

从 SEM 结果中可以知道 A2 号微晶玻璃整个晶体发育完全，颗粒呈交替状分布，总体具有较好的核化效果。从结构上分析，A2 号微晶玻璃具有各种良好的性能，B1 号微晶玻璃的晶粒大小不一，有的已经长大但是有的还在生长，晶粒分布和形状不完全，成长效果不好。C1 号的晶粒发育不良，仅有少量晶粒尺寸很小的颗粒均匀分布于玻璃体中，而 A2 号晶粒很多且均匀分布在基体中，其晶粒明显比 C1 号试样中的晶粒大很多，C1 还没有完全发育；A2 号试样中的晶粒已经发育完全，颗粒大小约为 0.5μm，明显较 C1 号和 B1 号试样大。这可能就是试样抗弯强度逐渐增大的主要原因。

综上所述，结合抗弯强度、XRD 和 SEM 测试结果可以看出：随着晶化温度的提高，试样的抗弯强度、晶相含量和晶体的生长情况都发生了相应的变化。

首先，随着晶化温度的提高，晶体生长速率显著增大，试样中晶相含量和抗弯强度也迅速上升，晶粒逐渐长大并发育完全。再进一步提高晶化温度，晶体生长的增长速率变慢，晶相含量和抗弯强度的增加缓慢。随着晶化时间的延长，晶体的生长逐渐完全；当晶体长到一定大小时，继续保温晶粒粗化、重熔。从测试结果来看，980℃时晶化的试样性能特点比较优异。所以综合考虑980℃可作为最佳的晶化温度，晶化时间为2h。

（二）微晶玻璃影响因素的探讨

玄武岩矿渣微晶玻璃颜色与核化温度没有关系，核化时间的影响也不大。主要原因是晶化温度高于核化温度很多，微晶玻璃在核化温度过程中转变的颜色在晶化温度过程中又转变了，最终结果以晶化温度的颜色而呈现，所以微晶玻璃的颜色变化随着晶化温度的提高而变化，最终在最佳热处理制度下呈现黑色。当热处理温度过高时，会在样品表面出现红褐色的物质，是由于模具在高温时有含的物质扩散到样品的表面形成。样品也有融化的倾向，更加证明了热处理温度在1000℃过高。

1.浮渣的成因分析及溢液现象

在熔制的过程中发现，玻璃液的上层有浮渣，其黏度很大，而且在玻璃液的澄清阶段会溢出坩埚，初步推断这是由于玄武岩矿渣中富含铁的缘故。过渡金属元素铁具有两种基本的价态：Fe^{2+} 和 Fe^{3+}，它们在玻璃结构网络中的作用完全不同。Fe^{2+} 和二价碱土金属 Ca^{2+}、Mg^{2+} 离子一样，作为网络间隙离子，起破坏玻璃中硅氧网络的作用，可使玻璃的黏度降低；Fe^{3+} 的作用与 Al^{3+} 离子相同，在有一价碱金属离子或二价碱土金属离子等存在时，将形成 [FeO_4] 四面体，加入硅氧网络中，起到补网作用，可使玻璃黏度提高；而在没有一、二价离子或这些离子含量少时，Fe^{3+} 离子将处于玻璃网络间隙中，形成 [FeO_6] 八面体，此时 Fe^{3+} 离子对 [SiO_4] 四面体有一定的积聚作用，同样会使玻璃处于较高的黏度状态。当坩埚内表面层的配合料基本熔化后，便形成这种高黏度的夹杂有固体原料的玻璃液，封住了坩埚下层原料分解出来的气体排放的通道，导致坩埚内气体无法通过表面层玻璃液逸出，为了降低坩埚内气压，只能推动该层玻璃液向上移动，直至溢出坩埚外，这就是溢液现象。

为了解决上述出现的问题，可以通过添加还原剂来使 Fe^{3+} 转变为 Fe^{2+}，从而达到破坏玻璃结构网络以降低玻璃液黏度的目的。但实验要求在氧化气氛下进行，使 Fe_2O_3/FeO 达到合适的比值，所以通过加入一定量的萤石进行调节。

萤石中的氟离子可以代替硅氧网络中的氧离子，使网络断裂能降低，从而降低了玻璃液的黏度。但萤石加入过多会导致玻璃液对坩埚的侵蚀加剧（即对耐火材料的腐蚀作用增大）。因此，加入 2.88wt% 的萤石，这样既解决了溢液现象，也不会对坩埚造成太大的侵蚀，熔制效果良好。

2. 影响玄武岩矿渣微晶玻璃气孔产生因素的探讨

玻璃成分、熔制过程对气孔产生的影响：由于所选用成分中，配方需要引入的物质 CaO、Na_2O、K_2O 分别用价格比较便宜的生石灰、碳酸钠、碳酸钾替代，所以在玻璃的熔制过程中会有一定量的气体产生，但只要原料配比合理，熔制工艺参数合理，使玻璃液易于澄清、均化，就不会在基础玻璃颗粒中带入一定量的气泡，这些气泡若存在，在研磨抛光后就会成为气孔，出现在微晶玻璃的表面，所以要严格避免。

实验结果表明：在 1450℃温度下熔制 1h，澄清及均化效果较好，基本无气泡，而且该成分在后期处理中，在一定粒度下也不会产生（二次）气泡。这说明该玻璃成分和熔制温度、时间是合适的，玻璃的成分与熔制工艺参数对解决该矿渣微晶玻璃气泡方面无太大的影响。

热处理制度对气孔产生的影响：基础玻璃开始核化时，玻璃颗粒向接触处物质迁移形成颈部，直至颈部互相冲突。随着颈部的生长，颗粒会发生重新排列，此时气孔位于颗粒与颗粒之间所包围的定点，气孔之间相互连通并且形状十分复杂。进一步的物质迁移使连通气孔收缩，同时气孔内部表面物质由曲率半径小的地方向曲率半径大的地方迁移，伴随着气孔的形状发生变化。由于气孔快速收缩导致连通气孔被切断，而形成孤立气孔。通过对已经完成核化过程样品的观察，发现除因玻璃未熔化好而使颗粒中带有气泡外，大多数的气孔均在玻璃颗粒交界处存在，另外，核化温度过低也会对气孔存在的数量产生一定影响。

由 $CaO\text{-}MgO\text{-}Al_2O_3\text{-}SiO_2$ 系统玻璃所具有的表面易析晶特性，决定了晶体首先从颗粒边界面开始生长。基础玻璃在热处理过程中，随着晶粒的析出，颗粒花纹边界处玻璃液黏度迅速增大，质点迁移受到限制，结果使烧结阶段带入晶化阶段的气孔更加难以消除。当基础玻璃成分一定时，玻璃颗粒经过比较充分的烧结后，带到晶化阶段的气孔一般以细微的真空形式存在，这并不影响产品的质量。对于每一组分的玻璃都有其最佳的晶化温度范围，在此温度范围，析出的晶体得以长大，同时针孔的变化不大。但当温度偏离最佳温度范围后，过高温度会使针孔中气体出现体积扩大和上浮现象，而温度过低又将因液相产生量不足而使表面凸凹不平，结果都在微晶玻璃板材表面形成气孔或孔洞，同时过低的晶化温度还会使玻璃析晶不充分而影响产品的花纹及强度。

热处理制度是消除和减轻采用烧结法制备微晶玻璃中气泡的重要阶段。对有液相参加的烧结过程，晶化温度是对物质迁移起着决定作用的因素。从玻璃烧结动力学角度看，若其产生较多液相，晶化温度应尽可能提高，以使物质的迁移更充分，同时为减少气孔或孔洞的出现，提高产品质量，晶化温度要适当，根据不同的物料，确定最佳的晶化温度范围。实验中玄武岩矿渣微晶玻璃的最佳热处理参数为：核化温度840℃，核化时间2h；晶化温度980℃，晶化时间2h。

五、结论

文中以玄武岩矿渣及少量的工业化学试剂为原料制备微晶玻璃，矿渣的利用率达到60wt%以上。若添加一些其他的矿渣，可进一步提高玄武岩矿的利用率，降低玄武岩渣微晶玻璃的研制和生产成本，同时也能解决其他矿渣带来的一些问题。

可以通过调节配方组成、优化热处理制度及改进制备工艺来扩大生产颜色多样化的微晶玻璃。玄武岩矿渣中通常含有大量的Fe_2O_3着色剂，要尽量避免使用这类含有深着色剂的矿渣或通过调节配料组成、改变晶化温度等办法来实现微晶玻璃颜色的多样化。由于试验条件的限制，对于Fe_2O_3对玄武岩微晶玻璃的力学影响未做研究。

玄武岩矿渣微晶玻璃具有较高的强度、硬度、耐磨性及耐高温性，但微晶玻璃是一种脆性材料，在外力冲击下容易导致裂纹的增加，从而使材料受到破坏。目前的增韧性研究主要有纤维增韧和表面定向增韧，期待通过增韧技术的发展来提高玄武岩矿渣的韧性，进一步提高资源的利用率。

随着纳米技术的发展，制备纳米级晶粒的微晶玻璃有着极其重要的科学研究意义。这种微晶玻璃具有更加优异的光学、热学及力学性能。可以通过对微晶玻璃的成核与析晶过程进行精密测控，来获得性能优异的纳米级玄武岩矿渣微晶玻璃，从根本上解决矿渣利用率低的问题。

第二节　利用镍钼钒矿渣制备微晶玻璃

贵州是一个矿产资源大省，矿产丰富，但矿山长期生产堆积的矿渣，不但影响当地的生态环境，而且占用了当地有限的耕地资源。资料显示，贵州息烽

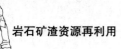

地区因矿山用地而废弃的土地，居全省之首。因此如何合理利用矿渣资源来加工有高附加值的产品，以减少当地的矿山生产对环境造成的破坏，就成了当地经济发展中必须考虑的一个问题。

近年来，随着矿产资源的大量开发，省内矿区堆积了大量矿山固体废弃物。这些废弃物以尾矿、矿渣等为主，它们的长期大量堆存，不但占用了有限的耕地，而且经雨水冲刷、河道径流等途径，矿山废弃物中的贵金属、氟、磷、硫等有害元素也会不断地侵蚀土壤，污染周边地区的生态环境。贵州省国土资源技术信息中心对贵州矿山废弃地统计数据的分析表明，贵州省因矿山开采所造成的废弃用地达 42.4152km²，息烽地区废弃的矿山用地达 8.2401km²，占全省废弃地的 19.43%，居全省之首。贵州省是全国唯一没有平原支撑的山区省份，林地条件差，耕地少而后备资源缺乏，因此如何合理地减少矿山占地面积，就成为解决贵州省耕地资源匮乏的现实问题。矿山固体废物的大量堆积不仅影响矿区及周边地区的生态环境，而且还形成了潜在地质灾害危险源，例如，2006年贵州省黔西南布依族苗族自治州贞丰县的金矿尾矿库发生子坝滑脱，约 20万 m³ 含有剧毒氰化钾等成分的矿渣废水溢出，流进下游已经废弃的小厂水库，部分进入当地农民仍在使用的白坟水库。

综上所述，长期堆放的矿渣资源不但污染环境、破坏生态平衡而且还造成了资源的严重浪费。我国对矿渣资源综合利用的关注程度也是逐年提高的，从70 年代起，由国家计委和国家科委组织有关科研机构以及包头、攀枝花等部分有特色的矿山，开展的在矿渣中回收有价值组分的工作；到有关矿渣的处置、管理及资源化示范工程被纳入《中国 21 世纪议程优先项目计划》。几十年间我国的矿渣治理工作，已经由起初的提取矿渣中某些有用组分使其得以利用，逐步发展到以建立无矿渣矿山为目标的长远规划上来。

矿渣中的主要化学成分是以硅、钙、铝、镁等元素为主的氧化物。这些占到冶金矿山矿渣中 80% 以上的非金属矿物，成分实际上是构成玻璃、陶瓷的重要成分，只需添加以少量的添加剂做原料调整，通过控制晶化行为就可以获得多种不同性能、类型的微晶玻璃。微晶玻璃作为一种新型微晶材料，以其优异的性能以及高化学稳定性在国防、航空航天、电子、生物医学、建材等领域获得了广泛的应用。2010 年远景规划中，微晶玻璃被规划为国家综合利用行动的战略发展重点和环保治理的重点，被称为跨世纪的综合材料。

文中论述的是以贵州息烽地区镍钼钒矿渣为主要原料制备微晶玻璃的方法，这种方法可以大量消耗镍钼钒矿渣，解决现有环境污染问题，保护生态环境，减少该区矿山废弃用地。该方法初步解决了如何利用息烽地区固体废物的问题，为该地区如何恢复矿山环境提供了良好的解决方案。

利用矿渣制备微晶玻璃的主要优点为：对环境保护具有重要的意义，一方面代替了天然石材的资源开采，避免了采矿过程中可能造成的环境危害；另一方面消除了工业矿区为了堆放这些废弃物所造成的环境危害。原料价格便宜，使用矿渣制成高附加值的微晶玻璃产品，利润率高，而且可以享受国家减免税收的待遇。矿渣微晶玻璃的放射性一般低于天然石材，而且通过对废渣中的可溶性重金属离子的转化和固化作用使砖、水泥等制品都无法与之比拟。矿渣微晶玻璃的机械性能、耐化学腐蚀性能很好，且可形成独特的纹路及亮丽的颜色，被广泛应用于建筑装饰材料。

一、微晶玻璃的制备工艺

制备微晶玻璃的方法一般可归结为整体析晶法、烧结法、溶胶—凝胶法三大类。这三类制备方法都各有优缺点，具体应用时可根据对制品的要求、原料成分的不同、生产单位的技术条件等做出相应的选择。由于以硅灰石为主晶相的微晶玻璃拥有非均匀成核、表面析晶的析晶行为特性，目前国内制备该类型微晶玻璃的方法主要为烧结法，运用烧结法制备微晶玻璃的主要优点为：可任意调节晶相与玻璃相的比例；基础玻璃的熔融温度比整体析晶法低，能耗较低；微晶玻璃材料的性能可随晶粒粒度的调整而容易控制；基础玻璃破碎成颗粒后表面积大大增加，使得整体析晶能力差的基础玻璃也可以制得晶相比例很高的微晶玻璃材料。实验采用烧结法制备镍钼钒矿渣微晶玻璃，并将少量基础玻璃液浇铸成块与颗粒样品一同进行晶化烧结以研究其表面析晶行为。

（一）主要实验仪器

实验主要用到以下仪器设备：快速节能箱式电阻炉与实验电炉，用于微晶玻璃的熔融与晶化；振动磨样机，用于制取基础玻璃微粒；振筛机，用于筛分水淬、研磨后的玻璃颗粒；电子天平，用于称量样品与试剂；偏光显微镜，用于观察显微结构；液压式万能实验机，用于测试样品的力学性能。这些设备的具体生产厂家、产品型号与性能如下。

①快速节能箱式电阻炉，生产厂家为洛阳市西格马仪器制造有限公司，产品型号为SGM28536，主要技术参数为最高温度1350℃，额定电源电压220V。

②实验电炉，生产厂家为武汉亚华电炉有限公司，产品型号为 SXK-2-16，主要技术参数为常用高温 1600℃摄氏度，额定电压 320V。

③振动磨样机，生产厂家为武汉探矿机械厂，产品型号为 XZM-100，主要技术参数为给料粒度 -10、-12mm，排料粒度 0.074mm。

④顶击式振筛机，生产厂家为南昌朝阳化验设备有限公司，产品型号 XSB-93，主要技术参数是振动次数 221 次 / 分，振击次数 147 次 / 分。

⑤电子天平，生产厂家是上海衡平仪器仪表厂，产品型号 FA2004，主要技术参数为最大称量 200g，最小读数 0.1mg。

⑥偏光显微镜，生产厂家是上海长方光学仪器有限公司，产品型 XP-203E，主要技术参数为总放大倍数 40X-630X，测微尺 0.01mm 镜筒三目观察（接数码相机）。

⑦液压式万能实验机，生产厂家为长春市朝阳试验仪器有限公司，产品型号 WEP-600，主要技术参数为最大实验力 600kN，活塞直径 × 行程 200mm × 250mm。

（二）基础成分设计

1. 镍钼钒矿渣原料分析

实验使用的镍钼钒矿渣来自贵州息烽地区，该区镍钼矿床主要赋存于下寒武统牛蹄塘组的黑色页岩中。镍钼钒多金属矿富集层主要由以下岩矿层构成。

①黑色炭质伊利石页岩，此层层理发育，层面平整并且胶结程度高，为开采"镍钼钒金属矿层"坑采的天然顶板，一般含钼（Mo）0.1% ～ 0.3%、镍（Ni）0.2% ～ 0.5%、钒（V_2O_6）0.05% ～ 0.7%，厚度 0.5 ～ 1.0m。

②镍钼硫化物层，金属硫化物构成条纹状，斑块状及砾屑状出现在炭泥质基质中。矿体成层状、似层状、扁豆状等产出，与顶底炭泥质页岩的界线清楚，矿层基本连续。矿层一般厚度 10 ～ 30cm。

③炭质粉砂质伊利石页岩，夹透镜状磷块岩，厚 0.1 ～ 0.5m。黑色页岩中镍钼钒可达工业利用指标，厚度 0.5 ～ 2.5m。

底板为褐灰色含铀磷块岩夹透镜状含炭白云岩。有时与黑色页岩间夹产出，厚 0.5 ～ 1.0m。

研究使用的镍钼钒矿渣样品主要来自开采、选矿矿渣及尾矿。实验初始阶段采集了当地镍钼钒矿渣样品 3kg 左右，原始矿渣样品经室内研磨、筛分处理后进行 XRD 与主元素含量分析，分析结果表明样品中主要含有石英和伊利石。

石英的化学成分是二氧化硅（SiO_2）、其中 Si 约占 47%，根据其存在形式和纯度的不同，石英被广泛应用于玻璃、陶瓷的生产与谐振器、滤波器的制造等工业中。伊利石是一种以含钾为主的铝硅酸盐矿（$wt\%K_2O$ 在 8% 左右），晶格中还含有不等量的铁、镁等阳离子，成分比较复杂，Al_2O_3 质量分数较低，Fe_2O_3 和 TiO_2 质量分数较高，以伊利石为主要成分的黏土矿物常作为新型陶瓷原料、核废料处理上吸附铯以防辐射，并可以用作化妆品或塑料的填料。

该区镍钼钒矿渣中含有用于制备微晶玻璃的主要化学成分 SiO_2、Al_2O_3、MgO；可以作为晶核剂的 TiO_2、Fe_2O_3；用于助溶剂的 Na_2O；增加玻璃光泽度的 K_2O 及能使玻璃着色的 FeO、MnO 等化学元素，通过对其化学成分做适当地调整后，可用于制备微晶玻璃材料。

2. 基础成分设计

微晶玻璃组成广泛、品种繁多，随着多年的研究深入，微晶玻璃的化学组成范围由硅酸盐、铝硅酸盐系统逐步发展扩大到非硅酸盐和非氧化物系统，例如磷酸盐和硫系化合物及氢氧化合物微晶玻璃。在配方设计时随着主晶相的不同，其设计配方的化学成分差异往往很大；在选用不同的制备方法时，其设计配方中外加晶核剂用量也在 0 到 10% 左右的范围内变化。总的来说，微晶玻璃的组成设计首先是从基础玻璃的成分设计入手的，矿渣微晶玻璃的配方设计应具备以下条件：

必须保证基础玻璃的化学组成在热处理后形成的晶相及玻璃相，具有微晶玻璃所设计的理化性能；

在能满足使用性能要求的前提下，原料用量应尽可能多地使用矿渣原料，减少化学药剂的使用量；

熔制温度应尽量低，以降低能耗；

熔制、成型或退火过程中不析晶，在晶化过程中易于核化、晶化；

尽可能少的使用晶核剂，以减少成本。

相图可以指出某一组成的系统在制定条件下，达到平衡时系统中存在相的数目和每个相的组成及相对数量。因此应用相图来分析、研究生产中的问题，尤其是对于科学研究具有重要的指导意义。据研究指出微晶玻璃的制备与普通玻璃不同，为了满足微晶玻璃的性能要求，基础玻璃组成应接近作为基本晶相化合物的化学计量组成，例如要求良好的高周波绝缘性的微晶玻璃，其主晶相为堇青石（$2MgO \cdot 2Al_2O_3 \cdot SiO_2$）；若要求低膨胀系数的微晶玻璃，可选择锂辉石或堇青石等做为主晶相；若要求耐热的微晶玻璃，可以以莫来石为主晶相。

这表明不同主晶相的微晶玻璃，其性能会有很大的差别，因此在制备微晶玻璃时应根据原料的化学成分，选取合适的主晶相种类。根据相图设计的基础玻璃化学成分，也会因为工艺上的要求而发生改变，如加入晶核剂使其均化或加入其他氧化物以改善熔制性能与制品的光泽度等。

根据镍钼钒矿渣原料成分，选取 SiO_2、Al_2O_3、CaO 作为拟制备的微晶玻璃的主晶相化学成分，因此选用 $CaO-Al_2O_3-SiO_2$ 三元系统相图指导基础玻璃配方的设计，$CaO-Al_2O_3-SiO_2$ 三元相图。在 CAS（$CaO-Al_2O_3-SiO_2$）系统中，可形成的晶相有硅灰石、钙铝黄长石、磷石英、钙长石、硅钙石等。硅灰石是一种典型的链状结构晶体，以它为主晶相的微晶玻璃具有良好的化学性能、机械强度及耐热稳定性。所以基础玻璃中的 CaO、Al_2O_3、SiO_2 化学组成应选在 CS 区。

在相图中分别作三角形三边的平行线，交于 CS（$CaO \cdot SiO_2$）区各边顶点，所围成的多边形区域，就是制备以硅灰石为主晶相的微晶玻璃的 CaO、Al_2O_3、SiO_2。基本化学组成范围：SiO_2，45%～65%；Al_2O_3，0～19%；CaO，22%～50%。由于实验的宗旨是使用矿渣作为制备微晶玻璃的主要原料，在设计基础玻璃配方时应考虑尽可能多地提高原料利用率，尽可能少地加入其他化学试剂以减少成本，所以如何调整原料的化学成分使其适用于制备微晶玻璃，就成为设计基础玻璃配方时必须考虑的因素。息烽镍钼钒矿渣含铝量较高，铝硅比在 0.30，因此在 CS 区高铝范围内选取四个点，1、2、3、4 点作为基础玻璃的配方设计参考点，综合考虑熔融条件、成核晶化条件及成品性能等因素，调整配方中的一些氧化物含量，最终确定基础玻璃配方。

表 5-4　矿渣微晶玻璃基础配方表（wt%）

编号	SiO_2	Al_2O_3	CaO	Fe_2O_3	MgO	K_2O	Na_2O	TiO_2
1	50.2	13.2	24.5	2.3	1.8	4.2	4.9	0.6
2	47.1	13.1	27.5	2.3	1.9	4.3	4.8	0.5
3	47.1	16.3	24.5	2.4	1.8	4.3	4.8	0.6
4	50.3	16.1	21.5	2.2	1.7	4.4	4.8	0.6

配方中由化学试剂引入的氧化物主要为氧化钙，引入量在 20%～26%，化学试剂添加量较少；SiO_2、Al_2O_3 含量全部或大部分由矿渣中引入，矿渣用量在 79%～88%，用量大；表 5-3 是基础玻璃的化学组成表，在原料称量时使用的是换算过的原料配比表。

3. 氧化物的作用

在微晶玻璃配方中的氧化物都有其各自特有的作用，其中有的氧化物当含量较少时可以作为改善玻璃的色泽、热稳定性、化学稳定性等性质的玻璃性能调整剂；当含量较高时可以充当玻璃网络的形成主体，改变析出的主晶相，这类氧化物有 MgO、Fe_2O_3 等。以下结合制定的镍钼钒矿渣微晶玻璃配方，对氧化物在玻璃中的作用作简要论述。

二氧化硅（SiO_2）：SiO_2 是玻璃形成骨架的主体，以硅氧四面体（SiO_4）的结构组成不规则的连续网络结构，它本身就可以形成玻璃，即石英玻璃。引入 SiO_2 的作用，是提高玻璃的熔制温度、黏度、化学稳定性、热稳定性、硬度和机械强度，同时它又能降低玻璃的热膨胀系数和密度。适当增加 SiO_2 含量有利于减缓高温析晶倾向，但其含量太高，会导致玻璃黏度过大，使得制品析晶困难；但当 SiO_2 引入量过低（小于40%）则会容易导致玻璃失透，使玻璃制品无法成型。

氧化铝（Al_2O_3）：Al_2O_3 属于玻璃的中间体氧化物，当玻璃中 Na_2O/Al_2O_3 分子比大于1时，形成铝氧四面体并与硅氧四面体组成连续的结构网。Na_2O/Al_2O_3 分子比小于1时形成八面体，置于硅氧结构网的空穴中。Al_2O_3 能降低玻璃的结晶倾向，提高玻璃的化学稳定性、热稳定性、机械强度、硬度和折射率，减轻玻璃对耐火材料的侵蚀，并有助于氟化物的乳浊、提高玻璃的黏度。Al_2O_3 含量太高不利于玻璃的熔制，但有研究表明在一定范围内，随着 Al_2O_3 含量的提高，微晶玻璃的表面缺陷会有一定程度的减少，其制品的致密性和机械强度也会有所提高。

东北大学的学者运用 DTA、SEM 等分析手段，从热力学入手研究 Al_2O_3 在微晶玻璃中对析晶活化能等条件的影响，结果指出，随着 Al_2O_3 含量的提高，析晶活化能提高，促进了烧结的进行，Al_2O_3 含量使烧结温度区范围变宽，使表面的坑点、突起断裂等缺陷明显减少，Al_2O_3 含量的增加还有助于提高微晶玻璃的致密性和强度。

氧化钙（CaO）：CaO 在玻璃中是玻璃结构网络外氧化物。其主要作用是稳定剂，即增加玻璃的化学稳定性和机械强度。微晶玻璃中高的 CaO 含量有助于提高玻璃的结晶倾向。

通过对 CAS 系统微晶玻璃的大量研究指出，在15%～20%的范围内，随着 CaO 含量的增加，微晶玻璃的主晶相没有发生改变；随着 CaO 取代 SiO_2 量的增加，微晶玻璃制品的 XRD 衍射峰强度增加，硅灰石晶体在微晶玻璃中的

含量也会增加。CaO含量的提高有利于降低微晶玻璃的析晶活化能，且析出的硅灰石晶体尺寸也随着CaO含量的增大而变小。研究指出，CaO含量的提高能有效地提高玻璃的密度和抗折强度，但超过30%（mol比）时，由于析出的硅灰石晶体过多，使得表面无法摊平。研究进一步指出，CaO含量的提高使得烧结活化能降低而析晶活化能升高，这有助于玻璃的析晶，使析晶速率变大，但同时缩小了烧结温度范围，不利于玻璃颗粒的烧结致密化，烧结及摊平过程难以进行，CaO含量降低，试样玻璃的烧结活化能升高，所需的烧结温度相应地要升高，但是析晶温度降低，使可供选择的烧结温度范围变小，同时玻璃析晶速率变小，晶相量少，难以保证产品有理想的物理化学性能，他的研究找到了一个氧化钙含量的平衡点——18%（wt%）。

氧化镁（MgO）：MgO在碳酸盐玻璃中是网络外体氧化物。微晶玻璃中以3.5%以下的MgO代替部分CaO，可使玻璃成型过程中的硬化速度变慢，并且能降低玻璃的析晶倾向，提高玻璃的化学稳定性和机械强度。在微晶玻璃中，MgO对玻璃整体的影响与CaO和SiO_2的含量密切相关，研究表明，氧化钙和MgO是构成某些辉石的组成成分，也是构成橄榄石的组成成分。这主要取决于SiO_2含量和热处理条件，如果SiO_2充裕，可以形成透辉石[CaO-MgO（SiO_2）$_2$]；如果SiO_2不足，则可能形成钙镁橄榄石（CaO-MgO-SiO_2）；MgO对熔融液的影响与氧化钙相似，其影响程度有时甚至更大，MgO能促进微晶玻璃制品的化学稳定性和机械强度，能提高微晶玻璃制品的硬度，也能提高它的抗冲击强度，但含量不宜过多。CaO和MgO的热膨胀系数比SiO_2大得多，所以，熔融液中如果钙镁含量多了，铸件在热处理过程中收缩大，容易造成微晶玻璃的变形。

氧化钠（Na_2O）：Na_2O是网络外体氧化物，钠离子居于玻璃结构网络的空穴中。Na_2O能提供游离氧使玻璃结构中的O/Si比值增加，发生断键，因而可以降低玻璃的黏度，使玻璃易于熔融，是玻璃良好的助溶剂。Na_2O可增加玻璃的热膨胀系数，降低玻璃热稳定性、化学稳定性和机械强度，所以不能引入过多，一般不超过18%。

本文从烧结摊平情况与析晶温度入手，研究了Na_2O在CaO-MgO-SiO_2系微晶玻璃中的影响作用，结果指出随着Na_2O含量的增加，起始烧结温度和起始析晶温度都会减少，Na_2O含量的增加会导致玻璃中晶相比例的减少，研究给出了一个Na_2O的上限含量9%，超过这一上限，烧结和析晶会同时发生，这会阻止析晶速率的提高，且制品表面也会出现大量的气泡。

氧化钾（K_2O）：K_2O 在玻璃中的作用与氧化钠相似，但由于钾离子的半径比钠离子的半径大，所以钾玻璃的黏度比钠玻璃大，此外 K_2O 能降低玻璃的析晶倾向，增加玻璃的透明度和光泽等。

本文研究了 K_2O 的不同含量对微晶玻璃的烧结、晶化的影响，结果指出，随着 K_2O 的含量提高，微晶玻璃的强度提高、析出的主晶相不变，仍然为硅灰石，但同时玻璃的黏度会增加，当含量达到 5% 时，微晶玻璃的析晶只能在 10℃ 的狭小范围内进行。

二氧化钛（TiO_2）与三氧化二铁（Fe_2O_3）：TiO_2 是微晶玻璃中常见的晶核剂，Fe_2O_3 兼有着色剂与晶核剂的作用，它可以使玻璃着色成黄色。由于晶核剂的含量、种类对微晶玻璃的性能有较大影响，所以晶化剂的晶化机理及其对微晶玻璃的影响因素，就成为微晶玻璃研究中的一个热点问题。

实验中 TiO_2 与 Fe_2O_3 的含量均由镍钼钒矿渣引入，不另行引入其他晶核剂。

4. 晶核剂的作用

微晶玻璃的热处理工艺一般可以分为两个阶段：第一阶段，随着温度的升高，在玻璃内部或玻璃表面形成有一定分布的晶核；第二阶段，随着温度的进一步升高，玻璃中的晶核不断长大形成微晶体。在微晶玻璃中引入晶核剂可以促进玻璃在过冷状态下的成核与晶体成长，是最常用的促进微晶玻璃析晶的方法。晶核剂的主要性能如下：在玻璃的熔融温度下具有良好的溶解性，而在热处理过程中的溶解性极小，并且可以降低玻璃的成核活化能；拥有较小的质点扩散活化能，易于在玻璃中扩散、均匀分布；晶核剂组分与初晶相之间的界面张力较小且他们的晶格常数在 15% 的范围内，相差较小。

较为常见的晶核剂有三大类，其中金（Au）、银（Ag）、铂（Pt）、锗（Ah）等贵金属，属于金属晶核剂，广泛用于光敏微晶玻璃的制造；萤石（CaF2）、冰晶石（Na_3AlF_6）、氟化镁（MgF_2）等氟化物，属于氟化物晶核剂，一般也作为助溶剂和乳浊剂使用；TiO_2、Fe_2O_3、P_2O_5 等是微晶玻璃生产中最为常见的晶核剂，属于氧化物晶核剂一类。实验中配方的晶核剂为 TiO_2 与 Fe_2O_3，下面介绍其在微晶玻璃中的作用。

TiO_2 晶核剂在不同组成的微晶玻璃中都得到了广泛应用，其一般用量在 2% ～ 20% 之间，由于其成核机理复杂，所以其在成核过程中作用的解释还不够完善。一般认为 Ti^{4+} 在玻璃结构中属于中间体阳离子，在不同的条件下它可能以六配位（TiO_6）或四配位（TiO_4）状态存在。高温时主要以（TiO_4）存在，

与熔体均匀混合在一起，当温度降低时，主要以（TiO_6）存在，由于两者结构上的不同，TiO_2 就可能与其他 RO 类型的氧化物一起从硅氧网络中分离出来，并形成晶核，促使微晶玻璃的晶化。

研究 TiO_2 与 Cr_2O_3 复合晶核剂对 $CaO\text{-}Al_2O_3\text{-}SiO_2$ 系微晶玻璃的影响，结果指出 TiO_2 与 Cr_2O_3 能有效地促进玻璃晶化，并且随着 TiO_2 与 Cr_2O_3 含量的增加，析晶强度增加，晶化强度变大，当 TiO_2 含量增加时，其析出的硅灰石晶体含量增加。

Fe_2O_3 作为一种有效的晶核剂，其作用不仅与其用量有关，而且与其存在状态有关，即配方中的 FeO 与 Fe_2O_3 的比例。有研究表明在氧化条件下，在热处理工程中，首先析出磁铁矿晶核，随后在磁铁矿晶核上生长出辉石微晶体。而在还原条件下时，析出的球粒状斜辉石晶体容易变形。因此该种晶核剂适于在氧化条件下熔制。

研究指出，Fe_2O_3 含量的增加有助于提高基础玻璃的析晶能力，但当其浓度超过 2%（mol 比）时，这一作用规律会反转。研究还进一步指出拥有低铁配方的基础玻璃成分，其晶化温度范围有很大程度上的重叠，因此，这一系列基础玻璃可选择在同一晶化温度下晶化。

（三）基础玻璃的制备

按配方，用 FA2004 型电子秤（准确到 0.1mg）准确地称取各种组分，然后将这些氧化物依次倒入研钵中，用杵进行充分的研磨，使它们混合均匀并使颗粒度变小。原料颗粒的尺寸有必要进行一定的控制，关于原料粒度对玻璃配合料的均匀性分析研究，表明在原料研磨时需要控制玻璃原料颗粒在 80～150 目的范围内为宜，实验采用顶击振筛机（XSB-93）对研磨后的玻璃原料进行筛分分级。

将符合粒度要求的玻璃原料充分混合均匀，置于 100ml 铁锚牌陶瓷坩埚中，振动坩埚，使样品摊平。然后将坩埚垫在一块凿有圆形凹槽的耐火砖上（耐火温度 1600℃），一起放入硅铝实验电炉中，升温到 1450℃，恒温 2h。待恒温时间完毕，将熔融好的玻璃液的一小部分倒入预热至 600℃的成型模具中，浇铸成块，并放入加热至 600℃的退火炉中退火以消除应力，防止炸裂。其余的玻璃液全部倒入盛有室温水的陶瓷盆中急冷水淬，收集水淬后的玻璃颗粒，置于 100℃干燥箱中烘干。最后将干燥后的玻璃颗粒置于振动磨样机中进行研磨，并将研磨后的样品进行筛分处理。

在微晶玻璃的生产中对基础玻璃颗粒的粒度要求较为严格，基础玻璃粒度太大则不易于析晶，粒度太小则析晶太多影响制品的美观，有研究表明一般的玻璃颗粒粒度应保持在 0.5～2mm 之间。所以实验最初采用此粒级进行烧结、晶化处理，在实验中，根据制备出的微晶玻璃薄片的观察，将玻璃颗粒的粒度调整为 0.5～1mm。采用顶击式振筛机，选用 10 目、30 目的筛子对研磨后的基础玻璃颗粒进行筛分、分级，筛分后将符合粒级要求的颗粒收集入样品袋中备用。

（四）热处理制度的确定

微晶玻璃的热处理过程，是指将制备好的基础玻璃颗粒均匀地填入模具放入晶化炉中，通过一定的温度控制使玻璃颗粒经过烧结、成核、晶体生长而形成微晶玻璃成品的过程。由于这一过程决定了微晶玻璃中微晶体的晶粒大小、均匀度等重要技术性能，是在微晶玻璃的生产中最为重要的步骤。常用的热处理制度是阶梯式，即先在一定温度下保温，使玻璃中均匀地形成足够的晶核；再在较高的温度下保温，使晶体生长，得到微晶结构。

热处理工艺的目的是生产一种更含有微小晶体，并紧密互联起来的微晶玻璃，要产生大量小晶体而不是少量粗大的晶体，就要求有效的成核，这就要求不但要对处理过程中的核化温度与晶化温度进行严格的控制，而且晶化炉的升温速度也要进行仔细的控制。英国的 P. W. 麦克米伦提出正常的微晶玻璃升温速度应保持在 2～5℃/min，以防止在升温过程中所形成的应力太高导致制品破裂，并指出最佳的成核温度一般介于玻璃黏度在 $10^{11}～10^{12}Pa \cdot s$ 之间。这里说的最佳成核温度就是实验过程中需要探讨的核化温度。

在结晶物质或玻璃物质中的化学变化或结构变化，会以热的形式放出热量或吸收能量。例如物质结晶，会出现放热效应，因为规则自由体点阵能比无规则液态要小；反之，则要吸收热量。玻璃处在高内能亚稳态，在一定的条件下，它会转变为晶体并放出热量，应用差热分析，可以分析出玻璃的转变温度（T_g）和析晶速度最大的温度（T_p），因此最佳的核化、晶化温度可以很方便地从差热曲线上主晶相的放热峰位置来确定。研究资料表明，核化温度一般比玻璃软化温度高出 5～30℃，这是为了减少玻璃的黏度以提高玻璃的成核速度；而玻璃的晶化温度则取晶体生长的放热峰温度，一般在晶化温度左右 10℃的范围内最有利于烧结，根据经验，一般核化温度略低于析晶开始温度 100～250℃。一般晶化温度所需要的时间也可以由 DTA 曲线得出。

由对差热分析在微晶玻璃中的应用研究可知：不同形状的 DTA 条纹对应着不同的基础玻璃类型，而不同的玻璃类型又对应着其制备微晶玻璃的各种产品性能如微晶形貌、变形程度等。在多样的 DTA 曲线中，有一种曲线其晶化放热峰显著，但在其峰前有一较大的吸热谷，必须注意该谷是吸热谷而非核化吸热峰，产生这个谷的原因是在制品热处理过程中发生了软化变形，微观结构重排而吸热。这种制品一般来说易于变形，成型中容易发生翘曲，晶化后使制品表面不平整。但有报道表明，拥有此种差热曲线类型的玻璃，用于生产以硅灰石针状晶体为主晶相的仿大理石微晶玻璃十分有利。实验得到的 DTA 曲线基本上都为这一类型的曲线。

从 DTA 曲线上读出各配方的软化温度和晶化温度，由于得到的曲线上，玻璃软化温度的吸热峰都不是很明显，所以使用 3 小时的核化时间，并以此为依据确定热处理工艺如表 5-5。

表 5-5　热处理制度表

配方号	核化温度（℃）	核化时间（h）	晶化温度（℃）	晶化时间（h）
1	880	3	949	2
2	880	3	930	1
3	870	3	950	1
4	870	3	951	2

（五）微晶玻璃的制备

将准备好的基础玻璃颗粒均匀地倒入模具中，压平后置于快速温控电炉内，以 5℃/min 的升温速率加热到核化温度后保温，保温结束后继续以 2℃/min 的升温速率加热到晶化温度后保温，保温完成后随炉冷却至室温。

（六）小结

在文中，根据相图作为理论指导依据，在 $CaO-Al_2O_3-SiO_2$ 三元系统中，选取 4 个点作为参考点，进行了基础玻璃的配方设计，并通过计算得到，矿渣利用率分别在 72% ～ 78%；通过对配方中的氧化物作用的分析，进一步讨论了氧化物化学成分引入的合理性；实验运用烧结法制备矿渣微晶玻璃，确定了基础玻璃的熔融温度 1450℃与基础玻璃颗粒的粒度等级在 0.5 ～ 1mm；通过对各配方基础玻璃粉末的 DTA 曲线分析，确定了各配方的热处理制度，通过两步法制备出矿渣微晶玻璃。

二、微晶玻璃的测试方法

（一）偏光显微镜的观察

微晶玻璃的显微结构与化学组成、工艺过程有着密切的联系，它在很大程度上决定了材料的各种性能。因此，对微晶玻璃的晶体形态、玻璃相及气孔的分布、结构特征、晶界状态等显微分析，不仅利于探讨配方中各组成烧结过程中的变化及反应机理，而且有助于检查配方及工艺条件的科学性。例如，在矿渣微晶玻璃的颗粒烧结过程中，高温显微镜就常被用于观察基础颗粒的烧结情况，微晶玻璃的晶化热处理制度也时常用到显微观察技术。

偏光显微镜（Polarizing-microscope）是用于研究所谓透明与不透明各向异性材料的一种显微镜。晶体的双折射性能是其基本性能之一，凡是具有双折射的物质，在偏光显微镜下都能清楚分辨，因此在偏光显微镜下可以直接快速地观察到有无晶体产生，不但可以节约分析所花时间，而且更可以节省实验经费。但是由于其分辨率较低，在分析过程中往往需要结合其他分析手段。这里使用 XP203-E 型偏光显微镜观察微晶玻璃薄片的显微结构特征，观察主要参照为《电子元器件结构陶瓷材料性能测试方法——显微结构的测定》（GB5594.8—2015）。在显微镜下可以观察、测定的内容主要包括：晶相的测定、气孔的测定、玻璃相的测定、显微缺陷的测定。

晶相观察的具体步骤为：

制取样品薄片；先确定微晶玻璃中主、次晶相的名称；区分晶形的完整性，自形晶、半自形晶和它形晶，确定晶体的形态，粒状、针状、柱状、网状、板状和鳞片状等；采用显微镜中的目镜刻度尺进行测量。

根据晶粒大小的差异，可以分为三种类型：①均粒状，晶体颗粒大小相近，或虽然有少量大颗粒存在，但大小颗粒粒径之比小于 3 ∶ 1；②非均粒状，非均粒状也可以称为似斑状，晶体颗粒大小有差异，但大小颗粒粒径之比小于 5 ∶ 1；③斑状，晶体颗粒差异较大，大小颗粒粒径之比超过 5 ∶ 1。

气孔和玻璃相的百分含量用分级法进行测定，其中气孔的百分含量可以分为等级：① <3% 可以不表示；② 3% ～ 10% 称为少气孔；③ >10% 称为多气孔。

（二）透射电子显微镜的观察

在光学显微镜下无法看清很小的细微结构，微晶玻璃的显微结构，需要使

用放大倍数更高的设备进行观察，才能看清。

透射电子显微镜又称透射电镜（TEM），其突出的优点是具有比光学显微镜高得多的分辨率和放大率，一般放大倍数在 $100\sim800000$，分辨率达 0.2nm（高于 SEM），使其可以用于观察纳米级材料的微观结构，并且在透射电镜下观察到的衍射斑，也是确定有无晶体产生的重要证据。

实验的具体步骤为：将研磨到 200 目（即 74μm）以下的样品用酒精做为分散剂，使样品均匀分散地附着在镀有一层碳的 2mm 支护膜上，使样品自然风干后装入仪器内观察。典型视域照相，底片由高倍扫描仪扫描出图，实验中加速电压调到 180kV。

（三）X 射线衍射分析

上述测试基本解决了样品中是否有晶体析出的问题，但还不能完全确定析出的晶体，就是在基础配方设计时应得到的硅灰石晶体。为了进一步确定矿渣微晶玻璃中晶体的种类，还需进一步使用 X 射线衍射分析为样品做定性分析。

X 射线衍射分析可以给出明确的晶体物质的 X- 衍射图谱，并可以根据与标准卡片的数据比对鉴定晶体的晶相；而玻璃则给出相当弥散的 X- 射线衍射图谱，完全没有清晰的线条，因此 X- 衍射分析提供了研究微晶玻璃晶化很好的手段。

实验中的 X 射线分析，采用日本理学 D/Max-2200 型 X 光粉晶衍射仪对磨细到 300 目的矿渣微晶玻璃样品进行定性测试，关于 XRD 的结果数据可依据《矿物 X 衍射粉晶鉴定手册》进行分析。

（四）扫描电子显微镜测试

扫描电子显微镜（scanning electron microscope），简称扫描电镜，是 1964 年开始迅速发展起来的一种新型电子光学仪器。它是利用细聚焦的电子束在固体样品表面做光栅式的扫描，激发出二次电子 SE、背散射电子 BSE、俄歇电子 AE、特征 X 射线、各种能量的光子等物理信号。对二次电子或背散射电子进行检测和调制，即可以对样品中所含的元素进行定性和定量分析。扫描电镜能够在微米或亚微米范围内观察和表征各种材料中发生的现象。它的特点是制样简单、放大倍数高（小于 TEM），连续可调、景深大等特点，配备上 X 射线能谱仪的扫描电镜，就可以在观察微观形貌的同时对其微区化学成分进行实时的分析。

（五）抗压强度的测试

使用 WEP-600 型液压式万能实验机对试样进行压缩强度的测试，测试主要依据为 GB/T9966.1—2001。将 $\Phi50mm \times 50mm$ 的圆柱体试样放入万能实验机的夹具中，测得压力值，试样抗压强度的计算公式如下：

$$P = \frac{F}{S}$$

式中：P——压缩强度，MPa；

F——试样破坏力载荷，N；

S——试样受力面面积，mm^2；

（六）抗折强度的测试

实验采用 WEP-600 型液压式万能实验机对试样进行抗折强度的测试，测试依据为 GB/T9966.2—2001。根据标准所测试的样品厚度与支点间的距离有一定的关系，抗折强度可按下式计算：

$$P_w = \frac{3FL}{4KH^2}$$

式中：P_w——弯曲强度，MPa；

F——试样破坏载荷，N；

L——支点间距离，mm；

K——试样宽度，mm；

H——试样厚度，mm。

（七）体积密度、吸水率的测试

由于以上特点，扫描电子显微镜就成为观察微晶玻璃微观结构与分析其微观成分的有力工具。实验的 SEM 分析采用 JSM-6490LV 扫描电镜（配有 INCA-450X 射线能谱仪），对矿渣微晶玻璃的样品进行微观形貌及微区成分的分析。实验采用样品的新鲜断口作为观察面。利用标准试样在室温蒸馏水与空气中的质量差异，来测定体积密度与吸水率，测试依据为 GB/T9966.3—2001。测试步骤如下。

①将试样置于 105℃干燥箱中干燥至恒重，称量出其质量为 m；

②在 20℃的蒸馏水中浸泡 48h 后取出，用拧干的湿毛巾擦去试样表面水分，立即称量其质量为 m_1。

③立即将试样放入盛有适量蒸馏水的烧杯中，称量出试样在水中的质量

m^2，体积密度 ρ_b（g/cm^3）与吸水率 W_a（%）的计算公式如下：

$$\rho_b = \frac{m_0\rho_w}{m_1 - m_2} \qquad W_a = \frac{m_1 - m_0}{m_0}$$

式中：ρ_w = 室温下蒸馏水的密度（g/cm^3）；

m_0= 试样在干燥空气中的质量，g；

m_1= 水饱和试样在空气中的质量，g；

m_2= 水饱和试样在室温水中的质量，g。

三、实验结果与分析

（一）基础成分对玻璃熔制的影响

在微晶玻璃的基础玻璃成分设计过程中，包含了多种影响基础玻璃熔制情况的因素，如果玻璃的化学组成设计不合适，会使熔制成型困难、退火不良，在熔制过程中产生气泡等缺陷。表 5-5 列出了各样品的熔制情况。

表 5-6　各样品的熔制情况

编号	融化情况	气泡	颜色
1	均匀	无	黄绿色
2	均匀	无	棕黄色
3	均匀，黏度较大	无	浅黄色
4	均匀，黏度较大	无	浅黄色，较透明

根据熔制情况可以看出，四种配方的基础玻璃在 1450℃熔融 2 小时后，基本都能形成均匀的玻璃液体，颜色基本上以黄色为主，这是因为 Fe$_2$O$_3$ 的加入使玻璃染色；熔制出的玻璃基本没有气孔产生，色泽均匀，说明基础玻璃的配方设计基本合理，熔制温度设置与升温速度控制适当。其中由于 3、4 号样品的含铝量高，所以在倒出玻璃液的过程中发现其黏度较大。

（二）X 射线衍射分析

X 射线衍射分析能快速鉴定晶体的种类，并且由图谱中的各能谱的峰值可以确定哪种晶体为主晶相。实验对制备出的微晶玻璃取少量研磨到 300 目（即 48μm）以下作为样品，进行 XRD 分析，实验仪器为日本理学公司生产 D/MAX-2200 型 X-Ray 衍射仪、石墨单色滤波器、管电压 40kV、管电流 30mA，斜缝 DS/SS1°，RS/RSM0.3。

（三）样品薄片的分析

硅灰石的一般特征：大多呈针状、纤维状或片状，常簇集呈扇形、辐射形集合体，有的呈细小颗粒状。白色、带浅灰或浅红的白色，偶见肉红、黄、绿、棕色。玻璃光泽，解理面珍珠光泽，在偏光显微镜下无色，但当其含铁量较多时则为黄色，相对柱面为近于平行消光，其他切面为斜消光。

制备的微晶玻璃内部晶体颗粒分散均匀，基本没有气孔（2μm 以上的镜下可见气孔），说明制备的微晶玻璃样品的致密性较好，吸水率也很低；在镜下观察到的硅灰石薄片样品的部分区域可以发现自形程度很好的针状晶体，多数区域不能很好看到其晶体形貌。样品薄片在正交偏光下，看到玻璃中有晶体产生的部位在正交偏光下，由于其双折射现象而发亮，这是晶体的光学特性之一，进一步观察其消光角，确定其具有斜消光，这也是硅灰石晶体的镜下光学特性之一。

（四）表面析晶

通过 1 号配方的块状样品薄片，可以知道，在相同的热处理温度下，块状样品中已经有均匀的晶体颗粒长出；晶体的生长部位位于晶体表面，且多见于表面缺陷处，这是由于在缺陷部位；弯曲部位具有较大的表面积，因此具有较低的结晶活化能，容易析晶。生长于表面的晶体有向内生长的趋势，在正交下观察则更能看到玻璃颗粒内部的玻璃与晶体的界线；2 号样品的薄片，是这一生长趋势完成时的微晶玻璃显微照片。以上观察到的现象就是 $CaO-Al_2O_3-SiO_2$ 系统的典型表面析晶过程，即基体玻璃表面或内部缺陷部位先成长出晶核，随着保温时间的延长，晶核慢慢向玻璃内部生长，生长的完成程度与玻璃的保温时间呈正比关系。

通过 1 号配方玻璃经颗粒烧结制成的样品薄片，可以知道中心部位的玻璃颗粒间已经看不到明显的界线，这说明热处理过程中的烧结温度控制合适，玻璃颗粒粒度控制得当；有部分粒径较大颗粒的内部还看不到晶体结构，这说明玻璃颗粒粒径越大，越不利于晶体的生长。进一步观察这些大颗粒的粒径基本在 1mm 以上，说明对基础玻璃颗粒在 0.5 ～ 2mm 的粒度控制应进一步调整，由以上分析来看，基础玻璃的颗粒应控制在 1mm 以下。

当然，由于显微镜的分辨率仍然很低，无法观察到细小的颗粒，所以需要利用其他手段进一步观察微晶玻璃中晶体的微观形貌。通过 1 号配方块状样品

的 SEM 扫描分析，了解到在玻璃表面已经生长出一层较为致密的晶体颗粒，而在晶体内部靠近表面一段很小的区域，有均匀分布但未充分生长的晶体，再向内部延伸则看不到明显的晶体形貌，这和显微镜下观察到的情况一致。根据玻璃颗粒表层析晶膜的显微观察，可以知道这层表壳是由微小的晶体颗粒所组成的，且很致密，在表壳层上可以看到很多硅灰石晶体的微观形貌，如六方片状、柱状等。内部微晶体的分布，在一定区域内微晶体呈均匀分布，生长方向不一。左下角已经看不到微晶体的存在，从左上到右下有一条明显的弧状界线把晶体区与非晶体区分开。

（五）扫描电子显微镜分析

扫描电子显微镜是观察微晶玻璃晶体形貌的常用手段，实验选取微晶玻璃样品的新鲜断面来观察其显微形貌。样品中的硅灰石晶体主要呈针状，均匀分散在基体玻璃中，但所占比例不是很大，呈散布状、放辐射状的小团晶体簇，晶体尺寸在 4 ~ 5μm。样品中的硅灰石晶体主要呈短柱状，在基体玻璃中的比例较大，分散均匀，结晶程度高于 1 号样品，晶体尺寸一般在 7 ~ 8μm。样品中硅灰石晶体发育良好，呈簇集扇状密布于基体玻璃中，晶化程度高，且生长定向性较好，可以明显地看出其生长方向为从左下方起向上呈辐射状生长，该硅灰石晶体的长径比也较高，在一条主干晶体周围会生长出一排枝叶状的小针晶体组成叶脉状结构，这种结构有益于改善玻璃的机械强度与抗腐蚀性能，样品中的长硅灰石纤维可达 40μm，短的针状晶体在 9 ~ 10μm。样品中的硅灰石晶体交织散布于基体玻璃中，且生长方向错综交错，这将延缓样品在遭受破坏应力的作用时，其内部裂纹的生长趋势，使得微晶玻璃的机械强度增大，其针体的长度在 3 ~ 4μm，拥有这种晶形的微晶玻璃的强度也较高。3、4 号配方的晶体析晶程度高于 1 号、2 号且晶形完整，自形程度好。经过一定的热处理工艺后基础玻璃成分都可以析出具有一定形状的硅灰石晶形。这就说明配方设计基本合理，热处理制度基本正确。

（六）透射电子显微镜的分析

透射电子显微镜在材料学上的应用广泛，由于其高的分辨率现在多用于纳米级材料的观察。但用它来观察微晶体的形状与衍射特征仍然是一个良好的途径。由于透射电镜的样品制备烦琐，又由于在 SEM 下不能很好观察到 1 号微晶玻璃中的微晶体的形态，所以这里仅对 1 号样品进行观察。

斜硅灰石为三斜晶系，晶体呈柱状、针状、纤维状等。从 1 号样品的透射电镜中，可以看到 2 枚具有明显硅灰石短柱状特征的微晶，大小在 7.4μm 左右。

（七）物化性能测试

由于微晶玻璃的测试标准国家尚未统一，因此需要选择一个相近的标准对微晶玻璃试样进行分析测试，实验采用的是《天然饰面石材试验方法——第 2 部分：干燥、水饱和弯曲强度试验方法》（GB/T 9966.2—2001）。表 5-7 列出了样品的测试结果与天然石材的比较。

表 5-7　矿渣微晶玻璃的强度

性能	镍钼钒矿渣微晶玻璃	大理石	花岗岩
抗压强度 MPa	454	88～226	29～294
抗折强度 MPa	75	7～20	15～40
吸水率	<0.01	0.30	0.35
密度 g/cm³	3.6	2.7	2.7
莫式硬度	>6.5	3～5	5.5

从上表可以看出，矿渣微晶玻璃的抗压强度、抗折强度都大大超过了天然石材；由于制得的微晶玻璃表面致密，气孔率低，因此其吸水率也较天然石材大大改善；制品的莫氏硬度也高于天然石材。

（八）小结

实验通过宏观观察与微观测试相结合的办法，对矿渣微晶玻璃产品进行了综合测试。通过宏观观察证明矿渣微晶玻璃配方，经过高温熔融处理都能均匀玻璃溶液，且流动性较好；通过 X 射线衍射分析鉴别了各配方样品中的结晶种类及结晶程度，证明了矿渣微晶玻璃中确实有以硅灰石为主晶相的微晶体的产生；通过扫描电子显微镜与透射电子显微镜观察技术，观察了各配方样品中微晶体的形态和形貌，证明了矿渣微晶玻璃的晶体形貌良好，呈交错的枝状或团簇的放射状，是用于增强基体玻璃的良好形态；通过抗压、抗折的强度测试证明了运用镍钼钒矿渣制备出微晶玻璃的机械强度性能高于大理石及花岗岩等天然石材。

四、结论

本研究主要以贵州息烽地区镍钼钒矿渣为主要原料制备微晶玻璃，这种方

法可以大量消耗镍钼矿渣，解决现有环境污染问题，保护生态环境，减少该区矿山废弃用地。同时，以镍钼钒矿渣作为二次资源利用，还可以变废为宝，创造经济效益，带动当地经济发展。因此本文具有经济意义及社会意义。研究获得的主要成果为：文中通过对镍钼钒矿渣原料的化学成分做了适当的调整后，使其成为制备以硅灰石为主晶相的矿渣微晶玻璃原料，矿渣利用率高，在75%以上，且制备出的微晶玻璃材料晶体显微结构较好，机械强度高，大部分物化性能优于天然石材。初步解决了如何利用息烽地区固体废物的问题，为该地区如何恢复矿山环境及镍钼钒矿渣的利用发展，提供了良好的解决方案。文中获得的主要结论如下：

通过对贵州息烽地区镍钼钒矿渣原有化学成分的适当调整，加入一定氧化钙含量后，以其为主要原料制备出的微晶玻璃物化性能优于大理石、花岗岩等天然石材，有力证明贵州该地区镍钼钒矿渣是一种良好的可被利用的二次资源。

利用该地区矿渣作为原料制备微晶玻璃时，其矿渣利用率可达72%～78%，其他添加剂用量在22%～28%，且主要添加剂为氧化钙，配方中利用矿渣原有的氧化铁及二氧化钛化学成分作为晶核剂，原料成本较低，综合经济价值高。

通过DTA曲线分析确定了各配方的热处理制度为：核化温度在870～880℃，核化时间为3h；晶化温度在930～951℃，晶化时间为1～2h。

XRD分析结果表明以该区矿渣为主要原料制备出的微晶玻璃中，硅灰石为主要晶相，且晶相所占比例较大，个别样品中夹有斜长石、钙铝黄长石、针硅钙石等次晶相。

通过扫描电镜、透射电镜对其微观形貌的观察发现制备出的微晶玻璃中，晶体自形程度好，微晶体的平均粒度在3～4μm。

通过与大理石、花岗岩等天然石材的性能对比可以看出，镍钼钒矿渣微晶玻璃的样品性能优于天然石材，其具有吸水率小、机械强度高、莫氏硬度大等优点，具有良好的经济应用前景。

第三节　锰铁矿渣制备微晶玻璃及其性能研究

我国锰矿的基础储量达到10000万吨，是世界上锰矿资源储藏丰富的国家，但是我国锰矿石的平均品位较低，全国93.6%锰矿储量属于贫锰矿。在全国经济快速发展的环境下，全国对锰及锰合金系列等产品需求随而增加，刺激锰矿资源的开采和利用。但是我国大部分锰矿是贫锰矿，随之带来的就是冶炼后的大量锰矿渣废弃物的排放。废弃的锰矿渣，不仅占据大量的土地，而且给环境带来严重的污染。为了使废弃的锰矿渣化废为宝，促进锰矿资源的充分利用和良性发展，必须对锰矿渣废弃物资源进行开发利用。

降低微晶玻璃的生产成本，节省自然资源：长期以来，我国侧重于自然资源（即一次资源）的开发利用，而废弃物资源的综合开发得不到应有的重视，导致自然资源开采过量，资源短缺的问题越来越显著，这一问题亟待解决。同时，随着微晶玻璃研究的进展，微晶玻璃的生产逐渐规模化，市场竞争日趋激烈，要想在竞争中保持优势，必须降低微晶玻璃的生产成本，而单靠改进工艺和利用天然原料很难有效降低成本。矿渣微晶玻璃的研制将为自然资源的节省和微晶玻璃生产成本的降低，提供一条行之有效的途径。

微晶玻璃与普通玻璃的区别在于：在组成成分上含有微量晶核剂，可以控制晶化过程，在制造工艺上继熔制与成型以后，必须经历晶化，并且能控制过冷玻璃液体的成核速率和晶体生长速率，使其晶化阶段迅速晶化，制取最大可能数目的微小晶体，以赋予微晶玻璃所需的种种特性。

与陶瓷材料的区别在于：它的晶相大部分从一个均匀玻璃相中通过晶体生长而产生，而陶瓷材料的结晶物质是在制备陶瓷组分时引入的。因此微晶玻璃的结构、性能与玻璃和陶瓷具有不同的特点：根据不同的应用，调整组成及热处理条件，即可使其膨胀系数在 $-10 \times 10^{-7} \sim 110 \times 10^{-7}$ 的范围内变动；硬度大，它比许多陶瓷材料和金属材料都硬；机械强度较高，其抗折强度一般能达到 $30 \sim 150$MPa；具有优良的化学稳定性，它的化学稳定性比玻璃好，耐碱性腐蚀方面更为突出；可耐较高的热冲击，它的耐热冲击性能可与石英玻璃相比，加热到400℃以上投入冷水中也不炸裂；具有较高的软化温度，一般为 $1000 \sim 1500$℃；具有微晶结构，内无气孔，不透气，并可以获得透明的晶体材料；电绝缘性好，具有较低的介电损耗；具有较大的介电常数，强介电性微晶玻璃的相对介电常数在1200左右（普通玻璃不超过40）；密度小，一般为 $2.4 \sim 2.9$g/cm^3，比铝（2.70g/cm^3）还轻。

微晶玻璃与天然石材相比，其机械、化学稳定性、耐候性等性能均达到或超过天然石材，另外，在色调可调性、光泽度、无放射性、易加工成异型材等方面有着天然石材不可比拟的优势。

影响结晶的因素包括以下几项。①温度。当熔体从 T_m 冷却时，ΔT（过冷度）增大，因而成核和晶化生长的驱动力增大，但是，与此同时，黏度随着上升，成核和晶体生长的阻力增大。为此，成核速率和 ΔT 的关系曲线以及晶体长大和 ΔT 的关系曲线都出现峰值，两条曲线都是先上升然后下降。在上升阶段，ΔT 的驱动力作用占据主导地位；而在下降阶段则是黏度的阻碍作用占优势。两个峰值的位置主要由玻璃的化学组成和结构决定，并可通过试验测出。如果目的在于析晶（微晶玻璃）则应先在适当温度成核，然后升温以促使晶核长大至适当尺寸。②黏度。当温度较低时（即远在 T_m 点以下时），黏度很高，质点迁移活化能很高，对质点扩散的阻碍作用限制着结晶速率，尤其是限制晶核长大速率。③杂质。加入少量杂质可能会促进结晶，因为杂质引起成核作用，还会增加界面处的流动，使晶核更快地长大。杂质往往富集在分相玻璃的一相中，富集到一定浓度，会促进这些微相由非晶相转化为晶相。在一些硅酸盐和硼酸盐熔体中，水能增大熔体的流动度，因而有促进结晶的作用。④界面能。固液界面能越小，则核的生长所需能量越低，因而结晶速率越大。加入外来物杂质和分相等都可以改变界面能，因此可以促进或抑制结晶过程。

一、实验部分

（一）实验方案的确定

本实验采用的锰铁矿渣中含有 Si、Ca、Mg、Al、Mn 等元素，适合制备微晶玻璃。因而本实验采用熔融法，利用锰铁渣、废碎玻璃和一些玻璃原料制备锰铁渣微晶玻璃，确定了该微晶玻璃的形成范围，通过差热分析确定了热处理制度，并且通过 X 射线衍射分析、扫描电镜分析、硬度、抗折强度、密度和耐酸碱性的测定对该微晶玻璃的结构和性能进行了研究，并优化其热处理制度，从而降低了成本。

（二）实验仪器及用途

高温电阻炉：熔制玻璃样品。

电子天平：称量。

扫描电镜：SEM 分析。

数字式显微硬度仪：硬度测试。

电动抗折试验机：抗折强度。

差热分析仪：热分析。

可见分光光度计：测定铁、硅含量。

X 射线衍射仪：X 射线衍射分析。

（三）锰铁渣化学组成分析

二氧化硅的测定（氟硅酸钾容量法）

1. 基本原理

测定二氧化硅的氟硅酸钾容量法，是依据硅酸在过量的氟离子和钾离子存在下的强酸性溶液中，能与氟离子作用形成氟硅酸离子（SiF_6^{2-}），并进而与钾离子作用生成氟硅酸钾（K_2SiF_6）沉淀。该沉淀在热水中水解并相应生成氢氟酸，因而可用氢氧化钠溶液进行滴定，借以求得样品二氧化硅的含量。其反应方程式如下：

$$SiO_3^{2-}+6F^-+6H^+ \rightarrow SiF_6^{2-}+3H_2O$$

$$SiF_6^{2-}+2K^+ \rightarrow K_2SiO_6 \downarrow$$

$$K_2SiO_6+3H_2O \rightarrow 2KF+H_2SiO_3+4HF$$

$$HF+NaOH \rightarrow NaF+H_2O$$

从上列反应中可以看出：要使反应进行完全，首先应该把不溶性二氧化硅转变为可溶性的硅酸，其次要保证溶液有足够的酸度，还必须有足够过量的氟和钾离子存在。

（1）SiO_2 的测定过程

精确称取锰铁渣 0.3962g，以无水碳酸钾熔融，冷却后以热水浸出熔块，加入适量氟化钾溶液和过量的氯化钾固体，搅拌均匀，用塑料漏斗过滤，滤液收集于 500ml 容量瓶中并稀释到刻度，供测量铁、铝、钙、镁、锰，滤纸及沉淀置于塑料杯中，加 200ml 热水，以 NaOH 标准溶液滴至终点。

（2）氧化铁的测定（邻菲罗啉比色法）

基本原理：邻菲罗啉（ortho-phenanthroline），又称二氮杂菲，分子式为 $C_{12}H_8N_2$。由二氮杂菲的相间苯环上，彼此相距最近的两个碳原子被两个氮原子取代而成。在 pH=1.5 ～ 9.5 的条件下，三个分子的邻菲罗啉，可以通过 6 个氮原子环绕一个 Fe^{2+} 离子形成极为稳定的橘红色配合物 $[(C_{12}H_8N_2)_3Fe]^{2+}$，通过比色法即可测定铁的含量。

在显色前，首先要用抗坏血酸或盐酸羟胺在 pH=5 ～ 6 的条件下将 Fe^{3+} 离子还原为 Fe^{2+} 离子。反应式为：

$$4Fe^{3+}+2NH_2OH \rightarrow 4Fe^{2+}+N_2O+H_2O+4H^+$$

橙红色配合物溶液的吸光度与溶液中铁的浓度成正比，用分光光度计测定溶液的吸光度，然后在绘制的 Fe_2O_3 工作曲线上，查其相应的 Fe_2O_3 浓度，即

可以求得式样中 Fe_2O_3 的质量百分含量。

氧化铁的测定过程：吸取母液 50ml 于 100ml 容量瓶中，调节 pH=5，加入盐酸羟胺和邻菲罗啉溶液，稀释至刻度摇匀，静止 30min 后，测定其吸光度。

（3）氧化铝的测定（络和滴定法）

基本原理（EDTA-锌盐回滴法）：EDTA-锌盐回滴法测定 Al_2O_3 是在酸性溶液中，加入过量的 EDTA 标准滴定溶液，加热煮沸，使 Fe^{3+}、Al^{3+}、TiO^{2+} 完全和 EDTA 配合，冷至室温，再将溶液调至 pH=5.5～5.8，以二甲酚橙为指示剂，用 $Zn（Ac）_2$ 标准滴定溶液回滴剩余的 DETA，溶液由黄色变为红色即为终点。此法测得的是铁、铝的含量，计算时要减掉铁的含量。

氧化铝的测定过程：吸取母液 50ml，调节 pH=5，加入过量的 EDTA，加热煮沸冷却后滴加 2～3 滴二甲酚橙指示剂，以醋酸锌标准溶液滴至终点。

（4）氧化钙的测定（络和滴定法）

基本原理：钙离子在 pH=8～13 时可以与 EDTA 定量络和，少量镁的存在不影响测定结果，因为镁形成 $MgOH^+$ 或 $Mg（OH）_2$↓ 而不消耗 EDTA，不影响钙的滴定反应。反应式如下：

$$HF^{2-}+Ca^{2+} \rightarrow CaF^-+H^+$$

$$CaF^-+H_2Y^{2-} \rightarrow CaY^{2-}+HF^{2-}+H^+$$

氧化钙的测定过程：吸取母液 50ml，加入 5ml 三乙醇胺和少量盐酸羟胺，调 pH=12，加入钙指示剂，用 EDTA 滴至终点。

（5）氧化镁的测定

基本原理（络和滴定法）：在碱性溶液中镁与 EDTA 生成稳定的无色络合物，镁在 pH=10.5 以上时，随时有氨盐存在，易生成氢氧化镁沉淀。所以需在 pH 近似 10 时滴定。滴定时采用铬黑 T 为指示剂，滴定终点时由紫红色突变为纯蓝色。其反应如下：

$$Mg+HInCl^{2-} \rightarrow MgInCl^-+H^+$$

而 $MgInCl^-$ 本身不稳定，在用 EDTA 滴定时，原来和铬黑指示剂络合的镁离子逐步被 EDTA 夺取，当溶液中的镁离子全部被 EDTA 络合后，铬黑指示剂游离显示本身的纯蓝色。

$$MgInCl^-+H_2Y^{2-} \rightarrow MgY^{2-}+HInCl^{2-}+H^+$$

氧化镁的测定过程：吸取母液 50ml，加入 5ml 三乙醇胺和少量盐酸羟胺，调 pH=10，加入铬黑 T 指示剂，用 EDTA 滴至终点。

（6）氧化锰的测定

基本原理：氧化锰与过量的草酸钠作用后，用高锰酸钾标准溶液滴定过量的草酸钠，溶液温度在 70～80℃，终点时，溶液为微红色并且不褪色。

氧化锰的测定过程：吸取母液 50ml，加入 0.1g 草酸钠，4mlH_2SO_4，加热到 70～80℃以高锰酸钾标准溶液滴至终点。

（7）锰铁矿渣的化学组成

表 5-8　锰铁矿渣的化学组成 /（wt%）

主要成分	SiO_2	Fe_2O_3	Al_2O_3	CaO	MgO	MnO_2	IL
含量（wt%）	25.90	0.217	6.64	36.24	18.31	8.83	3.34

2. 实验原料

硅石、长石、方解石、白云石、纯碱、锰铁矿渣、废碎玻璃、萤石、芒硝。

3. 基础玻璃的制备

（1）锰铁矿渣的预处理

文中采用湿法球磨来达到试验所需的粒径，研究工作表明，将锰铁矿渣进行磁选除铁后球磨至过 60 目筛以下就可以获得均匀性和流动性较好的混合料。

（2）配合料的制备及玻璃的熔制

由于锰铁矿渣中含有 Mn 元素可以作为晶核剂，不需要再外加特殊晶核剂，因而实验选用废碎玻璃、锰铁矿渣、玻璃配合料作为原料配制玻璃基料。按照设计配方，分别精确称量经过预处理的锰铁矿渣、其他天然矿物原料和工业原料，每次配料总重为 100g，用瓷研钵混合均匀，装入高铝坩埚内，放入硅铝棒电炉中，加热至1200℃时，二次加料，继续升温至1450℃，在电炉内保温 2 小时，使玻璃原料完全熔融，气泡消失。

（3）玻璃的成型及退火

将熔制均化后的玻璃液浇注在钢制模具中，为防止成型过程中玻璃炸裂，浇注前模具需要预热，预热温度为 500～550℃。玻璃液浇注成型后，由于表面冷却速率比内部快，玻璃试样内部会产生应力，必须通过退火工序予以消除，否则会导致玻璃试样炸裂。文中采用的退火工艺制度为：将玻璃试样迅速转移到570℃左右的电阻炉中退火，然后关闭电炉电源，让玻璃试样随炉温自然冷却至室温，得到一系列样品。

（4）玻璃的热处理工艺

在锰铁矿渣微晶玻璃的生产工艺中，正确选择热处理制度具有极其重要的

意义，因为热处理制度是决定微晶玻璃中析出晶相的类型、尺寸和数量的关键因素。合适的热处理制度可以保证在材料中形成颗粒细小的结晶相，并能在最短的时间内完成该过程。

文中所采用的热处理工艺制度为阶梯温度制度，通过对退火后的玻璃试样粉末的差热分析，计算和推导出适合该玻璃体系的热处理工艺制度，即确定玻璃的形核温度、核化保温时间、晶化温度、晶化保温时间以及各升温阶段所采用的升温速率。然后严格按照制定的热处理制度对玻璃试样进行核化和晶化，从而获得所需的微晶玻璃样品。

4. 微晶玻璃样品的制备

依据差热曲线确定不同样品的核化、晶化温度对其进行晶化、核化处理，使其成为成分均匀的微晶玻璃，然后进行切割、抛光，待测试其性能。

5. 分析与测试

（1）差热分析

将退火后的玻璃试样用玛瑙研钵研磨成粉末，筛选粒径小于 $70\mu m$ 的玻璃粉末在干燥箱中干燥至恒重，用 XWT-464A 差热分析仪测定玻璃粉末样品的 DTA 曲线，以确定玻璃试样的核化、晶化温度，并分析不同配方下所制得样品的析晶情况，测试时采用的升温速率为 20℃ /min。

（2）密度测试

密度的测定采用阿基米德法（玻璃在水中减轻的重量等于它所受水的浮力，也等于试块所排开的同体积水的质量），选取块状玻璃试样和微晶玻璃试样，以蒸馏水为介质，用万分之一感量的电子天平进行测量。分别测定基础玻璃和微晶玻璃的密度，通过实验结果，对比密度大小，反映微晶玻璃性能。密度的计算公式：

$$d = \frac{G_0}{\dfrac{G_1 - G_2}{d_{水}} - \dfrac{g_0 - g_1}{d_{丝}}}$$

式中：

d——玻璃试样的密度，g/cm^3；

$d_{丝}$——铜丝的密度，g/cm^3；

$d_{水}$——水的密度，g/cm^3；

G_0——玻璃在空气中的质量，g；

G_1——玻璃和铜丝在空气中的质量，g；

G_2——玻璃和铜丝在蒸馏水中的质量，g；

g_0——铜丝的质量，g；

g_1——水面上的铜丝的质量，g。

所用仪器为：精度为 1mg 的电子天平一台；200ml 烧杯两只；直径 0.05～0.1mm 铜丝若干；支架；剪刀；蒸馏水。

（3）显微硬度测试

将微晶玻璃试样表面磨平抛光后，使用 HXD-1000 数字显微硬度测试仪测定样品的硬度测试载荷为 50g。

（4）抗折强度

将微晶玻璃试样加工成长方形，每种样品制作成三个样条，尺寸为 9mm×7mm×85mm，使用电动抗折试验机，利用三点弯曲法测定微晶玻璃样品的抗折强度。跨距为 70mm，加载负荷为 98N，加载速度为 0.5mm/min，采用游标卡尺测出断口的宽、高，按照下列公式计算平均抗折强度，取其平均值。

$$\sigma = \frac{3P}{2b} \frac{L}{h^2}$$

式中：σ——抗折强度，MPa；

p——试样断裂时的最大载荷，N；

L——试样跨距，mm；

b——断口宽度，mm；

h——断口高度，mm。

（5）X 射线衍射分析

实验采用日本生产的 D/MAX-Ⅲ型 X 射线衍射仪，通过 X-射线衍射，定性分析实验制备的微晶玻璃中的晶相种类，对比图谱分析各样品中的晶相的变化。试样为 300 目的粉末状，扫描速度为 15℃/min，步长为 0.02，电压为 40kV，电流为 30mA，测试温度为室温，扫描后根据记录仪上得到的 X 射线衍射图谱，在图谱上选择数个较强的 d 值，对比 Hanawalt 索引卡片，查出与其吻合的物相，从而得出 X 射线定性分析结果。

（6）扫描电镜分析

实验选择将测定硬度后的微晶玻璃块状试样，放入 10% 的氢氟酸溶液中，浸泡 20 秒钟，再用蒸馏水清洗表面并烘干。处理好的试样用真空溅射镀膜法，在表面镀一层金膜，放在试样台上进行测试，观察表面形貌，拍摄 SEM 图片。

实验采用日本 SM-5610LV 扫描电镜进行测试。

（7）耐化学侵蚀性能测试

采用溶液浸泡法测定试样的耐化学侵蚀性能。试样的耐水、耐酸和耐碱性测试所用的溶液分别为蒸馏水、1% 硫酸溶液和 1% 氢氧化钠溶液。测试方法为：将试样放在装有指定溶液的烧杯中，浸泡 650h。用下列计算公式计算得到的 $100cm^2$ 失重量 C 来表征试样的耐化学侵蚀性能。

$$C=(G_1-G_2)/S$$

式中：G_1——浸泡前试样的重量，kg；

G_2——浸泡后试样的重量，kg；

S——浸泡前试样的表面积，m^2。

二、结果与讨论

（一）基础玻璃的配方设计

微晶玻璃的性质取决于玻璃中的晶相种类、晶相与玻璃相的比例、晶粒尺寸及分布情况。因此，在设计基础玻璃的组成时，必须考虑到以下两点：第一，基础玻璃结构的稳定性；第二，玻璃析晶后的晶相组成。文中最理想的微晶玻璃成分是能使这种玻璃析晶后生成一种或数种力学性能良好的晶相或其固溶体，以保证微晶玻璃具有满足使用要求的技术性能。除此之外，原料中还应尽量多地利用锰铁矿渣，以提高环保效益。

锰铁矿渣中 CaO 和 MgO 含量较高，其中 CaO 和 MgO 是常见的玻璃网络外体，SiO_2 和 Al_2O_3 是网络形成体。为了获得稳定的玻璃，需添加一定量的 SiO_2、Al_2O_3 作为网络形成体。从结晶化学的角度分析，不同的 Si/O 比可得到不同的矿相。当 SiO_2、Al_2O_3 含量较低时，一般易形成硅氧比小的硅酸盐（如硅灰石）；当 SiO_2、Al_2O_3 含量较高时，按照矿物形成条件应生成架状硅酸盐（如长石）。但 SiO_2、Al_2O_3 含量过高会提高玻璃液熔点，SiO_2 太低时失透严重，Al_2O_3 太低时不易得到良好的结晶。

此外，Ca^{2+}，Mg^{2+} 离子半径小，场强大，使玻璃易于分相或晶化，可以间接促进玻璃核化与晶化。但要注意的是，CaO 含量太高玻璃失透严重，太低玻璃又难以析晶。锰铁矿渣中含有一定量的 Mn、Fe 可作为晶核剂，所以不需要另外再加入其他晶核剂。考虑到锰铁矿渣基础玻璃的熔制性能，还需添加适量的助熔剂，如萤石、芒硝等矿物原料，以降低玻璃的熔制温度。但萤石在降低熔制温度的同时也会使产品易于变形，并且对设备有较强的腐蚀作用，所以应尽可能少加入，少量的芒硝可以起到澄清剂的作用。

为了形成稳定的基础玻璃，组成中应含有一定量的玻璃形成剂 SiO_2、Al_2O_3。作为网络生产体氧化物，SiO_2 的主要作用是形成以硅氧四面体相连的三维玻璃网络，SiO_2 能够增加玻璃的黏度，控制粒晶不至过快生长，形成数量多、尺寸小的晶粒，但它的组成有一定的范围，SiO_2 高于 68% 时，黏度升高，流动性变差，难熔化，而且在玻璃热处理时易形成方石英的结晶，低于 40% 晶化太快，流动性也同样变差。Al_2O_3 的作用是 Al^{3+} 可以夺取非桥氧形成铝氧四面体，从而进入硅氧四面体网络之中，把由于 K^+ 离子的引入而产生的断裂网络通过铝氧四面体重新连接起来，使玻璃结构趋向紧密，并使玻璃的许多性能得以改善，改善玻璃的稳定性、化学性和机械性能等，另外，Al_2O_3 还具有降低玻璃析晶能力、降低氟化物的挥发以及减少氟化物对耐火材料的侵蚀等作用。在微晶玻璃的组成设计中，Al_2O_3 高于 35% 制品不能形成天然大理石外观，低于 4% 玻璃失透性不好控制。另外，为了形成稳定的基础玻璃，在网络外体中往往需引入小离子半径、大场强的 Mg^{2+}、Ca^{2+} 等，其作用在于使玻璃易于晶化或易于引起分相，以间接促进核化与晶化。

因此，设计配方时，可适当增加 MgO 和 CaO 的含量，以改善玻璃的工艺及晶化特性，扩大成型温度的范围，降低基础玻璃的结晶倾向，同时 MgO 含量的增加，有利于促进微晶玻璃中主晶相透辉石的形成，从而达到提高微晶玻璃的强度、耐磨性和化学稳定性的目的。

根据上面的分析，综合考虑预定的性能要求，调整各氧化物含量，最后确定基础玻璃的化学组成范围（wt%），如表 5-9 所示。

表 5-9　基础玻璃的化学组成范围（wt%）

SiO_2	Fe_2O_3	Al_2O_3	CaO	MgO	MnO_2	Na_2O
$50 \sim 58$	$0.1 \sim 1$	$3 \sim 5$	$20 \sim 26$	$8 \sim 11$	$3 \sim 5$	$4 \sim 7$

在确定了基础玻璃化学组成范围的条件下，为了研究锰铁矿渣的加入量的影响，先采用锰铁矿渣逐步替代配合料的方法配料，锰铁渣的引入量为 $20 \sim 70wt\%$。玻璃的熔融温度和黏度直接影响到制备工艺和成型技术。我们希望玻璃有较低的熔制温度和良好的流动性，但我们发现经计算的配方配制的基础玻璃在熔制过程中，熔化温度很高，并且经过较长的保温时间后，熔融液的黏度仍旧很高，不利于成型。所以在实验中，我们选择添加一定量的萤石，见表 5-10。

表 5-10　基础玻璃样品组分

主要成分	废碎玻璃	锰铁矿渣	配合料	萤石	芒硝
A	20	20	60	3	3
B	20	30	50	3	3
C	20	40	40	3	3
D	20	50	30	3	3
E	20	60	20	3	3
F	20	70	10	3	3

实验中发现，锰铁矿渣由于含有较高的强还原性物质镁，加入量大时，导致玻璃的高温黏度提高，熔制时表面有浮渣，使得澄清和均化困难，同时锰铁渣的加入量高、导致玻璃析晶倾向增强，E 和 F 配方在倒料成型时，就产生失透。失透是玻璃在正常冷却过程中出现析晶的结果，是玻璃制备中不希望发生的现象，因为轻则影响晶化后微晶玻璃的结构和性能，重则在微晶处理前就形成粗大不均匀的晶体，无法控制析晶过程。失透时生长的结晶相膨胀系数与母体玻璃相差很大，在冷却的时候由于收缩率不同，在玻璃内部产生了很强的内应力。而当锰铁渣加入量较低时，玻璃熔体流动性很好，不产生浮渣。所以锰铁渣的加入量不应超过 50%。

将锰铁渣含量为 20 ~ 60wt% 的样品，在差热分析仪上进行差热分析。从 A ~ E 玻璃的差热曲线可以看出，随着锰铁矿渣加入量增加，玻璃的析晶温度逐渐提高，析晶峰增强。根据所得的差热曲线确定玻璃的核化和析晶温度，以及热处理制度。初步将样品的核化温度定为 700℃，核化时间为 2h，晶化温度定为 950℃，晶化时间为 2h，以便于同一批次处理。

经过热处理后的样品，切割抛光后发现，样品 B、C、D 的结构致密，晶相分布均匀，样品 A 出现定向析晶。样品 E 内部有大量空洞，且表面析晶严重。这是由于在玻璃原料的熔制过程中，会产生大量的气体，这些气体若不能及时顺利地排出，就会残留在玻璃样品中。样品 E 的配方中配合料含量过低，气体率过低，导致熔融状态下的玻璃内部产生的气体无法顺利排出，堆积在样品内部，形成气孔。从样品的扫描电镜分析中也可以清楚地看到：C、D 晶粒细小致密、交叉排列；而样品 A 晶粒粗大，且晶相生长方向一致；样品 E 结构疏松。

从环境角度考虑，应该尽可能多地利用锰铁渣，根据以上实验，锰铁渣的含量最高可以控制在 40 ~ 50wt%，笔者在这个基础上继续设计了如下四个基础玻璃的配方，如表 5-11。

表 5-11　基础玻璃样品组分（wt%）

主要成分	废碎玻璃	锰铁矿渣	配合料	萤石	芒硝
1#	30	40	30	3	3
2#	20	50	30	3	3
3#	10	50	40	3	3
4#	20	40	40	3	3

（二）玻璃的特征温度

微晶玻璃的核化过程是吸热过程，晶化过程是放热过程，由塔曼曲线知，玻璃形核和结晶存在一个温度分布，在差热分析曲线上就表现出吸热峰和放热峰。

为了确定最佳核化、晶化温度，将 1#、2#、3# 和 4# 配方的基础玻璃在高温下熔融后，在 570℃ 下随炉冷却至室温，然后取样粉碎，研磨好后用热分析仪进行差热分析，观察曲线上晶化峰和核化峰。

由四个基础玻璃的差热曲线可以知道，样品在加热过程中，要经历核化和晶化两个过程。从几组基础玻璃的差热曲线中可以明显地看出，1#、4# 基础玻璃的转变点温度略低于 2#、3# 基础玻璃，这与锰铁渣的加入量有关，从基础玻璃配方上可以看出 2#、3# 样品的锰铁渣加入量高于 1# 和 4# 样品，正是由于锰铁渣含量增加，使得 1#、4# 玻璃中硅含量增加，钙、镁含量降低，从而使其转变温度变小。每一条曲线在转变点后都有一个明显的尖锐的放热峰，而且 2#、3# 样品的放热峰温度高于 1# 和 4#，这也是受到样品中钙、镁、硅含量影响的结果。

依据差热曲线确定不同样品的核化、晶化温度对其进行晶化、核化处理，使其成为成分均匀的微晶玻璃，然后进行切割、抛光，测试其性能。

对 1#、2#、3#、4# 基础玻璃在 720℃ 核化 2h，950℃ 晶化 2h 后发现，1# 样品致密且晶相均匀，2#、4# 样品略有定向析晶现象，而 3# 样品定向析晶极为严重。从玻璃基础组成上分析，1# 样品硅含量相对较高，钙、镁含量较少，所以它的析晶属于整体析晶；2# 样品之所以有定向析晶现象，是由于其组成中铝含量较高从而导致表面析晶较为严重，而形成了定向析晶；而 3# 样品中钙、镁含量较高，易出现定向析晶现象。从优化热处理制度，降低成本的角度考虑，在降低热处理的温度、减少热处理时间后，1#、2#、3# 样品析晶情况基本没有

变化，而 4# 样品定向析晶更加严重，甚至内部出现空洞，其原因在于，降低析晶温度后，致使样品表面析晶更加严重，导致了更大程度的定向析晶。

（三）锰铁渣微晶玻璃晶相分析

在硅酸盐熔体中，Al^{3+} 离子可以为四面体结构，也可以为八面体结构，若 Al^{3+} 离子以四面体结构存在，则铝氧四面体可以替代硅氧四面体，每个，Al^{3+} 离子具有 +3 电荷，与每个 Si^{4+} 离子带有 +4 电荷相比，必须加上一个正电荷以保证电中性，因而每个铝氧四面体有一个碱金属离子或碱土金属离子就可以满足要求，碱金属离子填充在熔体中四面体基团的空隙处，使熔体网络的连接程度增强。随着 Al_2O_3 质量分数的增加，由于 Na^+ 离子在熔体中的数量较少，铝氧四面体所剩余的负电荷需要 Ca^{2+} 离子来平衡，使熔体网络中的游离 Ca^{2+} 离子相对较少，造成了熔体中非桥氧数量的下降，同时降低了 Ca^{2+} 离子的活性和生成 $CaSiO_3$ 的概率，阻碍了晶体的析出。

从各样品的 X 射线衍射分析可以看出它们的主晶相都是硅灰石、透辉石，还有一些钙长石和掺杂的杂质晶相存在，说明随着锰铁渣量的增加微晶玻璃的主晶相没有改变，都是硅灰石和透辉石符合微晶玻璃主晶相的设计要求，并且锰铁渣的利用率可达到 50% 以上。

1# 微晶玻璃样品析出晶体中硅灰石的衍射峰强度较强，这是因为 1# 样品中 Al_2O_3 的含量相对较低，随着 Al_2O_3 质量分数的增加，硅灰石的衍射峰强度逐渐减弱，说明 Al_2O_3 能够阻止硅灰石晶体的析出。另外，从 X 射线衍射中可以看出，1# 样品锰铁矿渣含量 40%，且核化、晶化 2h 时硅灰石和透辉石晶体的含量较多，2#、3# 锰铁渣含量 50% 的次之，而且晶化、核化时间减少，其主晶相含量也相对减少，热处理温度降低主晶相含量也减少。但是，结合硬度、密度结果，其晶相的变化对使用性能影响很小，所以从工业化生产，节约能源的角度考虑，适当降低晶化、核化温度和时间是可行的。所以，锰铁矿渣的添加量和热处理制度对主晶相的含量有影响。在实际生产中，在尽可能利用锰铁矿渣的基础上，还要不断优化热处理制度，使制备出的微晶玻璃成本低，而且还有优良的使用性能。

（四）微晶玻璃的理化性能

1. 密度

本实验选取 1# ～ 4# 未经热处理的基础玻璃和热处理后的样品做了密度测

试。从测试结果可以看出微晶玻璃的密度都大于玻璃试样的密度。微晶玻璃的密度是其中出现的各种晶相以及玻璃相密度的加和函数，它与玻璃的组分有关，更与热处理制度有关。从玻璃态向微晶玻璃转变，所发生的体积变化通常较小，因此各组分对玻璃密度的影响与对微晶玻璃的影响是相仿的。如 CaO 填充于玻璃结构网络中，其含量的增加会导致密度的增加，但对微晶玻璃密度影响起重要作用的，是微晶玻璃中析出晶体的晶相及晶相量。核化、晶化温度的高低和时间的长短等热处理制度的不同，影响着微晶玻璃的密度，因此对密度的分析必须综合考虑以上因素。

实验目的是为获得建筑装饰用微晶玻璃，必然需要密度较大为好。实验测定结果表明，随锰铁渣引入量的增加，微晶玻璃的密度变大，但这种变化是极其微小的，对性能影响不大。

玻璃的热处理制度对玻璃的密度也有影响。晶化温度的提高使得样品密度增加，而晶化时间的延长却使密度减小。这种现象可以解释为：温度升高析晶进行得更彻底，密度相对较大；而当晶化、核化温度和时间同时增加后，核化过程中出现了回吸现象，抑制了部分晶核的形成和长大，从而导致析晶不彻底，密度减小。但是，这些条件对密度的影响都不是很大，从应用角度考虑不影响微晶玻璃的使用性能，所以基于降低成本角度考虑，在达到使用要求的基础上还是可以适当降低晶化温度和时间的。

玻璃的组成对密度值也有影响，3# 样品的密度大于 1# 和 2# 样品，而 1# 样品的密度又相对大于 2# 样品，从组成上看 3# 样品的铝、镁、钙含量高于 1# 和 2# 样品，而 2# 样品中铝、镁、钙含量又高于 1#，也就是说 1#、2#、3# 样品的密度受组成的影响是有规律的，受到硅灰石晶相含量的影响。从密度与 Al_2O_3 含量的关系上看，随着 Al_2O_3 含量的增加，会抑制硅灰石晶体的析出，密度应该增大。从密度的结果，随 Al_2O_3 含量的增加，密度是增大的，这与 Al_2O_3 能够提高烧结温度，促进样品的致密化程度有关，这主要是由于微晶玻璃的密度与晶相和玻璃相有着密切的关系，虽然 Al_2O_3 含量的增加会抑制硅灰石晶体的析出，使微晶玻璃的密度有所降低，但 Al_2O_3 能加强玻璃网络结构使玻璃相的密度增加，微晶玻璃的密度随铝含量的增加而增大。

2. 硬度和抗折强度

本实验分别对样品进行硬度测试，固体的硬度一般可以看成在产生局部塑性变形所需要的能量。对于离子晶体来说，其硬度与晶格能有关，即离子的电价越高，正负离子间的距离越小，则硬度越高。此外，正离子的配位数对晶体

的硬度影响很大，一般来说，硬度随着配位数的上升而提高。

玻璃的硬度变化除服从离子晶体硬度变化的一般规律外，还有它自己的特殊规律。网络生成体离子使玻璃具有高硬度，而网络外体离子则使玻璃的硬度降低。对于类型相同的玻璃来说，其硬度随着网络外离子半径的减小和电价的上升而增加。

从测试的硬度结果中可以看出玻璃的硬度随组成的变化而变化，其中，2#样品硬度最大，1#、4#样品硬度相当。从玻璃组成上可以看出，2#样品的锰铁渣的添加量远大于1#、4#样品，这就使2#样品中钙的含量大于1#和4#样品，大量钙离子进入网络，Ca^{2+}有极化桥氧和减弱硅氧键的作用，Ca^{2+}对结构有积聚作用。也就是说CaO在玻璃结构中起到加强玻璃网络的作用，CaO含量越大，玻璃的网络结构越紧密，玻璃的硬度越大。

热处理制度对样品的硬度也有影响，晶化温度为950℃，晶化时间为2h的样品的硬度要高于晶化温度为920℃，时间为2h的样品的硬度，而在920℃晶化2h的样品的硬度又相对低于晶化1h的样品。这是由于晶化时间、晶化温度的增加使样品晶核较多，而且晶体生长完全，样品本身结晶致密，所以硬度较高。而核化温度和时间的减少使晶体晶核的生成量相对减少，所以其硬度理论上应该减小，但实际结果却是变大了，这是由于受到热处理制度的影响，在720℃核化2h、920℃晶化2h的样品晶核不能充分长大，再加上长时间晶化使部分晶粒长大，也回吸了部分晶核，使玻璃相增大，硬度减小，而相对缩小核化时间，减少了回吸现象，使得本身玻璃相含量减少，从而使样品表现出一些反常现象，硬度增大。

CaO质量分数高的2#和3#样品，抗折强度和硬度也较高。微晶玻璃的抗折强度主要受内部晶体析出量、晶体生长尺寸、内部结构以及缺陷等因素影响。由于CaO质量分数的增加，当晶体内部裂纹在生长和扩散时，会被晶界不断阻止而改变方向，导致断裂时需要更高的能量，所以抗折强度增加。

多晶材料一般发生沿晶界断裂，如果晶粒越细，数量越多，则发生沿晶界断裂的时候，裂纹扩展的路线也就越长。初始裂纹长度和晶粒尺寸相当，晶粒尺寸越小，初始裂纹也越小，临界抗折强度也就越大。因此必须控制适当的晶粒尺寸，以改善微晶玻璃的性能。

3. 耐化学侵蚀性能

材料对其他侵蚀介质的抗化学腐蚀性可以用来界定该材料的使用环境。微晶玻璃的抗侵蚀涉及过程比较复杂。一般来说，微晶玻璃的化学稳定性主要取决于材料中所含的晶相以及玻璃相的稳定性。此外，微晶玻璃的微观结构对其化学稳定性也有一定的影响。绝大多数情况下，微晶玻璃的侵蚀首先从其中的玻璃相开始，这是因为侵蚀涉及 H^+ 和玻璃中的碱金属离子之间的离子交换。通常情况下，玻璃相中的碱金属离子与晶体中同类离子比，具有更强的反应能力，从而更容易受到化学侵蚀。因此，要提高微晶玻璃的抗化学侵蚀能力，就需要使微晶玻璃内部的玻璃相体积尽可能减少，晶相含量尽可能提高。

在水中或酸性溶液中，侵蚀过程首先是 H^+ 与玻璃中碱金属离子进行置换：

$$\equiv SiO—R^+ + H^+ \rightarrow \equiv Si—OH + R^+$$

反应速率由玻璃中的碱金属离子和 H^+ 离子的扩散速率所控制，在普通碱硅酸盐玻璃中，溶液中的 H^+ 与玻璃网络外体离子 R^+ 置换，在玻璃表面生成含水的硅酸盐层，因此这类玻璃的耐酸耐水侵蚀性能较差。

普通的硅酸盐玻璃的抗碱性能也较差。由于 OH^- 的作用，玻璃表面的 $Si—OH$ 电离分解为 $\equiv SiO^-$ 和 H^+。在微晶玻璃中，含量大的 Ca^{2+}、Mg^{2+}、Fe^{2+} 等与电离分解出来的 $\equiv SiO^-$ 结合，生成了溶解度很低的硅酸钙、硅酸镁和硅酸铁，形成了一层致密保护膜附在玻璃相表面，阻止了 OH^- 的进一步侵蚀，从而具有良好的耐碱侵蚀性能。

三、结论

文中采用锰铁矿的矿渣及废碎玻璃为主要原料，并添加少量常见的玻璃原料采用熔融法制备 CaO-MgO-Al$_2$O$_3$-SiO$_2$ 系统微晶玻璃，主晶相为硅灰石（CaSiO$_3$）、透辉石 [Ca·Mg（SiO$_3$）$_2$]，还有少量钙长石。文中讨论了晶核剂的种类、热处理工艺制度以及锰铁矿渣用量对玻璃的熔制、微晶玻璃的性能、晶相以及显微结构影响。实验研究结果总结归纳如下。

①采用锰铁矿渣、废碎玻璃和一些常见的玻璃原料成功制备了锰铁渣微晶玻璃，锰铁渣利用率达到 50%，在利废环保的同时大大降低了微晶玻璃的制造成本。

②通过 X 射线衍射及扫描电镜分析结果可知掺杂锰铁矿渣的微晶玻璃的主晶相为硅灰石、透辉石和钙长石等，其晶体粒径在 0.2～2μm 之间且分布均匀。

③通过对锰铁矿渣微晶玻璃的硬度、密度和抗折强度的测试，可以看出，锰铁渣微晶玻璃的硬度在 700～1300Kgf/mm^2 之间变化，密度在 2.8g/cm^3 左右，抗折强度可达到 135MPa。性能优于天然大理石，具有很好的使用性能，可以替代大理石作为建筑装饰材料。

④适当的热处理制度可以令基础玻璃有效地核化与晶化，制得晶粒细小分布均匀的微晶玻璃。经实验比较分析，确定了锰铁矿渣微晶玻璃的最佳热处理制度为：在570℃随炉冷却退火。以10℃/min的升温速率升至720℃，保温1h，再以5℃/min的升温速率升至920℃，保温1h后随炉冷却。萤石的加入可以有效降低基础玻璃的熔制温度，并使熔融体具有良好流动性，有利于玻璃的成型。

第六章　岩石矿渣资源在生活中的体现

第一节　岩石矿渣氰化后回收再利用研究

矿产资源的开发利用，对人类社会发展、综合国力的增强起到了至关重要的作用，但是众所周知，矿产资源属于不可再生资源。黄金是人类发现和利用较早的金属，是世界上金属中最稀有、最珍贵的金属之一。由于它稀少、特殊和珍贵，自古以来被视为五金之首，有"金属之王"的称号。黄金具有良好的物理属性，稳定的化学性质、高度的延展性及数量稀少等特点，不仅是用于储备和投资的特殊通货，同时又是首饰业、电子业、现代通信、航天航空业等部门的重要材料。

我国是产金大国，具有悠久的黄金勘探、开采和选冶的历史。通常状况下，黄金在自然界中是以游离状态存在的天然产物，它不能被人工合成，这也是它极其珍贵的原因之一。

随着黄金产量的增加，我国黄金矿山的数量一直保持高速增长，据统计，早在 2008 年中国就已经超越南非成为世界第一产金大国。早期我们对黄金矿山的开发呈现野蛮粗暴的模式，对原矿石提炼不完全，浪费严重。但是随着高品位、易选原矿数量的减少，金矿品位越来越低，难选矿成为众多选金科学家和一线工作者不得不面对的问题。难选矿石，通常也称难浸矿石、难处理矿石或顽固金矿石，指的是在经过磨矿作业后依然会有很大一部分，不能用常规氰化法较好浸出的矿石，当然，也有很多学者从其他角度定义难选金矿石。国内外学者针对这一现状，开展了卓有成效的研究工作，目的旨在能够最大程度提炼到有用矿物金，从而最大程度的利用好宝贵的矿产资源，促进资源可持续发展。

除此之外，在加大对源头矿石合理利用的同时，我们也应当看到，在金矿氰化后产生的矿渣中的其他有价金属也具有很高的回收利用价值。在节能减排

和可持续发展重要思想的指引下，国家各部委和矿山企业越来越重视对金矿氰化矿渣的综合利用，通过广泛的研究，争取社会效益和经济效益的最大化。

金矿氰化后产生了大量的尾矿。金矿尾矿是原矿通过细磨之后经历浮选、氰化等系列工艺之后产生的，其粒度细，并且含有残留下来的选矿药剂（包括起泡剂、捕收剂、调整剂、活化剂、氰化物等）以及多种金属离子，尾矿的堆存不仅占用土地、增加资金投入，而且对环境造成具大隐患。金矿尾矿对环境的污染主要表现在以下几个方面：

金矿尾矿在风化的过程中，当中的很多有害气体会逸出，随着大气的传播对环境造成污染；经过细磨或过磨后极细的尾矿砂粒受到风吹的作用（严重的可形成沙暴），会对周边的环境造成严重的危害；当金矿尾矿堆存的地方遇到汛期来临的时候，雨水夹杂着尾矿一旦流入农田、河流等，将会对地下水造成严重污染。

当今社会越来越注重环保与安全，从 21 世纪开始，各大金矿氰化企业均开展了氰化矿渣资源综合回收利用研究，目的在于将氰化矿渣中的有用金属充分利用，以达到降本增效，促进企业的可持续发展。广大科研工作者对氰化矿渣进行了大量的研究，但仍然没有完全解决综合回收利用的问题，因此，对氰化矿渣中有用金属的回收利用进行深度研究是非常有意义的。

一、氰化矿渣

（一）氰化矿渣概况

1. 来源

矿山为不可再生资源，矿产资源是工业发展不可缺少的物质基础，中国虽然是资源大国，但中国人口众多，导致人均资源量却很少，在世界上排名靠后，随着矿产资源的不断开采，高品位和易采的浅部矿体越来越少，复杂难处理矿的开采难度大、成本高。随着经济的不断发展，可持续性发展与资源和环境的矛盾日渐突出，环境与资源的矛盾成为制约我国可持续性发展的瓶颈，目前我国堆存大量尾矿，含有大量金、银、铜、铅、锌等有价元素，尾矿的堆存不仅占用土地，而且造成了资源的浪费，因此，尾矿资源综合回收利用成为制约我国矿产经济发展的一大难题。

据统计，我国现有矿山 15.3 万座，尾矿库 12655 座，而且每年的尾矿产出量还在不断增加：2011 年尾矿产出量 15.81 亿 t，2012 年达到 16 亿 t，2013 年则进一步增加到 16.5 亿 t。氰化矿渣是金矿应用氰化工艺进行浸出提金后的尾矿，换而言之，就是在氰化提金工艺中，CN^- 与金络合之后经过压缩和过滤之后的产物。对于氰化浸出而言，有许多的工艺方法，比较常见的有氯化法、硫代硫酸盐法、硫脲法、石硫合剂法和溴化法等。氰化法目前被广泛使用，尤其对于易处理金矿石是不二之选，对于难选矿石我们也可以通过对矿石的预处理，使难选矿石变成易选矿石，然后再采用氰化提金工艺来生产。众所周知，提炼产出的金银只占原矿总重的 1% ～ 5%，剩余 95% 以上均产出为尾矿，即处理金矿量越大，尾矿数量就越大。随着国际市场对金银需求量越大，近些年全国各大黄金企业均投资建设了大量的黄金冶炼厂，造成氰化矿渣数量激增。目前我国每年产生约 2450 万 t 氰化矿渣，胶东地区为我国金矿主要产地之一，每年会产生大量氰化矿渣，招金集团金翅岭金矿大约每年产出 50 万 t，中矿集团每年约产出 20 万 t，除此之外还有山东黄金精炼厂、国大黄金冶炼厂、恒邦冶炼等大型黄金产冶炼企业，产出大量氰化矿渣。虽然氰化矿渣仅占全部尾矿资源的极少部分，但氰化矿渣中含有氰化钠剧毒产品，不仅对环境造成极大污染，也有极大的安全隐患。

2. 特点

在黄金矿山中，氰化矿渣有很多种，文中所指出的氰化矿渣，是指原矿在经过浮选等一系列工艺后产生的金精矿，经过氰化作业压滤后而得到的矿渣。通常来说，矿石性质和采用的提金工艺的不同，都会导致矿渣中有价金属元素和矿物的性质、种类、含量的差别。尽管如此，我们也不难发现，氰化矿渣还是具有一些共同特点。

①矿物粒度很细。氰化工艺所需的金精矿已经经过充分的磨矿，来到氰化工艺当中又经过再磨，其粒度已经很细，数据表明，矿渣中铜、铅、锌等矿物含量有时会超过 95%（甚至更细）以上，比表面积增大，呈现"类胶态"分散体系。由此导致的结果就是，矿物泥化现象严重，浮选分离困难。

②矿物组成较为复杂。氰化矿渣中的主要矿物为黄铁矿和黄铜矿，其次为方铅矿和闪锌矿。脉石矿物主要包括石英、绢云母、方解石、斜长石和黑云母。我们通过光谱分析，未见矿物的互相包裹现象，解离度高。

③有色金属矿物的可浮性差异小。金属矿物的严重过磨，再加上可溶的硫化物和氧化物在氰化物的长时间作用下已经溶解，矿物表面性质发生了很大的变化，难以被活化，可浮性差异明显减小。

④氰化提金过程中，矿物在高碱度、富氧和长时间浸泡的过程中，矿粒表

面会生成亲水性过氧化钙薄膜。而矿浆中表面电性的不同使得金属硫化矿比非金属脉石矿物更容易形成过氧化钙薄膜，薄膜的形成不仅会使捕收剂对矿物捕收的选择性丧失，同样会影响捕收剂在矿粒表面的吸附，致使金属硫化矿物的浮选回收率不高。

矿浆中存在大量的泥质硅酸盐矿物和氰化过程中残留的氰化钠以及其他的残留药剂，都会对浮选过程产生不利的影响，最终导致了铜、铅、锌精矿的品位和回收率不高。

正是由于氰化矿渣具有上述特点，从而导致从氰化矿渣中回收有价元素较为困难，实际工业化程度不高，科研前景较为广阔。

3. 成分及回收意义

氰化矿渣中含有大量的有用金属，包括金、银、铜、铅、锌等等，具有极大的潜在经济价值。银，是一种银白色的过渡金属，在自然界中以游离态单质存在，主要以含银化合物矿石存在，其化学性质稳定，活跃性低，价格贵，导热、导电性能好，不易受化学药品的腐蚀，质地软，富有延展性。铜，我们日常生活中并不陌生，它是人类广泛使用的一种金属，属于重金属，自然界中的铜，多数以化合物即铜矿的形式存在。铅，质柔软，延性弱，展性强，主要用作电缆、蓄电池、铸字合金、巴氏合金、防 X 射线等的材料，现实利用价值高。锌，是第四"常见"的金属，仅次于铁、铝及铜，在现代工业中对于电池制造上有不可磨灭的地位，是一种相当重要的金属。

既然认识到了综合回收其中有价金属的重要性，想要尽可能在现行工业体系中加以实践，这就需要我们切实分析来自氰化矿渣中的这些元素的含量。为此我们进行抽样检测，实验结果表明直接氰化工艺中，产出氰化矿渣中含金约 $1 \sim 5g/t$，含银约 $10 \sim 100g/t$，含铜、铅、锌约 $0.5 \sim 5g/t$，按每年 2450 万吨矿渣产量计算，仅回收金一项就能产生 2 964 500 万元的经济价值，若再回收其中铜、铅、锌等有色金属，经济价值巨大。根据国务院充分开展循环经济发展的倡导，应大力回收利用二次资源。氰化矿渣综合回收利用不仅能够回收有用金属，成为企业经济新的增长点，而且能够保护生态环境，促进我国矿山经济可持续性发展，是切实落实科学发展观重要思想的重大举措。

4. 危害

氰化矿渣不仅仅造成浪费，而且有极大的危害。这主要表现在以下几个方面。

第一，污染环境。氰化矿渣中含有大量残余药剂，其中包括剧毒物质氰化钠。这不仅仅能够造成人员伤亡，更重要的是药剂进入地下水系统，污染地下水源，最终危及人类健康。在堆存过程中，某些药剂会发生化学反应，产生新的污染源，造成二次污染。干堆的矿渣中含有大量粉尘，散入空气中则会污染空气。同时部分矿渣通过氧化、风化等，使原本无污染的土地等转变为污染源，造成大范围污染。

第二，安全隐患。氰化矿渣具有流动性，易造成塌方、滑坡等重大事故。2008年山西新塔矿业有限公司尾矿库发生特别重大溃坝事故，造成277人死亡、4人失踪、33人受伤，直接经济损失达9619.2万元。可见，尾矿威力大、破坏力强、易造成重大安全事故。

第三，危及人类健康。氰化矿渣中含有大量的氰化物，当人类摄入氰化物大约100mg，即会死亡。当人类吸入氰化物时，人的神经系统、呼吸系统、消化系统等有明显不适，会出现神经萎缩、呼吸急促、胃炎、肝脾肿大等现象。现代医学表明，氰化物可能有致癌、致畸、致突变作用。

第四，占用土地。氰化尾渣往往数量巨大，需要大量土地空间堆存。若不及时综合回收利用，土地及大量农田都会因此占用，减少了农作物的种植面积，不符合国家相关规定。

（二）氰化矿渣中回收有价元素初探

在国家良好政策的引导下，我国氰化矿渣综合利用规模逐年增大，越来越多的企业认识到了综合回收的重要性，引进了新工艺、新技术、新设备，综合水平逐渐提高，产业化进程逐年加快，取得了显著的经济、环境和社会效益，缓解了资源不足的压力，促进了企业发展，减轻了环境压力，促进了社会主义市场经济和谐、有序、健康发展。近几年，广大选矿和冶金科研工作者均进行了大量的研究，涌现出了大批高效、新型的设备、药剂，推动了资源综合回收的发展。

1. 回收金银

目前从直接氰化矿渣中回收金银主要有两种工艺：浮选法和重选法。浮选法主要适应于金嵌布粒度较粗且单体解离度较高的矿渣，同时矿渣中金矿物的可浮性较好，一般要通过再磨后，露出新的表面保证金充分解离。浮选法回收金银主要有两种方法，一种是直接浮选金精矿，利用高效，选择性强的捕收剂得到金精矿；一种是浮选回收得到铅精矿、铜精矿等有用矿物，金银通过富集进入精矿产品中，金银再通过火法冶炼后从阳极泥中回收或者通过湿法工艺回收。重选法主要适应于颗粒金，一般应用不多。除此之外，提金方法还有混贡法、硫脲法、硫代硫酸盐法、卤化法、微生物法。对某氰化矿渣进行"再磨—浮选"工艺研究，通过闭路试验得到了品位47.50g/t、回收率57.65%的金精矿，并通过"不磨—浮选"工艺进行对比，得出"再磨—浮选"工艺明显优于"不磨—浮选"工艺的结论。应用"酸浸预处理—浮选"工艺获得金银精矿，通过此工艺进行工业试验，经过一粗二扫二精的浮选后，可获得金银回收率分别为83.95%和76.92%。采用"两段焙烧—助磨预处理—浸出"工艺，大大提高了浸出率，金银浸出率分别为82.92%和61.54%，同时也大大降低了矿渣中金银品位。采用"异步优先浮选和混合捕收剂用药"工艺，获得的铜精矿中含金银分别为10.22g/t、2218.76g/t。其实在很早之前就进行了氰化矿渣中回收铜、金、银的研究，取得了不错的试验效果。针对氰化矿渣泥化严重的矿石性质，采用碳酸钠作为调整剂，获得了品位29.8g/t、回收率53.95%的金精矿。将氰化矿渣混合后加入助浸剂再磨10～30分钟后，利用常规浸出工艺再浸出，浸出回收率达到90%～95%，表时助浸剂效果很好，能够提高部分浸出回收率。采用"焙烧—酸浸—氰化"工艺回收金，可得到99.4%的金回收率，表时工艺适应性良好，回收率高。采用"加压氧化—氰化"工艺进行了氰化矿渣提金研究，可获得金回收率70%以上，年效益2500万元的试验指标。

从焙烧氰化矿渣中回收金银主要采用"预处理—氰化浸出"工艺，主要分为以下几种预处理工艺：①酸浸—氰化浸出；②氧化—氰化浸出；③再磨—氰化浸出；④焙烧—氰化浸出；⑤氯化挥发法。

2. 回收铜、铅、锌金属

氰化矿渣中回收有价金属存在的主要难点有下列三个。第一，粒度细。入氰原料经细磨后，-400目粒级占90%以上，-800目粒级占60%以上，属于严重过磨物料。第二，有用金属可浮性差。物料经氰化钠长时间浸泡，除方铅矿外，铜锌硫均被强烈抑制，需要活化后才能分离。第三，有用金属可浮性差异小，部分可溶性硫化物和氧化物都已经溶解，矿物表面性质发生很大的变化，活化难度大，可浮性差异小。基于以上三点原因，浮选回收铜、铅、锌金属难度大。近些年来，化学和机械行业高速发展，出现了大量新型药剂，大量科研工作者也进行了氰化矿渣回收铜、铅、锌金属的研究工作。目前主要工艺有以下几种。

①铅、铜、锌依次优先浮选流程，利用矿浆中高浓度CN⁻的抑制作用优先回收铅矿物，再利用铜锌矿物可浮性差异，依次活化铜、锌矿物，此工艺避免

了"强拉强压"，若铜锌矿物可浮性差异较大，采用该工艺效果较好；②优先选铅锌后选铜工艺，一般利用硫酸作为调整剂活化铅锌而不活化铜，将铅锌和铜分离，最后进行选铜作业，获得铅锌精矿和铜精矿；③优先选铅后铜锌混浮——分离工艺，利用铅矿物基本不能被氰化物抑制优先选出铅精矿，接着活化铜锌得铜锌精矿，最终分离出铜精矿和锌精矿，此方法的关键是铜锌分离，因为回水中的铜离子能强烈活化锌矿物，造成锌矿物难以抑制，铜锌分离非常困难，分离的关键在铜锌混合精矿的脱药是否彻底；④铜铅混浮——选锌工艺，铜矿物与铅矿物可浮性相近，先浮选出铜铅混合精矿，再进行分离，产出铜精矿和铅精矿，最后再选出锌矿物；⑤硫化矿全混浮再分离工艺，尾矿中铜铅锌品位较低，先全混浮得到混合精矿可以提高分离前的入选品位，利于后续铜铅锌分离，但分离困难，不易得到三种独立产品。

（三）矿渣综合利用现状

1. 基本现状

金精矿直接氰化工艺可从矿渣中回收金、银、铜、铅、锌，最终尾矿为硫精矿，硫精矿可以出售，这样完全实现了无矿渣排矿。但全泥氰化工艺回收了可回收的有价金属后，仍然产出大量的矿渣，这部分矿渣约占总量的90%以上，因此，要想实现无矿渣排放，必须综合利用矿渣，将矿渣中的有价元素最大化回收利用。我国科研工作者也做了大量的研究，目前，矿渣综合利用方式主要有井下回填采空区和制作建筑材料等。氰化矿渣中除了含有有价金属元素外，其中很多可以利用的矿物材料，例如石英、长石、辉石、角闪石以及云母等硅铝酸盐矿物和方解石等钙镁酸盐矿物，都可以广泛地应用建材、轻工、无机化学领域。

总之，在我们加强对氰化矿渣进行资源二次开发利用的同时，更应当对上述有用矿物材料进行合理的开发和利用。

2. 氰化矿渣综合回收利用案例

尽管氰化矿渣综合回收利用是一个行业内需要大力攻关的课题，但是在良好政策的指引下，诸多黄金矿山企业已经走在了行业的前列，综合国内众多的矿山企业，我们可以借鉴一些成功的案例。

甘肃天水金矿在氰渣利用方面进行了努力的研究，在确定其氰化矿渣中金、银、铅、铜的品位分别为2.00g/t、100.90g/t、5.96%、1.93%的基础上，分析了矿渣中有价元素的可利用性，并进行了详细的试验研究。采用铅优先浮选后浮

选铜的工艺，合理地运用活化剂来活化铜，最终获得了品位和回收率较高的铜、铅精矿。与此同时，综合回收了其中的金、银、铜、铅，得到的回收率分别为31.25%、81.40%、71.04%、77.59%，为企业创造了新的经济增长点。

广东河台金矿从矿物表面电位性质变化这个角度入手，通过改变矿物表面电位来影响矿物可浮性，这一研究取得了良好的效果。经过深入研究发现，适当改变矿浆电位使其达到矿物的可浮矿浆电位范围，并且这一电位区别于另外某种矿物的可浮电位，从而实现不同矿物的分离。

另外，内蒙古喀喇沁旗大水金矿通过对原有工艺的优化，在循环经济的倡导下，加大对氰渣中铜的回收利用，在回收铜的同时，金银等产品也得到了充分的回收。山东招远黄金冶炼厂加大对新添加剂的开发利用，通过对矿渣进一步焙烧—氰化，在金银二次回收上成果显著，效益明显提高。

3. 治理中存在的问题

氰化矿渣治理现状不容乐观，主要存在以下几个问题：

（1）综合利用率偏低

据统计，我国矿产资源在开发利用上仍然与发达国家有一定差距，我国矿产资源总利用率仅达到30%，这一数据要比国外低将近20%。

（2）氰化矿渣回收利用的高附加值产品少，缺乏市场竞争力

当前氰化矿渣利用程度不高，多数都是仅停留在回收其中有价金属元素上，也有的直接作为代替砂石销售了。而通过氰化矿渣制得的诸如化工、建材等附加值产品，也由于其生产成本高、技术复杂等弊端，一直以来缺乏市场竞争力，经济效益不明显，工业化程度不高。

（3）国家政策扶持力度不够

前几年，黄金形式较好，各大企业都在全负荷生产，黄金采选模式较为粗暴，国家和企业对氰化矿渣二次利用尚不够重视。国家和企业对于氰渣再利用方面投入的资金不够充分，缺乏专业的研究或回收机构，加上近些年黄金价格低落，资金来源不够通畅。

（4）环境保护和资源可持续利用的意识不够

对于资源持续减少，可持续利用程度低的状况，我国对于这方面的法律、法规尚不完善，很多情况下无法可依，使得有些企业和个人野蛮、粗暴地开采利用宝贵的矿产资源，意识淡薄，浪费严重。另外，国家和企业对于这方面的宣传和培训力度也需要进一步加强，重要的是从根本上改变企业和员工的思想，切实贯彻落实好党中央国务院倡导的可持续发展重要思想。

（四）氰化矿渣回收中的浮选难点分析

氰化矿渣回收有价元素主要运用的就是浮选工艺，浮选工艺受很多条件所约束，针对氰化矿渣而言，硫化矿在其中占的比例较大，而硫化矿的存在又不利于矿物的分离，为此广大科研人员和企业技术部门都在努力探索有效的解决途径。在文中，从理论上分析这一难点问题，对于今后的科研方向和企业生产实践、技术创新具有积极的意义。

1. 保护碱的影响

保护碱，也就是我们所熟知的石灰，在工业生产中，石灰可以用来调节矿浆的 pH 值在 11～12 之间，在适宜的 pH 值条件下，矿浆中通入氧气或添加过氧化物都可以提高金银的浸出率。这样的矿浆通常为高碱度、富氧的环境，矿物颗粒在这样的环境中长时间浸泡会形成亲水性过氧化钙薄膜，从而大幅度影响捕收剂的选择性，对浮选造成不利影响。

2. 硫化矿的氧化

正如上述第一点所分析的，pH 值在 11～12 的高碱度条件下，一些强氧化剂的加入，能够使矿物表面发生氧化，使矿物可浮性下降。

3. 氰化渣中残留的金属离子会与捕收剂发生化学反应

氰渣中残留的金属离子可与捕收剂发生化学反应，形成沉淀物，一方面影响捕收剂的作用效果，另一方面会增加捕收剂的用量。

4. 过磨导致细粒级矿物占比增大，泥化现象严重

氰化过程中需要对浮选产生的金精矿进行再磨，这样能够有效提高金银的浸出率，但是这一过程中难免出现矿物过磨现象，细粒级矿物占比增大，进而会导致泥化现象严重，呈现的"类胶态"矿泥能够吸附在矿物表面，影响矿物的表面化学性质，导致矿物表面电位发生变化，同时这些矿泥也会吸附大量的浮选药剂，致使浮选药剂用量增大，药剂制度受到不利影响。

（五）氰化矿渣回收利用的发展方向

通过之前的论述，我们可以发现，国内对氰化矿渣的回收利用已经初见成效，但是仍然有很多困难需要我们广大科研工作者去进一步探索解决。综合现有的研究成果及存在的瓶颈，我们应加大对以下几个方面的研究力度。

1. 怎样更高效地捕收回收浸渣中的细粒目矿物

浮选后得到的金精矿，由于过磨现象，致使其矿物粒度变得非常细，-0.01mm 的矿物占比较大。而工业生产中，为达到最佳浮选效果，通常矿物粒度需控制在 0.019mm。问题就在于此，加强细粒级矿物的捕收回收正是综合回收氰化矿渣中有价金属的技术难点和重点。

常规浮选工艺下，上述问题很难得到较好的解决。我们可以通过增大待浮选矿粒的粒度和减小气泡的尺寸，这两个办法来改善细粒级矿物的浮选效果。前一种方法可以通过待浮选矿粒选择性团聚，然后对形成絮团的细粒级矿物进行常规浮选，该方法称为絮团浮选。后一种方法的典型代表是真空浮选和电解浮选。近些年，絮凝浮选、离子浮选、沉淀浮选和吸附胶体浮选等特殊浮选方式在氰化矿渣浮选工艺中的研究和应用，将有助于更好地回收氰化矿渣中的细粒级矿物，进而得到更好的回收指标。为此，加大对这方面的研究和实践，对工艺的完善、产品的回收和节支增效都会产生良好的效果。

2. 怎样更好地除去氰化尾渣中残留的 CN^-

氰化矿渣综合回收其中有价元素的关键就在于，如何能够更好除去尾渣中残留的 CN^-，并活化被其抑制的目的矿物。

当前国内企业针对这一问题主要采取的除 CN^- 的方法是酸浸法、碱性氯化法、臭氧氧化法、活性炭吸附法、膜分离法、离子交换法、双氧水氧化法、生物处理法等。但这些方法都存在一定问题，比如双氧水不稳定、易分解，酸浸法条件要求高，成本难以得到较好控制。

这其中的活性炭催化臭氧氧化法是一种比较新型的除氰方法。其原理是在臭氧法的基础上，利用反应过程中产生的大量高氧化性自由基（—OH）氧化氰化物，克服了臭氧法能力不够、利用率低的缺点，其高效环保、分解率高、污染小、成本低和催化剂可反复利用的优点，使得其在除去氰化矿渣中残留氰化物的研究中呈现出广阔前景。

二、试样来源、试验药剂仪器及研究方法

（一）试样来源及制备

试样取自某矿山氰化工艺后产生的矿渣，此矿渣为氰化后进行压滤的滤饼，含水量约为 21.32%，取样用时四个连续工作日，每个工作日取满中、晚两班（上午 08：00 到晚上 22：00），每隔 30min 取一次，将试验样化验后与现厂工作

人员协商，综合各方面因素可知试样具有足够的代表性。试样经混匀后缩分，每份湿重为382g，干重300g，取出综合样后分别进行化学多元素、物相分析、矿物组成研究，以此来确定矿样的基本性质，为确定合理的工艺，为后续试验服务。

（二）试验所用药剂及仪器

试验所用主要设备为浮选机、电子天平、电显酸度计、电热真空干燥箱、多功能真空过滤机多功能浸出搅拌机。试验所用主要药剂有捕收剂、调整剂、起泡剂。试验所用仪器主要有机械、称量仪器等。

（三）研究方法

硫化矿试验室小型浮选试验采用1.5L、1L、0.5L、50～100g和5～35g浮选机，试验用水为自来水。每次称取一份试样用作试验室浮选给矿，按照给定流程，依次添加药剂进行调浆、浮选，浮选产品分别经过过滤、烘干、称重、制样后，对产品进行化验，根据化验结果所得的品位，计算其选指标。我们以工艺矿物学研究为基础确定好浮选工艺后，进行对比条件试验，确定浮选过程的最佳工艺条件，在确定的工艺条件基础上进行开路试验，在良好开路试验结果的基础上再进行闭路试验。在闭路试验数量和质量都平衡的条件下，取闭路试验结果数据为最终试验数据。

浸出试验采用试验室多功能充气浸出搅拌机，试验用水为自来水，每次称取一份试样作为试验室浸出给矿，按照给定流程，依次添加浸出药剂、pH调整剂进行调浆、浸出，浸出后产品分别洗涤、过滤、烘干、称重、制样，经化验品位后计算浸出指标，根据各个条件试验结果选别出最优条件，最终在最优的条件下进行综合浸出试验，所获得的浸出指标即为最终试验结果。

三、浮选工艺试验

（一）试样性质

1. 化学多元素分析

为考察试验中含有何种有用矿物，对原矿样进行化学多元素分析，此矿样中含有金、银、铜、铅、锌等有用金属，并且品位较高，其中含金0.83g/t、银25.87g/t、铅0.52%、锌0.51%、铜0.31%，综合分析下来，我们认为其中的有用金属具有很高的综合回收利用价值。为此，可以考虑先对铅、锌、铜采用浮

选工艺回收，回收铅、锌、铜元素之后，金、银可能富集在精矿中，应该考虑浸出回收金、银。由上可知，此矿为含金银的有色金属矿渣，其中砷及碳含量均较低，应该进行有用金属回收研究，为企业创造更多的经济效益。

2. 物相分析

为确定试样中有用金属铜、铅、锌矿物的性质，进一步弄清楚矿物是硫化矿还是氧化矿，为此我们又对试样进行了物相分析。由物相分析结果可知，铜、铅、锌矿物均以硫化矿为主，分别含量为89.67%、90.50%、89.90%。由上可知，此矿样可用浮选工艺回收，浮选可采用硫化矿类的药剂，推测铜、铅、锌容易上浮并能得到较好指标。

3. 矿物组成

通过化学多元素分析之后我们可以确定氰渣中的有价元素种类和含量，明确了其可回收价值，继而又通过物相分析，得到了其硫化矿和氧化矿的占有率，结果表明氰渣中主要以硫化矿为主。硫化矿对于浮选工艺具有一定干扰，为更好确定浮选条件、药剂制度，排除减小硫对浮选的影响，区别对待各种不同的硫化矿，我们又进一步确定了硫化矿物组成，对试样进行了矿物组成研究，确定了其矿物中不同的矿物组成种类。

表6-1 矿石矿物组成分析结果

种类	黄铜矿	方铅矿	闪锌矿	黄铁矿	磁黄铁矿	毒砂	脉石及其他
含量	0.35%	0.87%	0.77%	8.45%	0.11%	0.02%	89.45%

通过矿物组成分析和镜下鉴定我们不难发现，铜在其中主要的矿物组成形式为黄铜矿（0.35%），铅在其中主要的矿物组成形式为方铅矿（0.87%），锌在其中主要的矿物组成形式为闪锌矿（0.77%）。

结果表明此矿样利于浮选工艺回收并能达到较好指标，但也存在一定的问题，铅锌铜矿物一般连生，不易分离，要想将其完全进行分离难度大，这可能需要效果好的药剂才能将其分离，探索一种新型、高效的分离药剂是今后科研工作的一个重要方向。

4. 粒度分析

取原矿样一份，分别用400目（0.038mm）、800目（0.015mm）筛子进行筛析并进行分析。由粒度分析结果可知，原矿粒度极细，原矿0.038mm含量为90.66%。根据经验表明，细粒级矿物对浮选会产生不利影响。由此可推测，浮选回收难度大。-0.015mm粒级含量为50.34%，表明此矿物过磨严重，在浮选过程中会产生泥化现象。从金属分布率来看，铅、锌、铜金属主要分布在-0.015mm粒级，含量分别为66.77%、72.56%、51.23%。表明铜、铅、锌分离较困难，由于粒度细的影响以及泥化现象，要想得到高回收率的精矿产品困难极大。为此，我们的重点很明确，在回收过程中应该加强细粒级部分的回收，以尽可能提高回收率。同时，矿物粒度的差别也会影响药剂制度，因为粒度极细，推测药剂用量会增大，在后续试验过程中，应该注意药剂的用量，过多与过少都对指标影响较大。

5. 试样性质小结

经过对试样进行多元素分析、物相分析和矿物的组成分析，我们对该金矿氰化矿渣有了更进一步的了解，从中我们可以更直观地确定试验的研究目的、研究方向和研究方法，我们大体可以得到以下几个方面的总结。

（1）试样中主要有用矿物有金、银、方铅矿、闪锌矿、黄铜矿、黄铁矿。通过化学多元素分析，我们可以得到试样中各有价元素含量分别为：Au0.82g/t、Ag25.87g/t、Pb0.52%、Zn0.51%、Cu0.31%。这个分析试验结果表明该试样有价元素含量较为可观，元素种类丰富，试样有较高回收价值。

（2）通过对试样的粒度分析结果可见，粒度级别在-0.038mm的矿物含量为90.66%，属于细粒级，并且铅、锌、铜金属主要分布在-0.015mm粒级，含量分别为66.77%、72.56%、51.23%。这些数据表明细粒级矿物占主导地位，泥化现象严重，铅锌铜分离困难，浮选回收难度大。

（二）方案确定

前面我们已经分析过，氰化矿渣有以下特性：粒度细；有用金属可浮性差；有用金属活化难度大，可浮性差异小；浮选回水中Cu^{2+}浓度高，而Cu^{2+}对大部分硫化矿均有活化作用，尤其对闪锌矿具有强烈活化作用，给锌的回收造成不利影响。

氰化矿渣回收铜铅锌的工艺中，应用较为广泛的主要是湿法冶金工艺、浮选工艺，也有很多采用重选—浮选联合工艺。很明显，当金矿的氰化尾渣中铜铅锌的品位较高时，我们运用湿法冶金工艺会取得比较好的效果，在工艺上和成本上都有较大的优势。在对某铅银渣氰化浸出后进行氯化浸铅回收铅的试验研究中，采用湿法冶金工艺取得了浸出率90.49%的优良效果；在对某高铜铅

氰化金泥采用全湿法冶金工艺，提取其中的有价金属元素，获得了铅浸出率超过 90% 的良好效果。当然也有的企业采用重选—浮选联合分离工艺，即在浮选工艺成熟的基础上，充分利用了重选设备，同样取得了铜精矿品位 21.82%、回收率 96.58%、铅精矿品位 58.20%、回收率 74.83% 的较为理想的效果。除此之外，国内外应用较为广泛的还应属浮选工艺，其回收效果好、工艺成熟。

目前国内外氰化矿渣浮选工艺主要有：①铅、铜、锌依次优先浮选流程。紫金矿业集团股份有限公司在某金矿氰化矿渣处理中便采用此种工艺，获得铅、铜、锌品位依次为 66.78%、24.01%、46.60%，回收率分别为 85.37%、72.37%、83.51% 的指标，为企业发展提出了一条优良的道路，经济效益显著提高。②优先选铅锌后选铜工艺。采用优先选铅锌，后用硫酸脱氰活铜，最后选铜的工艺，得到了铅、锌、铜品位分别为 25.00%、27.00%、15.25%，回收率分别为 65.60%、70.79%、75.48% 的良好指标。③优先选铅后铜锌混浮—分离工艺。④铜铅混浮—选锌工艺。铜矿物与铅矿物可浮性相近，并且在尾渣中存在氰化物的碱性条件下，锌会受到强烈的抑制。很明显，我们先浮选出铜铅混合精矿，再进行分离，产出铜精矿和铅精矿，最后再选出锌矿物。但是这一过程中我们还要排除铜离子对锌的活化作用，通常需要加入适当的药剂排除铜离子的干扰。⑤硫化矿全混浮再分离工艺。

目前采用"破氰活化预处理—铅锌混浮—优先选铜"工艺回收铅锌混合精矿、铜精矿。存在着生产稳定性差、精矿互含严重、回收率低的问题，为找出一套氰化矿渣浮选的合理工艺，进行了以上几个工艺开路试验探索。

优选铅—铜锌混浮后分离工艺和全混浮工艺效果较好，但全混浮工艺所得混粗精矿仍然需要分离三种金属，而优选铅—铜锌混浮后分离工艺仅需要铜锌两种金属分离。因此，综合考虑新工艺选用优先选铅—铜锌混浮后分离工艺最为合理。

（三）选铅条件试验

1. 选铅捕收剂种类试验

为获得最优的试验效果，选取常规药剂进行了铅捕收剂种类条件试验，药剂分别为 1 乙硫氮、2 丁基黄药、3 丁胺黑药、4 乙硫氮与丁基黄药按 1：1 配比。应用药剂 4 乙硫氮与丁基黄药按 1：1 配比后，铅粗精矿中铅回收率最高，应用其他三种药剂，铅品位变化不大，回收率不及药剂 4 效果好，因此，选择铅捕收剂为混合用药，即乙硫氮：丁基黄药 =1：1。

2. 捕收剂用量条件试验

乙硫氮为方铅矿的选择性捕收剂，丁基黄药捕收性强于乙硫氮，混合用药综合了选择性与捕收能力，为考察混合用药用量对铅可浮性的影响，进行了药剂用量试验。随药剂用量增加，铅品位和回收率均呈先上升后下降趋势，当用量为60g/t时，铅品位及回收率均到达最高，因此确定药剂用量为60g/t（乙硫氮：丁黄药剂=30：30），此时铅回收率为69.88%。

3. 浮选时间条件试验

为确定合适的浮选时间，对铅粗选作业进行了分批刮泡试验。根据作业只考察铅指标即能对比出合理的浮选时间。随刮泡时间的增长，铅粗精矿铅品位为呈下降趋势，但降低幅度越来越慢，当刮泡时间0.5分钟时，铅粗精矿铅品位为13.58%，回收率为33.56%，表明在前面0.5分钟铅上浮速度慢，当刮泡时间为5分钟时，铅粗精矿铅累积回收率为69.65%。再增加刮泡时间到7分钟时，铅粗精矿铅累积回收率为70.89%。增加刮泡时间对回收率影响已经不大，再增加刮泡时间，只会带来更多杂质，从而影响铅品位。因此，确定铅粗选时间为5分钟，并初步安排两次扫选作业。

4. 铅浮选开路试验

在选择了合适的药剂用量和浮选时间的前提下，进行了开路试验。通过一粗两扫一精的开路试验，可得到铅精矿品位为18.34%、回收率为65.17%的良好指标，铅精矿中锌、铜含量仅为1.41%、1.44%，表明氰化矿渣矿样中的锌铜被氰化物强烈抑制，非常有利于铅矿的回收，但从浮选现象来看，浮选泡沫多且不易消除，若进行工业生产应用，泡沫箱需要做大容积，防止冒矿及泡沫泵打空现象。铅精选作业进行了一次空白精矿，铅精矿品位由10.40%提高到18.34%，富集比达到1.76，表明铅精选作业效果非常好，需要进行多次精选，根据实际生产情况，将铅精选作业暂定为两次。

（四）铜锌混浮——分离条件试验

1. 硫酸用量条件试验

选铅尾矿中铜锌被强烈抑制，硫酸是有效的活化剂，同时也能消除氰根离子的影响。为考察硫酸用量对铜锌可浮性的影响，进行了用量条件试验。当不加硫酸时，大部分铜锌矿物均未被活化，随着硫酸用量的增加，铜锌混合精矿铜锌品位及铜回收率均呈先上升后下降趋势，当硫酸用量为3000g/t时，铜锌

品位及回收率最高，再增加用量反而稍有下降，可推断铜锌矿物已经被充分活化，再增加硫酸用量便会消耗部分黄药并造成泡沫性脆，导致捕收能力下降。因此，确定硫酸用量为3000g/t。

2. 丁基黄药用量条件试验

混合浮选所需要的捕收剂不仅要捕收能力强，还要求选择性好，丁基黄药为一种应用广泛的捕收剂，价格低廉，对大多数硫化矿都有捕收作用，因此，为了考察丁基黄药用量对铜锌可浮性的影响，试验直接选用丁基黄药进行了条件试验。

随着丁基黄药用量的增加，铜锌混合精矿中铜、锌品位与回收率均呈先上升后下降的趋势，明显可见，当丁基黄药用量为50g/t时，品位及回收率均达到最高，这时，铜锌混合精矿中铜、锌品位分别为12.23%、8.60%，回收率分别为90.98%、85.83%。因此，丁基黄药用量为50g/t。

3. 浮选时间条件试验

为确定合适的浮选时间，对铜锌混合浮选粗选作业进行了分批刮泡试验。根据实际情况，需要考察铜锌的指标才能确定浮选最佳时间。随着刮泡时间的增长，铜锌品位均逐渐下降，但锌降低幅度较铅更快，回收率均逐渐上升，铜锌上升幅度相近。当刮泡时间4min时，锌品位由10.20%突降到4.86%，回收率由87.87%上升至89.43%，上升幅度不大，可判断锌矿物浮选性更好，浮选速度更快，粗选时间定为4min即可。但混合浮选的浮选时间是由浮选速度最慢的矿物决定的。此时，铜矿物的回收率仅有79.25%，并没有达到最优点。锌矿物浮选时间需要4min，而铜矿物至少需要5min。综合考虑，浮选时间定为6min，此时铜锌矿物回收率均较高，分别为85.36%、91.36%。

4. 混浮精矿脱药条件试验

混合精矿分离的关键在于脱药作业，一般脱药的方法有两大类。一类为物理方法脱药，主要包括再磨、空白精选、活性炭脱药等；另一类为化学方法脱药，利用硫化钠与矿浆中药剂发生反应，消耗掉矿浆中多余药剂。化学方法脱药较物理方法效果好，脱药更为彻底。经前期探索试验结果表明，不管是用活性炭脱药，还是加入硫化钠脱药，药剂都不能被彻底脱除，因此，确定采用一次空白精选后再加入硫化钠方法联合脱药。

经过一次空白精选作业，铜锌混合精矿铜品位由8.72%提高到14.11%，锌品位由15.67%提高到24.44%，中矿中铜锌回收率仅为6.10%和9.53%，表明中矿中损失率较低，空白精选效果明显。

硫化钠能够清洗矿物表面，是一种常见的脱药剂。但用量既不能过多也不能过少，过多会抑制硫化矿物，过少则脱药效果不彻底。为确定最适用量，进行了条件试验。硫化钠用量为1000g/t时，铜锌精矿品位及回收率均为最高，继续增加硫化钠用量反而会下降，表明硫化钠用量已经为最佳用量，因此，确定硫化钠用量为1000g/t。

5. 铜锌分离抑制剂种类及用量条件试验

YY-1为一种有机抑制剂，对锌有很好的抑制作用。为确定最合适抑制剂及用量，进行了条件试验。药剂1为硫酸锌＋亚硫酸钠（2000+1000g/t），2为YY-1（3000g/t），3为氰化钠（3000g/t）。为确定最合适用量应用抑制剂2后，铜锌分离效果最好，因此，选用YY-1为锌抑制剂，接下来进行了用量条件试验。随着YY-1用量增加，铜锌分离效果越来越好，但综合成本因素，确定用量为3000g/t。

6. 铜锌混浮——分离开路试验

经过一粗一精两扫的开路试验，可得到铜精矿中铜品位18.31%、回收率57.59%，锌精矿中锌品位44.56%、回收率65.76%，尾矿中含锌、铜0.05%的良好指标。但铜锌精矿中铜锌金属互含严重，表明铜锌分离仍然不彻底，应加强铜锌分离作业中对锌的抑制。

（五）综合开路试验

在确定的条件试验基础上，进行了全流程综合开路试验。由开路试验结果可见，通过"优先选铅—铜锌混浮—分离"工艺，可以得到铅精矿品位25.68%、回收率58.62%，铜精矿品位18.22%、回收率54.65%，锌精矿品位44.81%、回收率60.81%的良好试验指标。

（六）闭路试验

在确定的条件试验和多次开路试验的基础上，进行了闭路试验，通过闭路试验，得到了铅精矿中铅品位24.73%、回收率75.65%，铜精矿中铜品位16.77%、铜回收率60.57%，锌精矿中锌品位43.91%，锌回收率68.31%的良好试验指标。

（七）现场工艺流程试验

为了验证"优先选铅—铜锌混浮—分离"工艺的先进性，在试验室中重现现场工艺流程，现场采用优先选铅锌，再优先选铜的工艺进行生产。

1. 选铅作业硫酸条件试验

为考察选铅作业中硫酸的活化效果，进行了两组对比试验。加入硫酸前后，铅粗精矿中铅回收率分别为 62.64%、61.15%，可以得出氰化钠对铅矿物几乎没有抑制作业，可推断铅矿物物相为方铅矿；铅粗精矿中锌铜回收率变化较大，锌回收率由 84.37% 降为 20.47%，铜回收率由 71.93% 降为 5.85%，表明加入硫酸后，锌铜矿物极易活化，这也解释了现场工艺精矿互含严重，铜精矿只考察品位而不考察回收率的问题。

2. 矿浆浓度条件试验

原矿入选物料粒度细，黏度大，而细粒物料应稀浆浮选，但目前矿浆浓度控制在 35% 左右，为考察矿浆浓度变化对浮选指标的影响，进行了两组条件试验，矿浆浓度分别为 20%、25%。随着浓度的升高，铅粗精矿中铅品位降低明显，回收率逐渐升高，铜粗精矿无明显变化。表明低浓度的矿浆利于铅粗精矿品位提高，但回收率也下降明显，综合考虑，仍然选择 33% 矿浆浓度为最优条件。但在现场生产中，可根据精矿利润进行调整。此次试验中选铜作业捕收剂更换为 Z-200，但没有表现出明显效果，因此仍然选择丁基黄药作为铜捕收剂。

3. 铜精矿降锌试验

目前现场铜精矿中锌金属作为有害杂质，既影响铜精矿品位，又影响销售价格，若能降低其中锌含量，能达到双赢的效果。铜精矿取自现场压滤机滤饼，浮选用水为清水，进行了 4 组对比试验。无论在 pH=7 还是 12 时，$ZnSO_4+Na_2SO_3$ 用量大与小时，铜精矿中锌含量均没有降低，表明降锌效果差。说明锌矿物一旦被活化就难以抑制。

4. 现场流程开路试验

在试验室中利用小型浮选机进行了现场工艺开路试验，铅粗精矿中铅锌回收率均较高，分别为 62.54%、88.31%，但其中铜回收率高达 60.72%，表明破氰预处理过程中铜金属被活化且活化程度高，说明活化后的铜可浮选极好，后续选铜作业中，铜粗精矿中铜品位仅为 0.68，回收率仅为 9.64%，锌矿物的可浮性与铜矿物可浮性相近，一经活化极易上浮。

5. 现场工艺流程试验小结

①浮选原矿粒度细，浮选难度极大。

②铅矿物大多以方铅矿形式存在且未被抑制，直接浮选铅，可得到较好铅精矿指标。

③较低矿浆浓度有利于铅精矿品位提高，但回收率降低。

④铜精矿降锌困难，抑制剂用量大也难压住锌矿物。

（八）浮选工艺试验小结

试样为氰化矿渣，取自氰化厂浸出后的压滤滤饼，经多次取样后混匀而得，有代表性。

①矿石性质表明：试样中主要有用矿物包括金、银、方铅矿、闪锌矿、黄铜矿、黄铁矿。试样有较高回收价值。但铜、铅、锌金属大都分布在 -0.015mm 粒级中，浮选回收难度大。

②根据矿石性质进行了多组工艺对比试验，最终确定"优先选铅—铜锌混浮后分离"工艺为最适工艺，进行铅、铜锌作业各个条件试验，确定了各作业的最适条件。

③铜锌混合精矿分离的关键在于脱药，采用硫化钠进行脱药能为铜锌分离提供基础，从而获得铜精矿、锌精矿。

④新型锌抑制剂 YY-1 能有效抑制锌矿物，可在生产中推广应用，不仅能获得良好指标，同时也符合国家环保要求。

⑤现场工艺流程试验表明：现场工艺有很大的缺点，所得精矿产品互含严重，所用药剂也不能将它们有效分离。

四、浸出工艺试验

为了将有用金属最大程度提炼出来，达到资源综合回收的效果，将多次浮选闭路试验中所得铅精矿、铜精矿和锌精矿中的铅铜锌充分提取后的精矿矿渣收集后，作为浸出的原矿，采用新型无氰绿色浸金剂 YY 进行浸出试验，同时与氰化钠作为浸出剂进行了对比，最终确定无氰绿色浸金剂 YY 能提取金银，达到并超过采用氰化钠作为浸出剂时的效果。根据现场多年经验，笔者进行了条件试验，确定了试验条件如下。

①浸出时间：一次浸出 24h、二次浸出 36h。

②氰化钠浓度：50 ～ 60/ 万。

③YY 浸金剂浓度：50～60/万。

④矿浆浓度：33%。

⑤氧化钙浓度：4～6/万。

⑥pH 值：12。

（一）化学多元素分析

分别对铅精矿、铜精矿、锌精矿提取铅、铜、锌之后的精矿矿渣进行了化学多元素分析。铅精矿、铜精矿和锌精矿中金银品位都较高，具有回收价值，其中铅精矿中含 Au25.23g/t、Ag141.37g/t；铜精矿中含 Au46.54、Ag421.65g/t；锌精矿中含 Au35.76g/t、Ag328.33g/t。

（二）氰化钠浓度条件试验

氰化钠浓度是极其重要的浸出工艺条件，用量过大会造成成本增加，用量过小会造成浸出速度不够，浸渣中金银含量过高，最终会减少经济效益。因此，为确定最佳氰化钠浓度，进行了氰化钠浓度条件试验，氰化钠浓度分别为 30～40/万、50～60/万、70～80/万，氰化钠浓度可用硝酸银滴定法测得。

此条件试验对象为铅精矿，其中含金 25.01g/t，银 150.08g/t，分别进行了三组不同浓度条件试验，随着浓度的增加，明显可见，金银浸出率均提高，但浓度过高后，浸出率并没有变化，因此，确定氰化钠浓度为 50～60/万，同样道理，分别进行了铜精矿、锌精矿为试验对象的氰化钠浓度条件试验，也得到氰化钠浓度为 50～60/万时的经济性最好，浸出率最高。

（三）浸出时间条件试验

通常浸出时间越长，浸出率越高，但浸出时间越长，流程中矿量越多，所需要的浸出槽就越多，生产成本就会增加。通常现场的浸出时间都大于试验室中确定的时间，主要是由于现场中矿石性质复杂多变，为了让现场设备有更广泛的适应性，都会设置更长的浸出时间。为了确定最适合的浸出时间，分别对 24、36、48 小时的条件试验。所得矿渣中金含量分别为 1.67g/t、1.45g/t、1.44g/t，银含量分别为 30.45g/t、26.87g/t、26.56g/t。可见随着浸出时间的增长，浸出率逐渐增大，但浸出时间超过 36 小时后，增加幅度非常小，因此，综合考虑成本因素确定浸出时间为 36 小时。

（四）浸出试验

按以上条件进行了两组浸出试验进行对比，一组用氰化钠作为浸金剂，另一组用 YY 作为浸金剂，对铅精矿浸出 24 小时后，使用两种药剂作为浸金剂，金浸出率基本上相当，分别为 97.55%、97.57%，但浸出 36 小时后，使用无氰药剂 YY 获得金浸出率为 97.97%，较使用氰化钠药剂提高了 0.42%，银浸出率提高了 7.6%。

对铜精矿浸出 24 小时后，使用无氰药剂 YY 后金浸出率为 95.02%，使用氰化钠药剂后金浸出率为 94.35%，金浸出率提高 0.67%；浸出 36 小时后，金浸出率提高 0.02%，银浸出率提高 1.24%。

对锌精矿浸出 24 小时后，使用无氰药剂 YY 后金浸出率为 93.51%，使用氰化钠药剂后金浸出率为 92.65%，金浸出率提高 0.87%；浸出 36 小时后，金浸出率提高 0.03%，银浸出率提高 0.75%。

可见，使用无氰药剂 YY 后金银浸出率均有较大提高，同时药剂用量大幅减少，在目前环保要求越来越高的形势下，必须大力推广无氰药剂，减少含氰废水的排放。

（五）浸出工艺试验小结

①经化学多元素分析后可得，铅、锌、铜精矿中含有较高品位的金银，必须进行综合回收，实现其经济价值。

②根据现场实际经验以及小试结果，分别确定了氰化钠最佳浓度、浸出最佳时间以及其他条件。

③YY 为一种环保无氰浸出剂，适应于浸出金和银。

④在最适条件下进行了综合浸出对比试验，发现在同样条件下，YY-1 作为浸出剂不仅药剂用量少，浸出率也高，因此完全可以替代氰化钠做为此试验的浸出剂。

五、总结

文中以金矿氰化矿渣为代表进行了氰化矿渣资源综合回收利用研究，采用"优先选铅—铜锌混浮后分离"工艺回收铜、铅、锌，对精矿产品中的金银采用浸出工艺回收，取得了良好的试验结果，充分证明了此套工艺应用于金矿氰化矿渣是可行的。

①浮选试样性质表明：氰化尾渣中含有铅、锌、铜等有用矿物，具有极大

的经济价值，但由于氰化尾渣粒度细、有用金属可浮性差、差异小、铜锌矿物被氰化物强烈抑制等原因，浮选分离难度大。

②采用"优先选铅—铜锌混浮后分离"工艺进行了试验室小型闭路试验，对铅、铜锌作业进行各个条件试验，确定了各作业的最合适条件，最终通过闭路试验得到良好的试验指标。

③铅、锌、铜精矿浸出试验得出，采用无氰浸金剂 YY 能够有效回收金银，通过与氰化钠药剂对比试验得出，使用无氰药剂 YY 后金银浸出率均有较大提高，同时药剂用量大幅减少，表明 YY 药剂适合此工艺。

④通过上述试验结果表明，"优先选铅—铜锌混浮后分离"工艺能够有效回收铜、铅、锌金属，采用无氰浸金剂 YY 能够有效回收精矿产品中的金和银。此套工艺可用于金矿氰化矿渣资源综合回收利用项目。

第二节　岩石矿渣其他方面的再利用

一、岩石矿渣在其他方面的应用

（一）制备土壤固化剂

土壤固化剂主要用于铺筑路面和机场跑道的基层和底基层、河道护岸、海堤护坡、回填土及防渗渠等工程。它是以矿渣或矿渣组合物为主体原料，配以适量的碱性激发剂和表面活性剂混合粉磨而成的，其中矿渣掺量可达 70%。对纯矿渣填筑路堤和不同矿渣掺配的土填筑路堤的试验表明，各种条件的土强度都能达到不同深度的强度设计要求。曾有人通过试验确认了矿渣作为路基填料的可行性，并成功地用于高速公路路基的填筑。

（二）生产无机涂料

随着人们对环境和健康的日益重视，涂料市场中无机矿物涂料以其天然无毒、对环境、人体健康没有污染和危害的优势，而逐步受到人们的青睐。目前，国内无机涂料多以碱金属硅酸盐或硅溶胶为主要成膜物质，其成膜机理主要是促进硅酸盐的胶体化，生成 SiO_2 凝胶。由于固化后形成的硅酸凝胶孔隙率很高，且 95% 左右的孔隙为 $0.1 \sim 1\mu m$ 大毛细孔；小于 $0.1\mu m$ 的孔隙不足 2%，所以导致了凝胶体的耐水性和抗冻性等耐久性能的下降。因此，要从根本上提高无机涂料的耐久性，必须在基料组成和固化机理方面有所改进或突破，从而改善其固化体的孔隙结构和孔隙数量。

碱矿渣胶凝材料的固化机理与碱硅酸盐涂料的固化有本质的区别，所生成的主要产物已经不是硅酸凝胶，而是水化硅酸钙凝胶和沸石类的水化产物。形成的固化体结构十分致密，孔隙率低且孔隙多为封闭的微孔，其中小于 $0.025\,\mu m$ 的微孔数量约占 80%，这些孔对材料性能并无害处，使其集高强、快硬、高黏附性和高耐久性于一身。尤其是优良的黏附性和界面强度，使它更适合作材料的界面黏合剂和表面涂装材料等。因此，从理论上讲，用它做无机涂料的基料，可从根本上提高无机涂料的耐久性，而且具有利用工业废料、节省能源、利于环境保护的重要现实意义。但碱矿渣胶凝材料通常需要在一定湿度条件下养护，才能正常地凝结和硬化，如用其作涂料的基料，在干燥的自然环境下薄层涂刷，非常容易出现干裂和因硬化程度不够而软化、剥落等现象。如何从固化机理方面解决这些问题，则是利用碱矿渣胶凝材料研制无机涂料，并提高其耐久性的技术关键。

1. 技术路线的确定

在碱矿渣胶凝材料当中，碱与矿渣的反应过程和作用机理可以分为以下 2 个阶段进行探讨：第 1 阶段，在 OH^- 作用下，矿渣中玻璃体的 Si—O—Si 和 Al—O—Al 等键被解体，此时断裂的 Si—O 键，使玻璃体具有很高的活性。

第 2 阶段，在 Ca^{2+} 和 Na^+ 存在时，与断裂的 Si—O 键重新结合，形成水化硅酸钙凝胶和沸石类的矿物，并形成一部分新的 Si—O—Si 聚合体，而产生很高的复合胶结强度。反应过程如下式：

—Si—O—+ Ca^{2+} → —Si—O—Ca—

—Si—O—Ca—+ OH^- → —Si—O—Ca—OH

—Si—O—Ca—OH+HO → —Si—O—Si—+Ca（OH）$_2$

同时，在 Na^+ 的作用下，除形成钠沸石类矿物外，对水化硅酸钙的形成主要起催化作用。以上 2 个阶段的作用过程中，碱的浓度和钙离子数量（即组成中 CaO/SiO_2 和 $NaOH/SiO_2$）的大小决定了水化硅酸钙、沸石类矿物以及硅酸凝胶的比例关系和形成速度，因而对碱矿渣材料的胶结强度具有极其重要的影响。其中 OH^- 的浓度高，能加快 Si—O 键的断裂，增加矿渣的活性；而 Na^+ 和 Ca^{2+} 的数量多，能促进水化硅酸钙和沸石类矿物的形成，并加速 Si—O 键的重新聚合，提高材料的胶结强度。

这里必须强调指出 Ca^{2+} 或与其相近的碱土系元素的重要作用，因为只有在 Ca^{2+} 或其他碱土元素与 OH^- 及断裂的 Si—O 键结合成不易溶于水的产物之后，

液相中 OH⁻ 的浓度才会显著降低，才能避免在 OH⁻ 作用下使已经聚合的 Si—O 键再次断裂，进而避免材料的胶结强度受到严重影响。

从上述作用机理出发，结合涂料的性能要求，我们在探索碱矿渣无机涂料组成的试验中，着重改变碱和碱土系元素的种类和数量，以调节水化产物的形成速度和数量，从而保证涂料在各种不利条件下的正常固化，并达到涂料的耐水性、抗冻性、黏结强度等一系列有关的技术要求。

2. 试验原料及试验方法

（1）试验原料

矿渣的化学成分和产地（见表 6-2）

表 6-2　矿渣的化学成分和产地

项目	SiO_2	Al_2O_3	Fe_2O_3	CaO	MgO	产地
矿渣 %	39.91	6.22	2.62	43.51	7.10	通化钢厂

碱的种类：以市售工业品 NaOH 和 KOH 作为矿渣的主要活性激发剂。

水玻璃：采用长春市振兴水玻璃厂生产的水玻璃，模数（SiO_2/Na_2O）为 3.1～3.2、相对密度为 1.38。

外加剂：以一种或两种市售的碱土金属氧化物及硫酸盐类为主，促进不溶性硅酸盐水化物的形成。

填料和颜料：以市售滑石粉、钛白粉、铁红、铁黄为主。

（2）试验方法

根据《外墙无机建筑涂料》（JG/T 26—2002）的技术性能指标进行测试，重点对不同配比涂料的抗冻性、耐擦洗性、耐水性和黏结强度等指标进行对比试验。同时，观察涂膜的表面状态是否平整光滑和出现干裂等现象，从而确定性能相对较佳的涂料配比。

3. 试验结果与讨论

（1）耐水性的影响因素

碱矿渣胶结剂属于水硬性胶凝材料，水化产物结构十分致密，耐水性好。但作为涂料的基料，由于涂层很薄，干燥速度较快，当涂层中水分挥发之后，环境湿度又持续较低的情况下，便无法保证正常的固化。一旦遇到雨水冲刷，必然会出现软化、剥落等现象。因此，必须采取加速水化反应的技术措施，使涂层在空气中完全干燥之前，达到一定的硬化程度，才能避免遇水软化的问题。

孤立变量法试验中，碱的掺量和种类对涂层耐水性的影响见表 6-3。

表 6-3　碱的掺量和种类对涂层耐水性的影响

序号	NaOH（%）	KOH（%）	外加剂（%）	水玻璃（%）	其他（%）	干燥 7d 后浸水 1d
1	2.0	0	0.3	35	62.7	有软化和轻度剥落现象
2	0	2.0	0.3	35	62.7	略有软化但未剥落
3	2.0	2.0	0.3	35	60.7	未软化，未剥落

从上表中可以看到，在其他组分固定的条件下，由于 NaOH 和 KOH 总掺量的增加，涂层经 7d 干燥，浸水后的软化和剥落现象减轻，耐水性提高。在碱掺量均为 2% 的情况下，KOH 对涂层耐水性的提高作用优于 NaOH。

增加碱土金属氧化物的掺量是提高涂层耐水性的关键，其掺量不足则无法保证涂层在干燥之前达到一定的水化和硬化程度，因而涂层早期抵抗浸水软化的性能也差，从这一角度出发，其掺量应当越多越好，但过多的碱土金属氧化物会导致涂层表面的干裂和不光滑，另外，还会导致黏结强度的下降。所以，碱土金属氧化物最高掺量的选择，应以不影响涂层的表面状态和黏结强度为前提条件和确定依据。同时，为确保涂层的快速硬化，另外掺入 0.3% 的促硬外加剂，促进不溶性水化产物的形成，以增强涂层早期的耐水能力。

（2）涂层表面状态的影响因素

总碱量和其中任一种碱（NaOH 或 KOH）量的增加，都能使涂层表面光滑、平整程度得到提高，干裂现象逐步减轻或完全消失。但在总碱量一定的情况下，NaOH 掺量的增加对提高涂层表面的光滑、平整程度并抑制表面干裂的效果明显优于 KOH。另外值得注意的是，当碱的总掺量大于 3.5% 时，涂层表面在干湿交替的环境下，有时会出现局部返白（碱）现象。而且 NaOH 掺量的增加比 KOH 掺量增加的返白现象更为明显。所以碱的总量不宜大于 3.5%，其中 NaOH 掺量不宜大于 1.5%。

当碱土金属氧化物掺量大于 6.5% 后，会导致涂层表面出现微裂，并且光滑和平整程度下降，影响涂层的表面状态。所以，其掺量以不大于 6.5% 为宜。

（3）黏结强度的影响因素

随着 NaOH 和 KOH 含量的增加，涂层的黏结强度逐步提高，其中 KOH 对黏结强度的影响幅度明显大于 NaOH。碱土金属氧化物对黏结强度的影响，有一最佳掺量，即 6.5% 时黏结强度最高，大于或小于这一掺量，黏结强度均

（4）碱矿渣无机涂料的主要性能指标

涂料配方（质量%）为矿渣46.7%、颜料8%、水玻璃35%、NaOH1.5%、KOH2%、碱土金属氧化物6.5%、外加剂0.3%的碱矿渣无机涂料的主要性能指标见表6-4。

表6-4　碱矿渣无机涂料的主要性能指标

项目	指标
涂层耐洗刷性（次）	>3000，未露底
涂层耐水性（h）	>2000，无起泡、无软化、无粉化现象
涂层耐碱性（h）	>1000，无起泡、无软化、无粉化现象
涂层耐冻融循环性（次）	>40，无起泡、无裂纹、无剥落、无粉化现象
涂层黏结强度（MPa）	0.49（因基因起层破坏而剥落）

从表中可以看出碱矿渣无机涂料的抗冻融循环次数可达40次以上，耐洗刷性可达3000次以上，耐水性、耐碱性和黏结强度都超过和达到国家标准规定的指标要求。

4. 涂料施工工艺

为避免涂料因碱掺量过多而造成涂刷干燥后出现返白现象，施工时要求在涂层干燥固化（涂刷后1～3d）后，用清水刷洗一遍。这样既可以洗掉表面返出的白痕，除去涂层中多余的碱分，避免以后再出现返白现象，又可以对涂层起到养护增强的作用，进一步提高涂层的耐久性。

5. 结论

碱矿渣无机涂料的耐洗刷性、耐水性、耐碱性和耐冻融循环性指标，都超过国标要求，是一种耐久性能优良的建筑涂料。

涂料组成中，碱的总量增加，各项性能指标均有提高，但总碱量不宜大于3.5%，其中NaOH不宜大于1.5%。否则，易出现返碱现象。

在总碱量不变的情况下，提高NaOH的掺量，可改善涂层的表面状态；增加KOH的含量，可提高涂层的耐水性和黏结强度。

碱土金属氧化物掺量在6.5%左右时，涂料耐久性指标最佳。大于这一掺量，黏结强度下降，表面状态变差，但耐水性提高；小于这一掺量，黏结强度和耐水性能均有降低，但表面状态趋好。

碱矿渣无机涂料制备简单、原料来源广、性能价格比高，具有较强的市场竞争优势。并且具有天然、无毒、无污染、节省能源和利用废料等突出的环保性能，是当今国内外涂料研究和发展的方向。

（三）生产矿渣纤维

以矿渣为主要原料，加入硼砂等辅料，经熔化、采用高速离心法或喷吹法等工艺制成的棉丝状无机纤维，具有质轻、价廉、导热系数小、不燃烧、耐腐蚀、吸声性能好等特点。可用于建筑物的填充绝热、吸声、隔音及各种热力设备的填充隔热等。

（四）合成多功能、多用途的硅灰石

在矿渣中加入硅砂和少量的助熔剂白云石，可以在低温下熔化、晶化合成工业用硅灰石。硅灰石的用途极广，在橡胶、塑料、涂料、陶瓷等很多领域都能发挥其特殊功能。

（五）用作污水处理剂

1. 染料废水

目前，全世界每年生产的染料超过了 100 万吨，而纺织行业是染料最大的消费者，占了全部染料产量的三分之二。高速发展的染料行业也导致产生了大量的染料废水，据报道，我国每年染料工业废水已达到 1.57 亿吨。

纺织行业作为染料最大的消费者，为了能够应用于纺织行业的染色，对于染料颜色的深浅、发色基团的强度、色彩的亮度等特征都需要达到一定的标准，如染料必须具有颜色的耐久性，在洗涤、摩擦、加热、光照和汗水等各种各样的条件下，染料必须在织物上仍然能够牢固结合。因此，染料专家在发色基团的设计和合成上面做了巨大的努力，以迎合市场的需要，染料便具有了耐久、稳定和不易被化学降解的特点。然而，这些被认为是染料优良性能的特点，反过来也使得染料废水的处理成了一个难题。随着环境保护意识的提高和对环境关注的加大，有必要对染料工业废水采用减少、降解、回用的方法，从而使其减少对环境的破坏。早在 20 世纪 30 年代，就证实从事染料行业的工人有职业过敏，尤其是一些有蒽醌结构的分散染料，已经被证实能够对人体产生诸如湿疹、接触性皮炎等过敏性反应。很多研究者对染料毒理学做了相关的研究，发现偶氮染料的 LD_{50}（被测生物数量的半数致死量）在 250mg/kg 以下。

染料废水处理技术目前主要有物理法、化学法和生物法三大类，物理处理

法主要有吸附、膜分离等方法；化学处理法主要有氧化、光催化、超声波气振、絮凝等；生物处理方法主要是利用活性污泥、氧化池、曝气池、厌氧氧化和种类繁多的微生物氧化降解染料分子。但是由于染料的化学稳定性好，生物毒性大，染料废水中有机物浓度含量高，各种方法都有它一定的局限性。

（1）物理处理法

物理处理法的主要过程是除去废水中的不溶性有机物和悬浮颗粒。主要有吸附法、膜分离法、泡沫分离法、溶剂萃取法。

①吸附法是处理染料废水方法中最有效、最经济的方法之一。吸附是指在固相—液相、固相—气相、液相—气相、固相—固相、液相—液相等体系中，某个相的物质密度或溶于该相中的溶质浓度，在界面上发生改变（与本体相不同）的现象。常用的吸附剂可分为无机吸附剂和有机吸附剂，无机吸附剂具有良好的物理化学稳定性和高的比表面积。有机吸附剂的优点在于它的可再生性，而且还能回收废水中一部分有用的产品。

在所有的无机吸附剂中，以活性炭为基础的吸附剂在染料废水的处理中应用最为广泛。影响染料在活性炭上吸附的重要参数包括染料分子的大小、极性和溶解度。可溶性的染料分子难以被活性炭吸附的一个重要原因，是活性炭是非极性的，染料分子是极性的，所以不容易被吸附。

除了以活性炭为基础的吸附剂以外，其他的无机吸附剂也有良好的吸附效果。常用的海泡石、沙子、锯屑、二氧化硅、钢渣、膨润土等都可以用来处理染料废水。

在染料初始浓度较低的情况下（COD<500mg/L），各吸附剂对染料废水中有机物的去除率都较高。活性炭由于原料易得，投入操作时简便易用，在实际应用中用途比其他吸附剂广泛。尽管如此，由于活性炭的再生困难，因此，投入工业化大生产成本较高。大孔吸附树脂是内部呈交联网络结构的高分子珠状体，具有优良的孔结构和很大的比表面积，通过从水中吸附有机溶质，实现废水中有机物的富集和分离。由于大孔树脂的吸附分离是靠自身孔道作用的，因此适用范围较为广泛。同时树脂有较高的耐氧化、耐酸碱、耐有机溶剂的性质，性能稳定，使用寿命长，此外树脂的吸附效率高，脱附再生相对容易。基于上述优点，使得近年来大孔树脂在染料废水处理的领域较为活跃。

吸附法的分离原理是将染料废水中的有机物富集到吸附剂上而净化水体，但由于吸附剂的吸附能力是有限的，因此，吸附法适合于染料废水初始COD浓度较低的情况，此时，用吸附法处理染料废水效果好，经济成本也相对较低，但是，对于初始 COD 浓度很高的染料废水，吸附法并不适用。因为过高的 COD 浓度，导致所需的吸附剂数量显著增大，造成处理废水的成本大大增加，工业应用价值小。此外，吸附法处理染料废水后，废渣处理量骤增，其固废处理产生了新的问题。当然，对于需要从染料废水中回收利用有用的原料、中间体、产物等，可以利用吸附法先将废水中的有用成分提取出来后，再对废水进行其他方面的处理的工艺，不但变废为宝，而且减少了后续处理中废水的有机污染物量，降低了其废水的处理难度。

②膜分离技术利用的是孔径的筛分作用，它只允许孔径比它小的分子透过，而孔径比它大的分子则被截留在膜的一侧，从而达到分离、净化处理的目的。目前用于染料废水处理的主要有微滤、超滤、纳滤和反渗透技术。其中，微滤、超滤和纳滤主要是靠膜的筛分及其表面作用，从而达到分离净化的目的，而反渗透的传递机理则是靠溶剂的扩散，它们的驱动力都是压力差。因此，膜分离过程必须具有提供压力的装置和膜分离的装置。

染料废水经沉降离心等操作步骤后，再用泵将预处理后的染料废水输送到膜分离设备中，操作压力由压缩空气提供，透过膜的渗透液经管道输送出去。如果出水 COD 已经达到排放标准，则直接排放；如果出水 COD 值仍较高，则考虑再进生化池生化降解。而被浓缩的染料废水则与经预处理后的染料废水相混合，继续输送到膜分离设备。

由于微滤、超滤、纳滤和反渗透膜的孔径不同，传递机理也不尽相同，因此，它们所能处理的染料类型不同，所能达到的处理效果也不相同。

在初始 COD 值只有 80mg/L 的情况下微滤法处理染料废水后，COD 去除率只有 50%，可见处理效果并不好，这是因为微滤膜的孔径是在微米级的，它所能够截留的有机物分子相当有限，所以处理效果不好。而对于纳滤和反渗透而言，就可以处理初始 COD 值较高（COD>1500mg/L）的染料废水，且处理效果较好，能使废水浓缩 5～10 倍，COD 去除率在 99% 以上。

膜分离技术处理染料废水由于是将废水中的有机物截留在膜的一侧，因此，它的一个最大好处就是能够回收利用废水中有用的物质，变废为宝。染料废水中常常含有未反应完的原料，染料中间体等有用的物质，有些反应原料价格昂贵，若是能够将其从染料废水中分离出来，则可大大节约成本，同时，也大大减轻了染料废水的后处理过程。从绿色化学的角度讲、膜分离技术处理染料废水没有产生新的有害化学物质，也没有产生二次污染，可以说是低碳环保的水处理方法。

然而，膜本身的结构决定了它在实际应用中存在着一定的缺陷，膜分离过程处理染料废水时所采用的膜的孔径都很小，基本达到了纳米级，当较大的有机染料分子或其他物质进入孔道后，便堵塞了孔道结构，由于膜孔径太过狭小，将堵塞在孔道中的物质清除出来极为不易，因此，在进行膜分离处理时，对染料废水必须先进行混凝沉降等预处理，以减少膜孔道的堵塞。膜材料大多是新型复合材料，造价比较昂贵。另外，膜分离过程由于需要一定的操作压力，这势必需要一定的动力系统，在实际的分离过程中，运行成本也是很高的。因此，膜分离过程用于初始 COD 值已经很低，其他处理方法不能见效，但又要求废水达到排放标准时的废水处理，比较适合采用。

③泡沫分离技术是采用表面吸附的原理，通过向溶液中鼓泡，并逐渐形成泡沫层，进而将泡沫层与液相主体分离，由于表面活性剂分布在泡沫层内，就可以达到浓缩水体中表面活性物质或净化液相主体的目的。泡沫分离脱色装置主要包括泡沫分离柱、气泵、气体分布器、转子流量计、泡沫收集装置等。以阴离子表面活性剂十二烷基苯磺酸钠为捕获剂，采用泡沫分离法处理阳离子染料结晶紫水溶液，染料初始浓度为 20mg/L，在 pH 为 11.0、气速为 $0.018m^3/h$、SDBS 浓度为 450mg/L、装液量为 500mL 时，结晶紫脱色率达到 93.5%。

④溶剂萃取分离是利用不同物质在互不相溶的两相（水相和有机相）间分配系数的差异，使目标物质与基体物质相互分离的方法。萃取法在染料废水浓度较高时效果较好，但在低浓度下采用溶剂萃取法，基本不能达到分离净化的目的。然而，由于染料废水中的组分复杂，萃取剂的选取非常困难，萃取剂大多都是有机溶剂，一般沸点都较高，在萃取剂回收方面能耗也较高，因此，实际工业生产过程中用溶剂萃取法处理染料废水还不多见。

（2）化学处理法

化学处理法是采用化学的方法将染料废水中的有机物降解除去的过程。目前工业上常用的为高级氧化法、电化学法、絮凝沉淀法、超声气振法等。化学处理法最大的优点是适用范围广，对于种类繁多的染料废水，化学处理法都有较好的效果，特别是对于高初始 COD 浓度的染料废水，化学处理法有着优于其他处理方法的独特优势，如高效去除或转化为可生化降解的产物等。

①高级氧化技术（Advanced Oxidation Processes，AOPs）是一种能够有效处理难降解有机污染物的化学氧化技术，它是利用紫外光照射或复合催化剂等催化途径产生的氧化能力极强的·OH 自由基（·OH 氧化电位为 2.80V），·OH 自由基具有很高的氧化活性和电负性，使它容易进攻有机物分子的高电子云密

度点，诱发后面的链反应。因此，·OH 是在水处理中应用的最有效的氧化剂。由于·OH 与水中大多数的有机物的反应速率常数在 $10^8 \sim 10^{10}$mol 数量级范围之内，且对有机物的降解没有选择性，使它能直接与有机物之间进行开环、加成、取代、电子转移或断键反应，从而使水体中的绝大多数有机污染物降解为低毒或无毒的小分子物质，甚至直接氧化降解为 CO_2、H_2O 等，避免了二次污染的产生。

由于高级氧化法产生的羟基自由基氧化电位高，达到 2.80V，所以具有较高的氧化活性，因此，对染料的氧化效果比其他氧化剂要好。高级氧化法所要求的工艺简单，设备要求也不高，能耗相对较小，因此，高级氧化法是目前应用最多的化学氧化法。然而，高级氧化法的一个缺点便是催化剂容易流失，对环境造成二次污染，减少催化剂的流失，将催化剂固载化，将使高级氧化法能够大规模应用于工业生产。

② Fenton 试剂是一个以 H_2O_2 为氧化剂，Fe^{2+} 离子为催化剂的体系。其氧化机理为：

$$Fe^{2+}+H_2O_2 \rightarrow Fe^{3+}+OH^-+\cdot OH$$

$$RH+\cdot OH \rightarrow R\cdot+H_2O$$

$$R\cdot+Fe^{3+} \rightarrow R^++Fe^{2+}$$

$$Fe^{2+}+\cdot OH \rightarrow Fe^{3+}+^-OH$$

$$R\cdot+H_2O \rightarrow ROH+H^+$$

其中 RH 代表染料分子，由氧化机理可知，H_2O_2 在 Fe^{2+} 离子的作用下生产羟基自由基。羟基自由基再将染料氧化成小分子。在 Fenton 氧化过程中，Fe^{2+} 起着催化剂的作用，Fe^{2+} 过少将降低羟基自由基的产生，使得催化氧化效率降低，同样，H_2O_2 作为反应中的氧化剂，是羟基自由基的直接来源，H_2O_2 的量不足，将直接影响催化氧化的程度。因此，Fe^{2+} 和 H_2O_2 的量都得达到一定的值，才能使 Fenton 氧化的效率最高。此外，H_2O_2 和 Fe^{2+} 的比例同样至关重要，相关学者用活性蓝模拟染料废水（初始浓度 100mg/L）做了不同 Fe^{2+} ：H_2O_2 比例对废水 COD 去除率的影响，发现，当 Fe^{2+} ：H_2O_2 大于 20 ：1 时，氧化效率较高，COD 去除率可达 70% 以上

传统 Fenton 氧化的优点是所需反应设备简单，氧化速率快，催化剂廉价易得，可以大规模投入工业生产。然而，由于传统 Fenton 氧化采用的是均相催化氧化，随着反应过程的进行，催化剂也完全流失，不能够重复使用，既浪费了资源，也产生了二次污染。

③光催化氧化法是利用光能，促使光敏催化剂发生能级跃迁，从而产生具有强氧化能力的羟基自由基或空轨道，进而与废水中的有机物发生氧化还原反应，达到降解有机污染物的目的。目前常用的催化剂有二氧化铁，杂多酸等。正常情况下，激发态的导带电子和价带空穴能够重新复合，而当催化剂的表面存在缺陷态时，电子和空穴的重新复合就会被抑制，进而能够在催化剂的表面发生氧化还原反应，达到氧化降解染料分子的目的。

光催化氧化的关键是如何有效抑制导带电子和价带空穴复合，从而使得催化剂表面的氧化还原反应得以持续进行。氧气的存在，能够有效抑制它们发生复合，提高催化氧化的效率。

光催化氧化处理染料废水时所用催化剂多为 TiO_2。这是因为 TiO_2 作为半导体，具有良好的光敏性，在紫外光的照射下能够形成光生电子—空穴对，进而能够催化氧化降解染料分子。虽然上述的光催化氧化过程染料降解率都在90% 以上，但由于染料的初始浓度都在 50mg/L 以内，属于实验室阶段，对于实际的染料废水的处理，还需进一步研究。另外，由于太阳光的大部分都是可见光，紫外光只占了一小部分，而以 TiO_2 为光催化剂的体系，光源主要靠的是紫外线，这就大大限制了它在实际工业生产中的应用。

因为光催化降解染料废水中的有机物时可以利用太阳能，具有节约能源，无二次污染等优点，同时也符合现今低碳经济的理念，因此是一项极具发展前景的技术。但是目前该技术还存在着一些不足之处，如已经发现的光催化剂只对某些有机物具有很好的光催化氧化效果，而对另外一些有机物则光催化氧化效果不明显，寻找更为高效的光催化剂是发展这一技术的关键。同时，由于光催化剂都做成超细的粉末，使催化剂的分离与回收也成为一大难题，如催化剂的流失，不仅产生二次污染，而且也大大提高了处理成本。如果能使光催化剂有一些特殊的性能，如磁性，则可以将处理后的溶液用磁场进行分离，从而达到回收催化剂的目的，或者可以将光催化剂负载到一些吸附材料上，如二氧化硅、膨润土、活性炭等，做成具有光催化活性的吸附剂，使得染料分子在被催化剂吸附到表面的同时，又发生光催化氧化过程，既消除了吸附剂饱和吸附量的限制，同时也加速了光催化氧化反应的进行。

④类 Fenton 氧化法是以传统 Fenton 法为基础，将游离的 Fe、Cu 等金属元素负载到吸附剂上，做成金属氧化物—吸附剂复合的催化剂，以此催化剂和 H_2O_2 共同作用，从而达到降解染料分子的目的。不同的吸附剂载体，所能够负载的金属元素含量是不同的，因此，催化氧化的效率也会有所不同。不同的金

属元素，催化氧化反应时所要求的 pH 值也是不同的，不在最佳 pH 值下进行反应，处理效果就达不到最好。

类 Fenton 氧化的催化剂载体可以是膨润土、活性炭等吸附剂，也可以是 Al_2O_3 等金属氧化物，也可以是高聚物。一方面，以吸附剂为催化剂载体，在类 Fenton 氧化过程中，可以使有机染料分子先吸附到催化剂活性位点的表面，然后再发生催化氧化反应，既克服了吸附剂吸附饱和容量的限制，也加速了催化氧化反应的进行；另一方面，由于吸附剂都具有高的比表面积，吸附容量大，更加容易负载金属离子，提高催化剂的催化氧化效率。以金属氧化物为催化剂载体，可以产生多金属协同催化的作用，使得类 Fenton 氧化的效率大大提高。以高聚物络合金属离子为催化剂，可有效控制溶液中金属离子浓度，提高催化氧化的效率。类 Fenton 氧化中所用的金属元素大多数为 Fe，而催化氧化过程的最佳 pH 值为 3～4，这也是传统 Fenton 氧化过程中的最佳 pH 值。类 Fenton 氧化的对象可以是活性染料、酸性染料、分散染料，其应用对象广阔，可以针对不同的染料。在染料初始浓度低于 100mg/L 的情况下，类 Fenton 氧化的色度去除率都基本在 90% 以上。

类 Fenton 氧化法作为一种非均相催化氧化，虽然反应物到达催化剂表面存在着传质阻力问题，不能够最大限度让反应物和催化剂接触，但是，由于类 Fenton 氧化法所用的催化剂载体大多为吸附剂，具有一定的吸附效果，有机染料分子在被催化剂吸附到活性位点的同时，发生催化氧化过程。随着活性位点上的染料分子被氧化，催化剂表面上的染料分子浓度降低，从而促进了染料分子从水相到固相的吸附过程，提高了催化氧化的效果。类 Fenton 氧化法是非均相催化氧化，因此，它的一个最大的优点就是能够回收利用催化剂，减少了对环境的二次污染。此外，类 Fenton 氧化法所适用的范围广泛，对于活性染料、酸性染料、分散染料都具有良好的效果，这就大大提高了它的实用价值。因此，它的应用前景极为广阔。然而，类 Fenton 氧化法也存在着一定的缺陷，由于催化剂大多采用粉状的物质，催化剂的分离较为困难，此外，负载在催化剂载体上的金属离子，随着反应的进行，会从催化剂上溶出，金属离子的流失也是类 Fenton 氧化的一大问题。

⑤超声波气振法是通过超声波在水溶液中产生的局部高温、高压、高剪切力，使水分子裂解产生具有极高氧化活性的羟基自由基，从而达到氧化降解染料废水的目的。用二氧化钛作催化剂，超声降解甲基橙溶液，染料初始浓度为 20mg/L，在最佳操作条件下，色度去除率达 98.6%，COD 去除率达 99%。超

声波的穿透能力比紫外线或可见光强得多，可以更好穿过水溶液到达有机物表面，因此，在能量利用方面具有一定的优势，然而，超声波气振法目前还尚且处在实验室阶段，又由于超声波的产生需要特殊的设备，在大规模的实际生产中，应用受到了限制。

许多物质对微波具有很强的吸收能力，如过渡金属及其化合物、活性炭等，这些物质由于其表面极为不均匀，在微波的作用下，会在其表面产生许多的"热点"，这些"热点"处的能量要比其他部位高很多，在微波的作用下，剧烈的极性分子振荡，能使化学键发生断裂，这就是微波的非热效应，利用这一性质可以使染料废水中的有机物得到降解，达到废水处理的目的。用微波协同活性炭处理蒽醌类染料（弱酸艳蓝 RAW、弱酸艳绿 GS）废水，色度去除率分别为89.16% 和 90.05%。

⑥超临界水氧化技术是利用超临界水同时具有气体和液体的性质，当向超临界水中通入氧时，活泼的氧进攻有机物分子中较弱的 C—H 键，产生一个很重要的自由基 HO_2，它与有机物中的 H 生成 H_2O_2，H_2O_2 进一步分解成亲电性很强的羟基自由基，然后羟基自由基再与有机物发生一系列反应，从而达到氧化降解有机物的目的。

该法由于使水成为超临界状态的条件较为苛刻，能耗相对较大，工业生产安全性也相对不高，因此，目前只是处在理论研究阶段，实际应用还需要一定的时间发展此项技术。

⑦电化学法是利用电能的作用，通过电解氧化还原、电解上浮或电解絮凝等作用破坏分子的结构或存在状态而脱色，用电絮凝的方法处理反应蓝、分散红染料废水，结果表明色度去除率在 95% 以上。用活性炭负载 Fe^{2+} 三维电极法处理酸性大红模拟染料废水，色度去除率和 COD 去除率分别在 95%、85%以上。

采用电化学法处理染料废水，虽然不会产生二次污染，但需在一个反应釜中通电才能发生氧化反应，使得工艺变得复杂，设备要求也变高，操作难度加大，在使用上受到一定的限制。

⑧絮凝沉淀法是根据传统的胶体混凝脱稳理论，即通过絮凝剂压缩双电层、吸附架桥、电中和、网捕沉降等机理将染料分子除去。目前国内外常用的絮凝剂有三类：第一类是无机型的，如铁、铝盐及聚合铝、聚合铁等无机絮凝剂；第二类是通过有机合成的高分子絮凝剂，如聚丙烯酰胺等；第三类是生物絮凝剂。

絮凝法处理的染料废水可以是活性染料、分散染料、酸性染料等，其适用范围广泛，适用于各个不同的废水体系。絮凝沉淀大多在近中性条件下进行，而活性染料废水的 pH 值是中性的。因此，絮凝法处理可能更适合于活性染料废水的处理。有机合成高分子絮凝剂处理高初始 COD 值（32240mg/L）的染料废水效果也较好，色度去除率达到 99%，COD 去除率也达到 48%。由此可见，与其他絮凝剂相比，高分子絮凝剂具有更好的效果。

絮凝沉淀法常作为染料废水的预处理，其优点主要有以下几个方面：适用范围广，可对活性染料、分散染料、酸性染料等多种染料废水体系有效；既可对高初始 COD 值的染料废水进行预处理，也可对低初始 COD 值的染料废水进行预处理，与吸附法相比废水初始浓度要求降低；所需的设备和处理过程简单；相对于活性炭等吸附剂、膜分离材料等，絮凝剂更为廉价。

然而，絮凝沉淀法也有它的缺点：絮凝法最大的问题是絮凝沉淀下来的物质产量大，因而产生大量的固体废物，容易产生二次污染；絮凝剂基本无法回收利用，投入的絮凝剂只能够使用一次，从低碳环保的角度来讲，这是不合适的；絮凝法只能去除废水中一部分的有机物，而对于剩下的有机染料，即使使用再多的絮凝剂，也无法用絮凝法除去，这也是絮凝法一般只作为染料废水预处理的原因。

（3）生物处理法

生物处理法是利用微生物中的酶，通过一系列氧化、还原、水解、化合等生命活动，将有机物分子氧化或还原，最终将废水中有机物降解成简单无机物或转化为各种营养物及原生质，生物法主要可分为好氧生物法和厌氧生物法两大类。

好氧生物处理法是在有游离氧存在的条件下，好氧微生物降解有机物，使其无害化、稳定化的处理过程。好氧法适用于可生化性较高的染料废水，对初始 COD 较低的染料废水处理效果较好。

好氧生物法主要有活性污泥法和接触氧化法，它能够处理不同类型的染料废水，对于分散、活性、偶氮染料等都能生化降解。好氧生物法所处理的染料废水初始 COD 不是特别高（<10 000mg/L），在此情况下，染料废水经处理后 COD 去除率可达 80%。当初始 COD 较低（<1000mg/L）时，COD 去除率可达 90%。因此，对于染料初始 COD 小于 10 000mg/L 的废水，使用好氧生物法处理较为合适。好氧生物法的优点主要是处理速度快、效率高、相对比较经济，是废水处理方法中的主要办法。然而，好氧生物法处理后所产生的污泥量是巨

大的，如何处理产生的污泥，是后处理中所需要考虑的问题，如果不妥善处理产生的大量污泥，将容易产生二次污染。

厌氧生物处理法是利用兼性厌氧菌和专性厌氧菌，将污水中大分子有机物降解为低分子化合物，进而转化为甲烷、二氧化碳的有机污水处理方法。染料新产品的不断开发，使得染料废水中有机物组分越来越复杂，浓度也有所提高，使得好氧处理难以满足处理要求，而厌氧处理既能够直接降解除去一部分染料分子，又能够降解结构复杂的有机物，使之变成小分子物质，提高废水的可生化性，因此，厌氧处理法的应用日益广泛。厌氧生物处理法主要有厌氧回流接触法、升流式厌氧污泥床法、折流式厌氧反应器和厌氧生物膜法，它能够处理很高浓度的染料废水（初始 COD>10 000mg/L），COD 去除率可达90%，色度去除率可达88%。因此，厌氧生物法适用于处理好氧生物法较难生化处理的高浓度染料废水（初始 COD>10 000mg/L）。相比于好氧生物法而言，厌氧生物处理法不需要曝气，减少了能源的消耗；在厌氧生物法处理染料废水的过程中，能够产生甲烷气体，这就相当于提供了能源，可谓一举两得；厌氧生物处理法所产生的污泥量也较少，减轻了污泥的后处理工作。然而，厌氧生物氧化法也存在着它的缺陷：①厌氧菌的代谢速度较慢，氧化降解效率不高；②必须得有厌氧反应器才行，而反应器的造价一般都较高，这就大大提高了处理废水的成本。

相比于其他的处理方法而言，生物法处理染料废水的优点主要有：①不受染料废水种类和初始 COD 的限制，适用范围广泛；②处理效率高，适合大规模的处理染料废水；③能耗和处理成本相对较低。生物法主要用于废水的预处理和后处理，对于高浓度的染料废水，可先进行生化处理后，再经其他物化处理方法处理后出水，也可先经物化处理后提高废水的可生化性，再经生化处理继续降低 COD 值，达到出水的标准后排放。

然而，生物法处理染料废水也有它的难点：对一些生物毒性大、可生化性差的染料废水，生物法便不大适用；生化处理后产生的大量污泥，后处理较为麻烦，增加了水处理的成本。

由于厌氧生物处理能够处理高浓度的染料废水，并提高染料废水的可生化性，因此，生物法处理可用厌氧法先处理染料废水后，再用好氧法继续生化处理染料废水，从而达到处理染料废水的目的。生物法处理染料废水使用范围广、处理成本较低，可用于染料废水的深度处理，但是生物法处理废水后产生大量的污泥，易产生二次污染，所以也有它一定的局限性。

（4）矿渣作为水处理吸附剂

矿渣具有一定的孔道结构，且矿渣中含有多种金属氧化物，对有机和无机废水都具有一定的吸附效果。用三乙醇胺对矿渣进行改性后处理焦化厂粗苯分离水，废水初始 COD 值为 1000mg/L，结果表明，改性矿渣装填吸附塔（吸附塔直径 60mm，柱高 400mm，接触面积 100mm^2）处理焦化废水，COD 去除率可达到 85%。用矿渣处理含铬废水，废水初始铬浓度为 300mg/L，当铬离子 / 矿渣重量比为 1/200 时，铬的去除率可达到 99%。

2. 改性矿渣在染料废水处理中的应用

（1）仪器和试剂

仪器：78-1 型磁力加热搅拌器、GS12-2 电子恒速搅拌器、DHG-9070A 型电热恒温鼓风干燥箱、SC-15 数控超级恒温箱、循环水式多用真空泵 SHB-Ⅲ A、AL-204 电子精密天平、G3271A 等离子质谱仪、WX-8000 微波消解仪。

试剂：矿渣、30% 过氧化氢、次氯酸钠、硫酸亚铁、氢氧化钠、重铬酸钾、硫酸亚铁铵、硫酸、硫酸银、1，10- 菲啰啉、硝酸、氢氟酸。

（2）实验步骤

矿渣的表面改性：

取磨碎过 100 目筛后的矿渣约 20g，配制 0.01M 盐酸 20mL，用盐酸完全浸没矿渣，充分搅拌，酸洗 2h，抽滤，用水反复洗涤滤饼；将滤饼浸泡入 20mL 1mol/L 的 $FeSO_4$ 溶液中搅拌 4 小时，抽滤，收集滤饼；将洗涤后的滤饼用少量水分散，缓缓滴加 0.1mol/L 的氢氧化钠溶液至 pH=13，反应 1h，抽滤，水洗滤饼至中性；将滤饼以 l0℃ /min 升温，于 550℃干燥烧结 6h，取出备用，矿渣颜色明显加深。

吸附实验：

分别称取一定质量的未改性矿渣和改性后的矿渣于 250mL 锥形瓶中，然后加入一定体积的染料母液废水，磁力搅拌下室温吸附一定的时间，吸附完全后，抽滤。滤液采用重铬酸钾法测定 CODcr 值，采用稀释倍数法测定其色度。

改性矿渣催化氧化染料母液废水：

称取一定量的改性矿渣于 250mL 锥形瓶中，加入一定体积的染料母液废水，磁力搅拌下保持水浴温度恒定后，加入一定量的双氧水溶液进行氧化反应。反应结束后取水样，采用重铬酸钾法测定 CODcr 值，采用稀释倍数法测定其色度。

（3）分析方法

水样 CODcr 的测定：

采用国标重铬酸钾法测定 CODcr 值，化学需氧量（COD）是指 1L 水中含有的还原性物质在给定条件（如氧化剂种类、浓度、反应酸度、加热方式、作用时间等）下，被强氧化剂氧化时所消耗氧的毫克数，它是考察水体中还原性污染物的主要指标。重铬酸钾法（CODcr）对有机物的氧化比较完全，适用于各种水样。

$$CODcr \ 去除率 = (CODcr_0 - COD_1)/CODcr_0$$

式中：$CODcr_0$——染料废水初始 CODcr 值，mg/L；

$CODcr_1$——染料废水处理后 CODcr 值，mg/L。

水样色度的测定：

采用国标稀释倍数法测定水样的色度，分别取被测水样和光学纯水于具塞比色管中，充至标线，将具塞比色管放在白色表面上，具塞比色管与该表面应呈合适的角度，使光线被反射自具塞比色管底部向上通过液柱。垂直向下观察液柱，比较样品和光学纯水，描述样品呈现的色度和色调，如果可能包括透明度。

将被测水样用光学纯水逐级稀释成不同倍数，分别置于具塞比色管并充值标线。用上述相同的方法与光学纯水进行比较。将被测水样稀释至刚好与光学纯水无法区别为止，记下此时的稀释倍数值。

稀释的方法：被测水样的色度在 50 倍以上时，用移液管计量吸取水样于容量瓶中，用光学纯水稀释至标线，每次取大的稀释比，使稀释后色度在 50 倍以内。在水样的色度在 50 倍以内时，在具塞比色管中取试料 25mL，用光学纯水稀至标线，每次稀释倍数为 2。

水样悬浮物（SS）的测定：

将孔径为 0.45μm 的滤膜放在称量瓶中，打开瓶盖，在 103～105℃下烘干 2h，取出冷却后盖好瓶盖称重，直至恒重（两次称量相差不超过 0.0005g）。量取适量均匀的水样，通过前面称至恒重的滤膜过滤，用蒸馏水洗涤残渣 3～5 次，过滤完毕后，小心取下滤膜，放入原称量瓶内，在 103～105℃烘箱内，打开瓶盖烘 2h，冷却后盖好盖子称重，直至恒重为止。

$$悬浮固体（mg/L）=[(A-B) \times 1000 \times 1000]/V$$

式中：A——悬浮固体＋滤膜及称量瓶重量，g；

B——滤膜及称量瓶重量，g；

V——水样体积，mL；

（4）结果与讨论

矿渣组分分析：

称取未改性矿渣 0.2g 和改性矿渣 0.2g 分别置于聚四氟乙烯罐中，然后分别依次加入 4mL 浓 HNO_3、2mL 的 $HClO_4$、2mL 的 HF、1mL 浓盐酸，加完后进行微波消解 30min，得到澄清透明的溶液，将所得的液体分别用去离子水定容到 50mL。将所得溶液进行 ICP-MS 测试。普通矿渣中主要金属元素为 Mg、Al、Ca、Fe、Mn，且矿渣原土中 Fe 元素的含量较高，改性后，Fe 的含量有所升高，其摩尔上载量为 0.0507mmol/g，负载量较低。

XRD 分析：

根据改性矿渣的 XRD 分析结果，可以看出其主晶相为 $CaSO_4$、SiO_2、$CaCO_3$ 等。由于 Fe_3O_4 和 Fe_2O_3 晶型的衍射角分别为 35.4° 和 33°，衍射角为 35.4° 和 33° 的位置都有衍射峰，表明样品中含有 Fe_3O_4 和 Fe_2O_3 晶型，但衍射峰强度不高，表明含量较少。同时，改性矿渣中 SiO_2、$CaCO_3$ 等物相占了主要成分，因此在矿渣造粒过程中加入一定量的复合铝盐以生成硅铝酸钙盐，可提高颗粒的强度。

（5）改性矿渣 /H_2O_2 体系催化氧化染料母液废水

矿渣原土 /H_2O_2 体系处理染料母液废水：

称取 4g 矿渣于 250mL 锥形瓶中，然后分别加入 100mL1#、4#、5# 染料母液废水，磁力搅拌下保持水浴温度为 50℃后，加入质量分数为 30% 的 H_2O_2 溶液 5mL 氧化反应 2h，H_2O_2 的滴加速率为 10mL/hr，待反应结束后取水样，采用重铬酸钾法测定其 CODcr 值。矿渣未经过表面改性时分别处理 100mL 的 1#、4# 和 5# 染料废水，在矿渣加入量为 4g，H_2O_2 加入量为 5mL 时，CODcr 去除率分别为 15.4%、6.5% 和 20.8%，去除效率不高。

改性矿渣加入量对 CODcr 去除率的影响：

对于 1#、5# 分散染料母液废水来说，随着改性矿渣加入量的增加，CODcr 去除率显著提高，色度去除率也都有所提高。当改性矿渣加入量为 4g 时，1#、5# 染料母液废水的 CODcr 去除率分别为 69.3% 和 62.1%，色度去除率分别为 87.5% 和 72.3%。此时再增加改性矿渣的量，CODcr 和色度去除率提高已经不显著，因此选择改性矿渣的加入量为 4g。与矿渣原土相比，改性矿渣 /H_2O_2 体系处理染料母液废水的效率大大提高，以 5# 染料母液废水为例，在最佳条件下，矿渣改性前，5# 染料母液废水的 CODcr 去除率只有 20.8%。矿渣改性后，5# 染料母液废水的 CODcr 去除率达到 62.1%。可见，矿渣的表面改性提高了催化氧化的效率。

H_2O_2 加入量对 CODcr 去除率的影响：

随着 H_2O_2 加入量的增加，1#、4#、5# 分散染料废水的 CODcr 和色度去除率都有所提高。由于 4# 染料废水在用改性矿渣 /H_2O_2 体系进行氧化处理时发泡现象较为严重，所以 CODcr 和色度去除率都较低。H_2O_2 加入量为 5mL 时，4# 废水的 CODcr 去除率只有 21.5%，色度去除率只有 30%。而对于 1# 和 5# 废水来说，随着 H_2O_2 加入量的增加，两者 CODcr 去除率增加的速率差不多。H_2O_2 加入量为 5mL 时，1# 染料废水的 CODcr 去除率达到 69.3%，5# 废水则达到 62.1%。

pH 值对染料废水 CODcr 去除率的影响：

将 5# 染料废水用 NaOH 调节成不同的 pH 值，pH 值为 1 和 3 时，5# 染料废水的 CODcr 去除率相差不大。当 pH 值为 3 时，CODcr 去除率为 62.8%。此后再继续提高废水的 pH 值，CODcr 去除率逐渐降低，当 pH 值为 9 时，CODcr 去除率变为 50.8%。这是因为，Fenton 试剂氧化时的最佳 pH 值为 3-4，在碱性条件下，Fenton 试剂的氧化能力较弱。改性矿渣中起主要催化作用的是铁元素，其他多种金属元素起协同催化的作用。因此，改性矿渣处理 5# 染料母液废水时的最佳 pH 值为 3。但由于 pH 值为 1 和 pH 值为 3 时的 CODcr 去除率相差不大。所以选择不调节 pH 值直接进行高级氧化处理。

（6）改性矿渣 /H_2O_2 体系与传统 Fenton 试剂氧化处理 5# 染料母液废水的比较

将起催化作用的金属离子进行固定化后，催化效率大大提高。传统 Fenton 试剂氧化中铁元素的量为 30mmol/L，而改性矿渣中 Fe 元素的量仅为 2mmo1/L，催化剂的用量减少，但氧化效率却大大提高。当双氧水加入量为 5mL 时，传统 Fenton 氧化 5# 染料母液废水，COD 去除率只有 18.3%，而改性矿渣 /H_2O_2 体系催化氧化 5# 染料母液废水，COD 去除率可达到 62.1%，提高了 44.8%。可见，将催化剂进行固定化，不仅可使催化剂得到回收利用，同时也提高了催化氧化的效率。

（7）改性矿渣 /H_2O_2 体系氧化染料母液废水机理探讨

过渡金属具有可变价态，在氧化剂的作用下，金属氧化物能够在不同价态之间进行转变，从而达到催化的效果，提高氧化剂的氧化效率。据文献报道，以 $CuO—MoO_3—P_2O_5$ 为催化剂，H_2O_2 为氧化剂的氧化机理如下：

$$RH+CuO—MoO_3—P_2O_5 \rightarrow R \cdot +Cu_2O—MoO_3—P_2O_5+O^{2-}+H^+$$
$$Cu_2O—MoO_3—P_2O_5+H_2O_2 \rightarrow \cdot OH+OH^-+CuO—MoO_3—P_2O_5$$
$$\cdot OH+RH \rightarrow H_2O+R \cdot$$

其中 RH 代表染料分子。

改性矿渣中具有 Mo、Fe 等多种金属元素的氧化物，可能存在类似的催化机理。例如，在反应过程中，改性矿渣中的金属氧化物先与染料分子发生电子转移，金属氧化物转变为另一活性较高的价态，此金属氧化物再与双氧水作用，生成氧化电位极强的羟基自由基，而金属氧化物本身又转变成最初的价态。产生的羟基自由基再进攻染料分子，从而达到降解染料分子的目的。

（8）改性矿渣 /NaClO 体系处理 4# 染料母液废水

称取 3g 改性矿渣于 250mL 锥形瓶中，然后加入 100mL4# 染料母液废水，磁力搅拌下加入一定体积的质量分数为 10% 的 NaClO 溶液，滴加速率为 10mL/hr，室温下反应 2h。观察 NaClO 溶液加入量对 4# 染料废水 COD 去除率的影响。

以改性矿渣为催化剂，NaClO 溶液为氧化剂催化氧化 4# 染料母液废水，随着 NaClO 溶液加入量的增加，COD 去除率基本呈线性增长。当 NaClO 溶液加入量为 4mL 时，再增加 NaClO 溶液的量，COD 去除率提高已经不显著，加入量为 5mL 时，4# 染料母液废水的 COD 去除率为 75.5%。而单纯用 NaClO 溶液氧化，加入量为 5mL 时，4# 染料母液废水的 COD 去除率只有 35.4%。单纯用改性矿渣吸附时，COD 去除率才 10.8%。可见，改性矿渣的存在，使得 NaClO 溶液的氧化性显著提高。

据文献报道，Ni_2O_3 在中性或弱酸性环境下，能够促使 NaClO 生成，从而提高氧化效率，其反应机理如下：

$$Ni_2O_3 + NaClO \rightarrow NiO_2 + NaCl$$
$$2NiO_2 + NaClO \rightarrow Ni_2O_3 + NaCl + [O]$$

而改性矿渣中具有多种金属氧化物，且大多为可变价态，具有与 Ni_2O_3 类似的催化能力。因此，以改性矿渣为催化剂，能够大大提高 NaClO 的氧化能力，从而提高 4# 染料废水的 COD 去除率。

（9）改性矿渣的循环套用

滤饼经过 350℃煅烧两小时后，继续作为类 Fenton 氧化的催化剂催化氧化 5# 染料母液废水，其他条件保持不变。

改性矿渣催化氧化染料母液废水后，经马弗炉 350℃煅烧 2h 再生，循环套用 4 次后，对 5# 染料母液废水的 COD 去除率仍达到 40.3%。可见，用高温煅烧再生改性矿渣是可行的。由于改性矿渣催化氧化后 Fe 离子的流失并不严重，在氧化过程中吸附在改性矿渣表面的有机物，虽然可以阻止活性位点和 H_2O_2

的接触，但通过高温煅烧能够较好去除吸附在表面的有机物，因此，350℃煅烧再生改性矿渣保持了改性矿渣的氧化活性。

上文考察了改性矿渣/H_2O_2体系催化氧化染料废水的结果。在最佳操作条件下：处理100mL废水，改性矿渣加入量为4g、H_2O_2加入量为5mL，反应温度为50℃，反应时间2h，1#、5#分散染料母液废水的CODcr去除率分别为69.3%和62.1%，色度去除率分别为87.5%和71.3%。对于4#染料废水，在最佳条件下，4#染料母液废水CODcr去除率只有21.5%，色度去除率只有30%，改性矿渣/NaClO体系催化氧化4#染料母液废水的结果表明：处理100mL废水，在改性矿渣加入量为3g，NaClO溶液加入量为5mL时，4#染料母液废水的CODcr去除率达到75.5%，而单纯3g改性矿渣吸附，CODcr去除率只有10.8%。单纯用5mLNaClO溶液氧化，CODcr去除率只有35.4%。可见，改性矿渣能够使NaClO溶液对4#染料母液废水的氧化性提高，研究了改性矿渣的多次循环套用。4g改性矿渣经350℃煅烧2h再生后，循环套用4次处理100mL5#染料母液废水，CODcr去除率仍达到40.3%。

3.矿渣造粒及其在染料废水处理中的应用

（1）仪器和试剂

仪器：YFXS马弗炉、YWJ-15T任意倾角真空挤出机、3740-6-BRE固体废弃物浸出仪、G3271A等离子质谱仪、WX-8000微波消解仪、ASIC-2表面积分析仪、X'Pert PROX射线衍射仪、TC-15恒温电热套、78HW-1数显恒温磁力搅拌器、THZ-82B数显空气浴恒温振荡器。

试剂：硫酸亚铁、丙三醇、乙醇胺、30%过氧化氢、氟硅酸钠、氧化钙、硅酸钠。

（2）实验步骤

免烧造粒：

称取一定量的普通矿渣、水泥，按一定比例混合，然后加入一定质量的氟硅酸钠和氧化钙，将其充分混合后，搅拌均匀待用，然后将水加入已搅拌好的混合物料里，加入量为固体总质量的30%，用手挤压成颗粒状，造粒完成后，将造好的颗粒在自然状态下放置24h，然后将一部分放入高压灭菌器中进行蒸气养护4h，灭菌器内温度为80℃，另一部分依旧自然干燥。

煅烧造粒：

以矿渣为主要原料，并与一定量的固化剂、黏合剂、造孔剂等按照一定比例混合，加入一定体积的水分，塑化造粒成颗粒，然后在一定温度下煅烧一定的时间，即得到造粒矿渣成品。

以羧甲基纤维素钠和玻璃纤维为黏合剂的造粒步骤如下：称取 500g 普通矿渣，50g 玻璃纤维，充分混合后，搅拌均匀待用，然后将羧甲基纤维素钠配成 10% 的溶液，将此溶液加入已搅拌好的混合物料里，加入量为固体总质量的 20%，充分混合均匀后，用挤出造粒机造粒，其中腔体采用甘油润滑。造粒完成后，将造好的颗粒在 40℃下烘干，然后放入马弗炉中煅烧。具体煅烧条件为半小时程序升温至 350℃，保温 0.5h，再半小时程序升温至 900℃，保温 2h。

以膨润土为黏合剂的造粒具体步骤如下：称取一定量的普通矿渣、膨润土，按一定比例混合，然后加入矿渣和膨润土总质量 5% 的煤粉，将其充分混合后，搅拌均匀待用。然后将 5% 的乙醇胺溶液，加入已搅拌好的混合物料里，加入量为固体总质量的 20%，而后加入固体总质量 10% 的质量浓度为 2% 的硫酸亚铁溶液，充分混合均匀后，用挤出造粒机造粒，其中腔体采用甘油润滑。造粒完成后，将造好的颗粒在 40℃下烘干，然后放入马弗炉中煅烧。具体煅烧条件为 0.5h 程序升温至 350℃，保温 0.5h，再 0.5h 程序升温至所需温度，保温 2h。

抗粉化率的测定：称取造粒矿渣 m_0 克于 250ml 锥形瓶中，用移液管分别量取一定量的去离子水至锥形瓶中，盖好瓶塞，然后将其放入空气浴振荡器中振荡（250r/min）一定时间，取未破碎颗粒，在 105℃下烘干 1h，冷却后称重为 m 克。抗粉化率 x 按照下列国内公式计算：

$$x=m/m_0 \times 100\%$$

比表面积和孔隙率的测定：采用 ASIC-2 表面积分析仪进行比表面积和孔隙率测定。操作条件为真空压力为 50Hg，抽真空时间为 5min，汞充填压力为 0.49psia（约 3.376kPa），平衡时间为 10s。

XRD 分析：采用 X'Pert PROX 射线衍射仪进行 XRD 分析。操作条件是阳极为 Cu 靶，波长范围为 1.540598 ～ 1.544426mm，工作电压为 40kV，管电流为 40mA，2θ 扫描范围为 5°～ 80°，扫描步长为 0.016°，每步时间为 19.685s。

（3）造粒矿渣 /H_2O_2 体系处理染料废水

吸附实验：称取一定量的造粒矿渣于 250mL 锥形瓶中，然后分别加入一定体积的 4# 染料母液废水，磁力搅拌下室温静态吸附 5h，过滤后取水样。采用重铬酸钾法测定 CODcr 值，采用稀释倍数法测定其色度。

造粒矿渣 /H_2O_2 体系高级氧化处理染料母液废水：称取一定量的造粒矿渣

于 250mL 锥形瓶中，然后分别加入一定体积的 4# 染料母液废水，磁力搅拌下保持水浴温度为 50℃后，加入一定体积的 30% 的 H_2O_2 溶液进行氧化反应 2h，H_2O_2 的滴加速率为 10mL/hr。反应结束后取水样，采用重铬酸钾法测定 CODcr 值，采用稀释倍数法测定其色度。

催化氧化的连续化操作：称取一定量的造粒矿渣进行装柱，湿法填柱，H_2O_2 与 4# 染料母液废水混合后在一恒定温度下进行过柱动态催化氧化，对流出水样进行 CODcr 测定。

4. 结果与讨论

只有当矿渣和水泥的比例达到 1：1 以上时，造粒颗粒的强度才较高。然而，50% 的水泥加入量，造粒颗粒成型后类似于混凝土，从而在类 Fenton 氧化中，矿渣和 H_2O_2 将无法充分接触，起不到催化氧化的效果，也就失去了实际应用的效果，所以不采用免烧造粒。

以羧甲基纤维素钠和玻璃纤维为黏合剂，对矿渣进行挤压煅烧造粒，颗粒强度不高、用手轻轻按压就碎，且此造粒矿渣在水中容易崩解，不宜在催化氧化染料母液废水中使用，因而不采用此方法进行矿渣造粒。

矿渣和膨润土的比例为 4：1，煤粉是矿渣和膨润土总质量的 5%，0.5h 程序升温至 350℃，保温 0.5h，再 0.5h 程序升温至 900℃，保温 2h。以膨润土为黏合剂，煤粉为激发剂和致孔剂的造粒矿渣煅烧后，用手按压不会破碎，具有一定的颗粒强度，将其放入水溶液进行超声后，也有一定的气泡产生，可见，造粒颗粒具有一定的孔道结构，在水中造粒颗粒也不崩解，因此，采用此造粒方法对矿渣进行造粒。

膨润土加入量对造粒矿渣抗粉化率的影响：将矿渣和膨润土按照一定的比例混合，煤粉加入量为矿渣和膨润土总量的 5%，其造粒矿渣在 900℃下煅烧 2h，考察了矿渣和膨润土不同配比时，对造粒矿渣抗粉化率的影响。随着矿渣：膨润土的比例升高，造粒颗粒在 900℃煅烧后的抗粉化率逐渐降低。当矿渣：膨润土为 2：1 时，造粒颗粒的抗粉化率达到了 80.4%；当矿渣：膨润土为 4：1 时，抗粉化率为 75.3%。而当矿渣和膨润土比例为 6：1 时，抗粉化率只有 40.3%，其造粒颗粒的强度太低，所以不宜采用。由于膨润土价格较高，所以应尽量降低膨润土的用量，因此矿渣：膨润土的量为 4：1 时最佳。

煅烧温度对造粒矿渣抗粉化率的影响：随着煅烧温度的提高，造粒矿渣的抗粉化率逐渐增加。在煅烧温度为 550℃时，造粒矿渣的抗粉化率只有 41.7%，而当烧结温度达到 900℃时，造粒矿渣的抗粉化率达到了 75.3%。当温度为 1100℃时，抗粉化率为 84.9%。由此可知，煅烧温度在 900℃时，造粒矿渣已经达到了可以实际应用的强度，这时由于激发剂煤粉在颗粒内部燃烧产生局部的高温，使黏合剂膨润土的层状结构被破坏，硅铝酸盐和矿渣中的金属氧化物复合黏结在一起，增强了颗粒的强度。

造粒后的催化性能：①造粒矿渣比表面积和孔隙率的测定，造粒矿渣于矿渣粉末相比，比表面积减小孔径都变大，这是由于黏合剂膨润土与矿渣组分发生了反应，分孔道，致使比表面积下降，而造粒矿渣中微孔结构的形成，矿渣表面，提高染料废水催化氧化的效率；②XRD 分析，根据造粒矿渣的 XRD 分析结果，可以看出造粒矿渣中主晶相为 SiO_2、Fe_3O_4、$Ca_2Al（A1Si）O_7$、$CaSO_4$、$CaAl_2Si_2O_8$ 等，由于 Fe_3O_4 晶相的衍射角为 35.40°，而造粒矿渣 X 射线能谱图在 35.40° 的位置存在衍射峰，且衍射峰的强度较高，表面矿渣造粒经煅烧后，生成了 Fe_3O_4 晶相，且含量较高。与改性矿渣粉末相比，造粒矿渣多了 $Ca_2Al（A1Si）O_7$、$CaAl_2Si_2O_8$ 等硅铝酸钙晶相，而这些物相类似于混凝土中的硅铝酸钙，强度都较高，因此，在最佳配比下，造粒矿渣经煅烧后，颗粒的抗粉化率较高，达到了 75.3%。

造粒矿渣 /H_2O_2 体系处理染料母液废水：处理染料母液废水所用的造粒矿渣都是矿渣和膨润土的比值为 4 : 1，煤粉和硫酸亚铁分别占矿渣和膨润土总质量的 5% 和 0.2%。煅烧条件为 0.5h 程序升温至 350℃，保温 0.5h，再 0.5h 继续升温至所需煅烧温度，保温 2h。

吸附实验：称取一定量的造粒矿渣于 250mL 锥形瓶中，然后加入 100mL4# 染料母液废水，磁力搅拌下室温吸附 4 小时，吸附完全后，抽滤。造粒矿渣静态吸附 4# 染料废水的效果不理想，即使造粒矿渣加入量为 10g，4# 染料废水的 CODcr 去除率也只有 12.3%，表明造粒矿渣能吸附分散染料废水中的有机物较少，金属阳离子与带阴离子的染料废水的相互作用弱，导致造粒矿渣的吸附能力没有明显的提高。

不同煅烧温度对染料母液废水 CODcr 去除率的影响：称取 4g 不同煅烧温度后的造粒矿渣于 250mL 锥形瓶中，然后加入 100mL4# 染料母液废水，磁力搅拌下保持水浴温度为 50℃后，加入 30% 的 H_2O_2 溶液 5mL 进行氧化反应 2h。H_2O_2 的滴加速率为 10mL/hr。随着煅烧温度的提高，造粒矿渣对 4# 染料母液废水的 CODcr 去除率和色度去除率都有所提高。当煅烧温度为 550℃时，CODcr 去除率只有 27.7%，色度去除率只有 30%。当煅烧温度升高到 900℃时，CODcr 去除率和色度去除率都有了显著的提高，其中 CODcr 去除率达到

了 65.8%，色度去除率达到了 60%。继续再提高造粒矿渣的煅烧温度，煅烧温度达到 1100℃后，CODcr 去除率提高不再明显，只提高了 1.9%，色度去除率没有变化，所以煅烧温度 900℃最佳。

造粒矿渣不同加入量对 4# 染料母液废水 CODcr 去除率的影响：随着造粒矿渣加入量的增加，4# 染料母液废水的 CODcr 去除率和色度去除率都有所提高。当造粒矿渣加入量为 2g 时，4# 染料母液废水的 CODcr 去除率为 52.5%，色度去除率为 40%。当造粒矿渣加入量为 4g 时，CODcr 去除率达到 65.8%，色度去除率为 60%。此后再提高造粒矿渣的量，CODcr 和色度去除率增加量小于 5%，所以选用造粒矿渣加入量为 4g。

随着 pH 值的提高，4# 染料母液废水的 CODcr 去除率和色度去除率都有所提高。当 pH 值为 5 时，CODcr 去除率和色度去除率都达到了最大值，4# 染料母液废水的 CODcr 去除率达到了 70.2%，色度去除率则达到了 90%。此后再继续提高 pH 值，CODcr 和色度去除率反而下降。当 pH 为 9 时，CODcr 去除率只有 58.3%，色度去除率只有 60%。所以 pH 值为 4～5 时，氧化效率最高，对 4# 染料废水的 CODcr 和色度去除效果最好。鉴于造粒矿渣中含有多种金属组分，多金属的协同催化作用在染料废水 pH 值为 5 时，造粒矿渣中的多金属展现出协同催化作用，增强了催化氧化染料废水的效率。

造粒矿渣的循环套用：造粒矿渣氧化处理 4# 染料废水后，经马弗炉 350℃煅烧 2h 后，继续催化氧化 4# 染料废水，循环套用 4 次时，CODcr 去除率和色度去除率都依旧在 40% 以上。表明附着在造粒矿渣中的有机物，经马弗炉 350℃煅烧后能够被基本清除，同时造粒矿渣的结构受煅烧影响小。此外 4# 染料废水中较高的盐浓度，易使盐进入造粒矿渣的内部而堵塞孔道，降低了催化氧化的效率。

造粒矿渣装柱氧化和循环套用：称取 80g 造粒矿渣进行装柱（A 柱），柱子直径 3cm，柱高 22cm，造粒矿渣装柱前进行超声脱气，湿法填柱，H_2O_2 与 4# 染料母液废水混合后进行过柱动态催化氧化反应实验，温度为 50℃，H_2O_2 占水样体积的 5%，流速控制在 0.3BV/h，动态氧化后对水样进行 CODcr 测定。

造粒矿渣装柱后的床层体积为 155cm³，流出体积为 600mL（约 4BV）染料母液废水时，CODcr 去除率达到 50.2%，去除效率较高。当流出体积为 800mL（约 5BV）染料母液废水时，CODcr 去除率下降到 20.1%，吸附柱基本已经穿透。可见，矿渣经造粒后实现了催化氧化染料废水的连续化操作，从而更适合大规模工业化生产。但由于颗粒本身较大，形状不够规则，装柱时空隙较多，沟流较为厉害，导致了柱效没有达到最大值，只能够处理 4 个床层体积的染料母液废水。

将 80g 经过一次过柱动态催化氧化后的造粒矿渣，在马弗炉中再生 2h，继续填柱以动态氧化 4# 染料废水，反应温度为 50℃，H_2O_2 占水样体积的 5%，流速控制在 0.3BV/h，动态氧化后对水样进行 CODcr 测定。

造粒矿渣经马弗炉再生后，在层析柱中动态氧化 4# 染料废水的处理效率与新鲜造粒矿渣催化活性相似，即当处理 700mL（约 4BV）染料废水时，CODcr 去除率仍达到 40.5%。可见，高温锻造再生造粒矿渣不但可行，而且过柱动态氧化 4# 染料废水的重复性较好，实验结果稳定，利于在大规模工业化生产中进行应用。

小结：

制备了 Fe 改性造粒矿渣，在最佳配比下，矿渣和膨润土的质量比为 4∶1，煤粉和硫酸亚铁分别占矿渣和膨润土总质量的 5% 和 0.2%，煅烧温度为 900℃，在此条件下，造粒矿渣的抗粉化率达到 75.3%，颗粒强度较好。

考察了造粒矿渣 /H_2O_2 体系催化氧化 4# 染料废水的结果，在最佳条件下处理 100mL 废水时，造粒矿渣煅烧温度为 900℃，造粒矿渣加入量为 4g，H_2O_2 加入量为 5mL 时，废水初始 pH 值为 5，4# 染料废水的 CODcr 去除率达到 70.2%，色度去除率达到 90%，去除效果较好。

研究了造粒矿渣经 350℃ 煅烧再生后的循环利用，900℃ 煅烧造粒矿渣催化氧化后，经 350℃ 煅烧再生并重复利用 4 次，其对 4# 染料母液废水 CODcr 的去除率大于 44%，色度去除率在 40% 以上，可见，造粒矿渣经高温煅烧再生后，催化效率仍然较高，可以对其进行循环利用。

造粒矿渣动态催化氧化 4# 染料母液废水的结果表明：柱子直径为 3cm，柱高为 24cm，温度为 50℃，双氧水占水样体积的 5%，流速为 0.3BV/h，造粒矿渣经再生后处理 700mL 染料母液废水，其 CODcr 去除率仍达到 40.5%。

5. 总结

非均相催化氧化处理氧化废水，可以使矿渣得以回收利用，避免固废的产生，有着广泛的应用前景；矿渣造粒后在处理染料母液废水，克服了粉状催化剂不易回收的缺点；为了更好实现造粒矿渣的工业化大生产，需要进一步研究造粒矿渣的机理、规律与工艺条件。

（六）制造钙硅肥料与农田利用

近年来，大部分农田耕作主要以化肥为主，尤其经济发达的地区，有机肥的使用越来越少，作物需要的元素越来越匮乏，据统计数据，南方缺硅的土壤不低于 2500 万亩，通过试验证明，单补硅可净增产 11% 左右。矿渣中大部分硅酸盐是植物容易吸收的可溶性硅酸盐，普通的钙硅肥只需将矿渣粉碎到一定粒度即可，开发多功能复合肥料，需要选择合适的高分子材料对矿渣细粉进行改性、添加其他微量元素，并进行造粒，以期达到固土、保水、微释、高效、长效以及补充微量元素等作用，这是矿渣利用的又一个重要途径。

在农田利用方面，可以用作改良土壤的矿物肥料，由于水淬矿渣粉是一种不吸水的多孔玻璃体结构材料，可以用它作为农药的载体，针对被污染（有机物、重金属等）的土壤，矿渣是一种很好的生态修复材料，也可用作土壤的 pH 调节剂、微生物载体等方面，均可起到较好作用和效果。

（七）制造多孔陶粒及无机泡沫材料

以矿渣的骨料、粉料为基质，选用合适的结合剂（水玻璃、黏土粉等）、成孔剂（锯末、炭、废塑料泡沫等），经过混合成型（造粒）、干燥等工艺过程制造多孔陶粒，也可以采用人工发泡，制造轻质免烧陶粒。它可以作为高等级公路的绝缘层、高层建筑中轻质混凝土骨料、绝缘轻质混凝土的主料、无土栽培技术中的培养基料、污水处理站的预处理材料等。

矿渣中 90% 为玻璃体，加入成孔剂（煤、炭、锯末、淀粉、碳酸钙、硝酸钠、SDS 发泡剂）、高岭土，采用模压、挤压等方式成型以及合理的加热过程，可以制造多孔泡沫材料。如果利用炉渣，直接倒入预热的模具内，采取回火、真空等方法则更为经济。该制品具有优良的保温、隔热、隔音、耐火等特性，广泛用在建材、石油、化工、冶炼、冷藏、船舶、发酵酿酒等工业上。泡沫材料的生产与使用在国内才刚刚兴起，它的用途将会越来越广。

矿渣是一种工业废弃物，但若能合理利用，它也是一种优质的"二次资源"。虽然我国目前对矿渣的利用率还比较低，且目前的利用中还存在一些问题，如在利用矿渣制备无机胶凝材料时，如果养护不当，可能出现"泛碱"等问题。但是，随着人们对矿渣多种应用的研究越来越深入，矿渣的应用一定会越来越广，最终实现经济、环保和社会效益的和谐统一。

参考文献

［1］李路华，王海龙，王圣文.矿渣水泥在建筑及水利工程中的应用［J］.甘肃水利水电技术，2009（3）.

［2］刘杰，苏洋，韩跃新，等.用镍铁炉渣制备矿渣纤维［J］.金属矿山，2017（4）.

［3］邝君德.废弃矿渣利用施工工艺［J］.城市建设理论研究（电子版），2011（19）.

［4］黄明夫，甘璐，施麟芸.钒铁矿渣资源综合利用的应用研究［J］.江西建材，2014（24）.

［5］施静，许会军，张荣江，等.冶钢集团矿渣回收综合再利用的思考［J］.广州化工，2016（9）.

［6］何玉鑫，华苏东，姚晓，等.磷石膏 - 矿渣基胶凝材料的制备及其性能研究［J］.无机盐工业，2012（10）.

［7］李伦，雷莉.矿渣微粉资源优势与利用——对建筑节能与循环经济中资源综合利用的探讨［J］.科技风，2010（16）.

［8］宋进平，徐清，蔡世桐，等.浅谈重矿渣在国内外的研究应用现状［J］.建材发展导向，2016（12）.

［9］江建民，胡红燕，孙勤梧.矿渣和废旧混凝土的再生利用［J］.建筑工人，2008（11）.

［10］刘大伟，田明阳，马刚平，等.废混与矿渣双掺粉体活性及混磨性能实验研究［J］.再生资源与循环经济，2015（8）.

［11］吴琳.综合评价滇东北地区硫磺矿渣资源［J］.城市地理，2017（6）.

［12］苏艳艳，耿冠涛，孙凤群.矿渣微粉的新工艺设计与应用研究［J］.四川水泥，2016（12）.

［13］严如忠，黄之初，刘怀平，等.矿渣资源化利用概念及环境经济学意义［J］.江苏建材，2008（3）.

［14］崔宁，张佳文，蔡剑辉，等.云南镇雄区域硫磺矿渣资源特征及评价［J］.矿产综合利用，2017（1）.

［15］刘泉锋.变废为宝：矿渣利用吹响环保集结号［J］.资源导刊，2010（12）.

［16］聂轶苗，牛福生，张锦瑞.我国矿渣综合利用的现状［J］.建材技术与应用，2009（2）.

［17］明阳，陈平，郭一锋，等.利用锰渣、矿渣、石灰石制备复合水泥［J］.水泥工程，2012（2）.

［18］孙寅斌，吴开胜，季亚军.锰矿渣的激发和利用［J］.粉煤灰，2013（2）.

［19］王静，庄宇.矿渣土作为地基土的应用价值分析［J］.硅谷，2010（11）.

［20］金琼，干瑛，李昆，等.利用矿渣及石粉配制碾压混凝土在戈兰滩工程的应用研究［J］.水利水电工程设计，2009（2）.

［21］邱俊，李国青，李风雷，等.某镍矿渣中磁铁矿工艺矿物学及磁选试验研究［J］.矿物岩石，2017（3）.

［22］王峰，张耀君，宋强，等.NaOH碱激发矿渣地质聚合物的研究［J］.非金属矿，2008（3）.

［23］刘鸿雁，邢丹，肖玖军，等.铅锌矿渣场植被自然演替与基质的交互效应［J］.应用生态学报，2010（12）.

［24］王瑞和，姜林林，步玉环.矿渣MTC水化机理实验研究［J］.石油学报，2008（3）.

［25］刘明，杨明炜，刘艳艳，等.矿渣混凝土实心砖砌体抗剪强度计算指标的试验研究［J］.沈阳建筑大学学报（自然科学版），2008（3）.

［26］王东，周扬民，罗思义，等.铁棉联产的优质矿渣棉生产工艺［J］.材料与冶金学报，2015（2）.

［27］方晰，田大伦，武丽花，等.植被修复对锰矿渣废弃地土壤微生物数量与酶活性的影响［J］.水土保持学报，2009（4）.

［28］杜念娟，徐美君.浅谈矿渣微晶玻璃［J］.玻璃，2009（2）.

［29］孙凯宇，赵鸣，陈华，等. Pr_2O_3 对含 Cr_2O_3 辉石系矿渣微晶玻璃晶化行为的影响［J］.人工晶体学报，2015（8）.

［30］林少敏.利用工业废弃物制备微晶玻璃的研究进展［J］.科技信息（学术研究），2008（18）.

［31］赵晓东.熔渣代替矿渣配料生产水泥熟料［J］.新世纪水泥导报，2012（2）.

［32］刘锡武，崔宁，陈万法，等.浅谈立磨矿渣微粉技术［J］.科技资讯，2011（17）.

［33］张小娜，蔡海勇.矿渣微粉掺量对混凝土劈裂抗拉性能的影响［J］.施工技术，2015（3）.

［34］朱蓓蓉，於林峰，张树青，等.矿渣代砂水泥砂浆及混凝土物理力学性能研究［J］.建筑材料学报，2008（4）.

［35］周琦，南雪丽，易育强，等.镍渣微晶玻璃制备及铁的回收利用［J］.兰州理工大学学报，2010（5）.

［36］王复生，朱元娜，马金龙，等.氯化钠对掺磨细矿渣粉硅酸盐水泥基材料活性激发能力和结合方式影响的试验研究［J］.硅酸盐通报，2009（4）.

［37］李保卫，邓磊波，张雪峰，等.热处理温度对矿渣微晶玻璃显微结构及耐腐蚀性的影响研究［J］.中国陶瓷，2012（5）.

［38］韩方晖，刘仍光，阎培渝.矿渣对复合胶凝材料硬化浆体微观结构的影响［J］.电子显微学报，2014（1）.

［39］谢飞.利用贵州息烽镍钼钒矿渣制备微晶玻璃的研究［D］.贵阳：贵州大学，2008.

［40］赵圣琦.矿渣基层再利用大修改造方案对比研究［D］.大连：大连理工大学，2009.

［41］代奎.矿渣粉煤灰混合胶凝体系研究［D］.大庆：大庆石油学院，2009.

［42］杨超.试验设计在水泥—钢渣—矿渣三元胶凝体系中的应用研究［D］.南京：南京工业大学，2015.

［43］王熊鑫.碱矿渣再生骨料混凝土试验研究［D］.昆明：昆明理工大学，2017.

［44］赵坤.改性和造粒矿渣处理染料废水的研究［D］.杭州：浙江大学，2012.

［45］黄韬.酸性矿渣废水重金属污染治理及矿渣综合利用方案研究［D］.南昌：南昌大学，2013.

［46］胡建军.掺粉煤灰和矿渣粉混凝土的碳化行为及其影响因素的研究［D］.北京：清华大学，2010.